Cultural Entomology

文化昆虫学事始め

Mitsuhashi Jun　　Konishi Masayasu
三橋 淳　小西正泰 編

創森社

文化昆虫学への招待～序に代えて～

ヒトは人類分化以来、昆虫と関わってきた。その関わり方にはいろいろあるが、主流はヒトの生活に直接関わるものであった。例えばヒトにとって有害な昆虫の排除、あるいはヒトにとって有利な昆虫の利用である。これらのヒトと昆虫の関係は、昆虫に関する多くの文化を生んだ。そのような文化を対象とした領域として、文化昆虫学が提唱されている。

昆虫に関わる文化に関する記述、著作はかなり古くから見られるが、文化昆虫学というジャンルを提唱したのは、ロサンゼルスの自然史博物館に所属していたC・L・ホーグであった。彼は１９８０年から１９８３年にかけて「昆虫学ニューズ」紙上で、文化昆虫学について連載記事を発表し、また１９８４年にハンブルクで開催された第17回国際昆虫学会議のとき、文化昆虫学に関するコロキューム（談話会）を主催し、これによって文化昆虫学が世界的に知られることとなった。

昆虫に関わる文化というと、その対象はきわめて多岐にわたる。文化とは、『広辞苑』によると、「人間が自然に手を加えて形成してきた物心両面の成果、衣食住をはじめ、技術、学問、芸術、道徳、宗教、政治など生活形成の様式と内容を含む」とある。この定義によれば、応用昆虫学も文化昆虫学の一部ということもできよう。しかし、そのように考えると、対象が広がりすぎるきらいがある。

西欧では文化を人間の精神的生活に関わるものとする傾向があり、ホーグも文化昆虫学の領域を趣味とか遊びのように生活に必要でないものとし、直接生活のために行われるようなものは文化昆虫学の範囲ではないとしている。しかし、筆者らは生活手段としての昆虫利用も文化昆虫学に含めてよいのではないかと考えている。対象領域が膨大になるので、これに対しては、ホーグが規定する範囲は狭義の文化昆虫学、実用的範囲を含める場合は広義の文化昆虫学とすることを提唱したい。

では、狭義の文化昆虫学にはどんな領域があるであろうか。ホーグは１９８０年の定義のなかで、次の12の領域を挙げている（それらがどういう分野を含むかも併記した）。

1 文芸：小説、詩、随筆など。昆虫が主人公であるものばかりでなく、タイトルだけに昆虫が使われているもの、昆虫を比喩的に使っているものも含む。

2 音楽：クラシック、ジャズ、イージーリスニング、オペラ、ミュージカル、宗教音楽、民謡、邦楽、謡曲など、あらゆる種類の音楽が対象になる。ここでも、音楽の内容に昆虫が表現されているものばかりでなく、タイトルに昆虫の名前が付いているだけのものも対象となる。例えば『蝶々夫人』のようなものである。

3 舞台芸術：演劇、ダンス、歌舞伎、仕舞など。この分野でも、タイトルだけに昆虫名が用いられているものも対象になる。

4 美術工芸：絵画、陶芸、ガラス器、武具、装身具、家具、インテリア、彫刻、建造物、エクステリアなどの作品で、昆虫をモチーフとして作られたもの、あるいは昆虫を点景として使っているもの。

5 歴史：歴史的事件などの史実ではなく、史実に影響を与えた昆虫が対象になる。例えば、戦争のとき力がマラリアを媒介したことにより戦局が影響を受けたといった類のものである。

6 哲学：倫理学、形而上学などで、昆虫社会とヒト社会の比較を扱っているものなど。

7 宗教：各種の宗教で象徴的に扱われている昆虫、戒律、経典などで言及されている昆虫など。

8 民俗：神話、伝説、祭り、習慣など。この分野には非常に多くの事例が含まれる。

9　言語：昆虫の形に由来する象形文字、絵文字、昆虫の形態、行動などに基づく格言、ことわざ、警句など、異なる地域、異なる言語による昆虫名、方言など。また、製品や商品などに用いられた昆虫の種名。
10　象徴：紋章、商標、広告などに使われている昆虫、国、州、都市などが認めているその地域を代表する昆虫など。
11　社会学：法律、政治活動（例えば政策のまずさをミツバチ社会の秩序と比較して揶揄する）、戦争など。
12　娯楽：玩具、遊戯、ゲーム、昆虫食（ホーグは昆虫食の内、文化昆虫学に属するとみなされるものは、実用的に食べられているもの以外で、娯楽的あるいは儀礼的に食べる場合に限るとしている）、奇妙なもの、珍しいもの、漫画など。

本書は昆虫にはこういう楽しみ方もあるのだということを、知っていただくために企画した。したがって、文化昆虫学または昆虫に関わる文化への入門書ともいえる。前述の文化昆虫学の定義、構成を見ると、堅苦しい学術という印象を受けられるかもしれないが、遊び心があって行われるものが多く、本来的に楽しいものである。

先述のホーグの分野を見ても分かる通り、非常に多くの分野を含み、それぞれにオタク的な研究者も少なくないので、全分野をまとめて詳述することは難しいと思う。本書では、文化昆虫学の紹介とお誘いを兼ねて、多くの人が興味をもたれると思う分野を選び、その分野の専門家に解説していただいた。本書により、わが国でも文化昆虫学の内容が理解され、多くの人が昆虫に親しむようになることを願っている。

２０１４年　鳴きさかる虫の音を聴きながら

三橋　淳　小西正泰

文化昆虫学事始め——もくじ

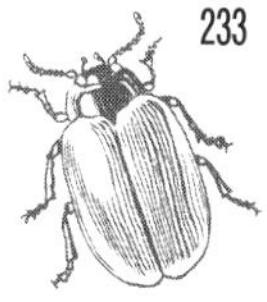

第10章　映画（特撮・アニメ・実写）に登場する昆虫　宮ノ下明大　241

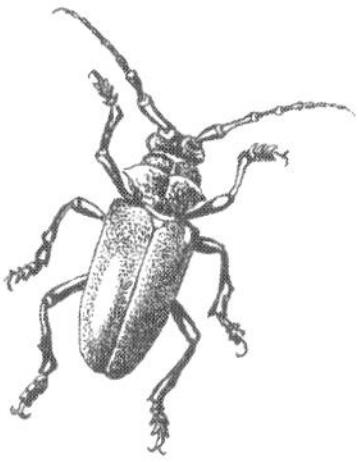

• MEMO •

◇本書は文化昆虫学を書名のトップに入れたものとして本邦初の書籍であり、多くの分野、領域から文化昆虫学の世界へいざなうことを企図したものです。

◇一部の図、写真については国立国会図書館、生き物文化誌学会、神宮徴古館農業館、東映ビデオ、東宝、ワーナー・ブラザーズ・ホームエンターテインメントから、本扉写真については三宅岳氏から提供を受けています。また、本文の個々の写真提供者については、必要に応じてキャプション末尾の（　）内で氏名を紹介しています。

◇本文の脚注については注釈は（　）番号、文献は［　］番号で示し、章末に記載しています。

◇本書は共同企画・編者だった小西正泰氏が逝去されたことから、その意を汲んで三橋淳氏が中心になって編纂にあたったものです。

アメリカで市販されている虫（ミールワーム）入りキャンディ（三橋淳）

WORM GRAFFITI

虫を愛でる

写真＝梅谷献二 ほか

オオカマキリ（梅谷献二）

エンマコオロギ用の虫籠（加納康嗣）

上・ゲンジボタル（加納康嗣）
下・ヘイケボタル（宇根豊）

タマムシ（梅谷献二）

オオムラサキ（梅谷献二）

ヒガシキリギリス（村井貴史）

WORM GRAFFITI

虫を食べる

写真＝三橋淳、野中健一 ほか

日本

イナゴの佃煮(千葉県・成田山の参道、樫山信也)

コバネイナゴ成虫

カミキリムシの幼虫をあぶる

蜂の子おにぎり

アブラゼミ幼虫から揚げ

オオスズメバチそうめん

ザザムシ缶詰

魚肉に集まるクロスズメバチ

クロスズメバチ料理いろいろ

カンボジア

市販のタイワンコオロギと左奥のゲンゴロウ(安東和彦)

中　国

体長35㎜のガムシ(広州)

市販のゲンゴロウ(広州)

タ　イ

市販のタイワンタガメ

バッタのから揚げ

ツムギアリの幼虫・蛹

養殖イエコオロギ

マレーシア

市販のヤシオオオサゾウムシの幼虫

ペルー

市販のナンベイヤシオサゾウムシの幼虫

コロンビア

ハキリアリのから揚げ

メキシコ

量り売りのミズムシ類

WORM GRAFFITI
虫のオブジェを楽しむ
～カマキリを例に～

写真＝梅谷献二

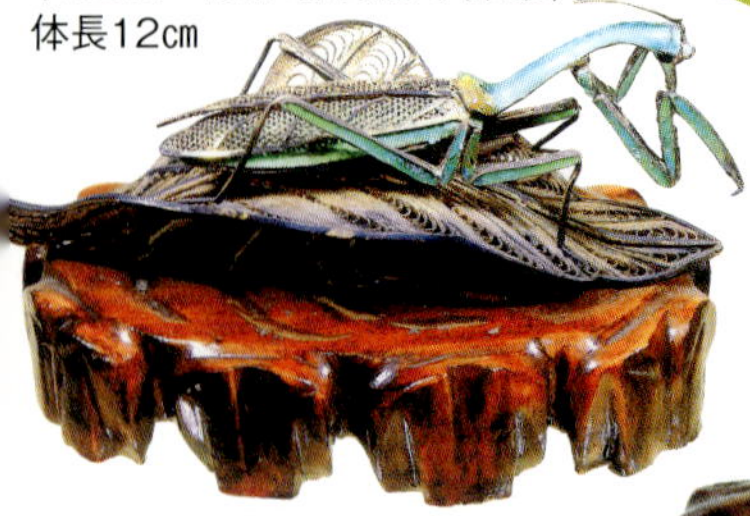

黄銅透かし彫りのカマキリ（1998、北京瑠璃廠で採集）。体長12㎝

日本のガラス細工のカマキリ（1991、東京丸善で採集）。体長5㎝

玉製のカマキリ護符（1995、北京瑠璃廠で採集）。体長・右2.5㎝、右3㎝

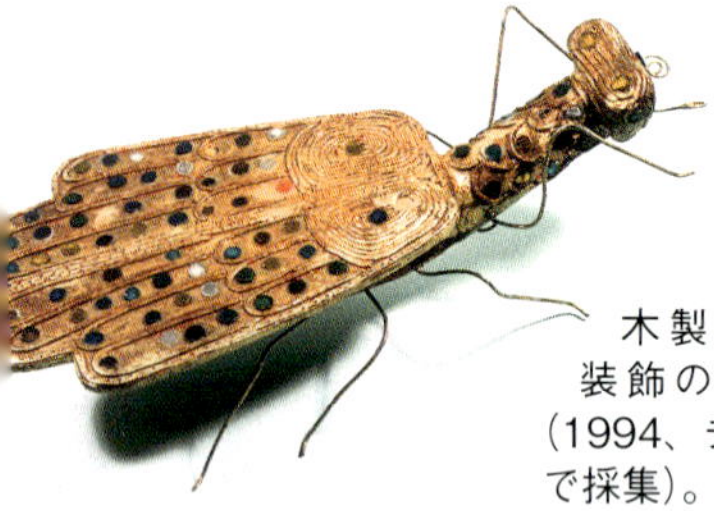

木製色ガラス装飾のカマキリ（1994、チェンマイで採集）。体長31㎝

瑪瑙製一体彫りのカマキリ（1995、北京瑠璃廠で採集）。石の左右16㎝

木彫彩色のカマキリ（1980、バリ島採集）。体高台座とも21㎝

餅製彩色のカマキリ（1987、台湾で採集）。高さ8㎝

白木木彫のカマキリ型灰皿（1989、原産バリ島、ジャカルタで採集）。体長31㎝

第1章

害虫防除の民俗誌

田中　誠

はじめに

「民俗」とは、民間に伝承されたさまざまな習慣や風俗、言い伝えなどの総称である。昆虫にかかわる民俗といえば、昆虫にまつわる行事、伝説、遊び、利用（食用や薬用、養蚕など）などが思い浮かぶ。このような民俗は、その昆虫と人の生活とのかかわりが深いほど、また歴史的に古く、かつ地域的に広いほど多様なものが生まれてくる。

生活とのかかわりで考えてみると、わが国は古くからの農業国であり、昆虫のなかでも農業害虫とのかかわりがもっとも深刻だっただろう。まだ効果的な防除法が知られていなかった時代には、害虫の大発生が生活や生存の基盤に対する大きな脅威であったことは想像にかたくない。江戸時代には、虫害が原因となり西日本一帯が大飢饉におちいった例もある。

また、衛生害虫（吸血性や刺咬《しこう》性の昆虫）とのかかわりも深い。その被害には太古の時代から悩まされていたであろうし、とりわけ野外で仕事をする人びとにとって、血を吸ったり刺したりする虫は迷惑そのものの存在であっただろう。ちなみに昆虫媒介性の感染症も大きな問題なのだが、それが知られたのは近代以降であり、「民俗」として残るのはわずかである。

これら害虫としてのかかわり以外に、食用や鑑賞などの対象のような広い意味での益虫としての関係もあるが、それらは本書のそれぞれの章を参照していただきたい。ここでは、無形民俗のうち、害虫やその防除にかかわる民俗行事を紹介し、害虫防除の技術史的な視点からその周辺をながめてみたい。

なお、昆虫にまつわる民俗については、かつて筆者が三橋淳編『昆虫学大事典』（朝倉書店、２００３）の「文化昆虫学」の章に「娯楽・遊戯」「民俗・俗信」として解説しており、興味のある方はあわせて参照していただければ幸いである。

害虫と民俗行事

害虫にかかわる民俗行事は、そのすべてが害虫の制圧や被害防止を目的とした行事である。行事対象になる害虫には農業害虫と衛生害虫とがあるが、農業害虫を対象とした行事は衛生害虫のそれに比較して、普遍的・広域的におこなわれている。これは農作物の豊凶が直接に生活基盤に影響するという、農業国ならではの歴史的経緯からであろう。

また、行事の実施主体からみると、地域(集落)単位でおこなわれるものと個人(家)単位でおこなわれるものとに大別される。農業のような生業にかかわるものは、その被害が地域全体に影響することから地域を単位としておこなわれる傾向があり、衛生害虫(主に吸血性や刺咬性の昆虫)のように個人の被害が主となるものは家単位でおこなわれる傾向がある。

農業害虫の場合、かつては実際の効果が期待されたと思われる行事もある。たとえば稲作害虫を対象にした「虫送り」は、古くは発生のつどおこなわれており、その内容からみて単なる神頼みではない例がある。

衛生害虫については呪術的な行事がほとんどであり、その地理的な分布もわりあい限定されるが、これは、その地域において実際に被害が深刻であった害虫が対象とされたためだろう。後で触れる「蚤の舟」「アブ蚊」などの行事がその例である。

それ以外、古くからの行事に虫除けが付加されたと思われる行事がある。「虫の口焼き」は多く節分行事にともなうが、節分行事は災いを除くための、また悪神や鬼の来訪を防ぐための古い厄除け行事であり、その「厄」の一つに害虫(農業・衛生を問わず)が意識されたためだろう。

以下に、まず「虫の口焼き」と「蚤の舟」「アブ蚊」を紹介し、ついで殺した虫の霊を慰撫する「虫供養」について触れたい。虫にかかわる民俗行事の代表ともいえる「虫送り」は、害虫防除技術史の面からも興味深いので、別に章を改めて解説する。

なお、これら以外に、愛知県から静岡県にかけて知られている「虫炒《い》り」という行事がある。これは端午節句の翌日に新麦でつくった香煎《こうせん》(麦焦がし)を家のまわりにまいて、毒虫や害虫を避けるという行事だが、例が少ないのでここでは省略する。(1)

虫の口焼き

害虫の口を焼いて（実際に焼くわけではないが）悪さをしないようにするという呪術的な行事で、本州全域に分布する。多くは2月の節分におこなわれる。地域により「口ふさぎ」「コガリ虫の口焼き」（山口県）、「蚊の口焼き」（奈良県）、「虫焼き」（長野県）などいろいろな名称がある。

形式も地域により変化があるが、多くは節分のヤキカガシ（魚の頭を焼いてヒイラギなどの枝に刺したもの）をつくるとき、あるいは節分にまく豆を炒りながら「害虫の口を焼く」という意味の唱え詞《ことば》を唱える行事である。その例を次に引用・紹介する。

なお特記しないかぎり引用文は出典のまま、〈 〉内は筆者（田中）による補注など、難読字にはルビを付した。漢数字は算用数字になおした場合がある。引用した事例は現在では消滅したものを含む（以下同じ）。

○福島県南会津郡檜枝岐村

セチブ〈節分〉の前夜には、煮干しや鰊の尾、頭のついた魚の頬（フーベ）を串に刺し挟み、ちょっと唾をつけてから御飯鍋をかけた下の火で焼く。このヤキカガシを作る時は「粟の虫の口を焼く。蕎麦の虫の口を焼く」という風に、次々にいろいろな農作物の虫の名をいって、その口をやく、と唱えながら焼くのである。そして、これを戸の間や鴨居の上、表の戸などに挟んでおく。（今野圓輔『桧枝岐《ひのえまた》民俗誌』、刀江書院、1951）

○鳥取県岩美郡国府町（現、鳥取市）

（節分の）豆を炒るときに萱《かや》を焚いて豆をはぜらせながら「のみの口・シラメ〈シラミ〉の口・ぶと〈ブユ〉の口・蜂の剣……よろず毒虫の口を焼く」と唱えながら虫の口焼きをする。（鶴巻鹿忠ほか『中国の歳時習俗』、明玄書房、1970）

福島県の例は農業害虫を対象としており、鳥取県の例は衛生害虫や「よろず毒虫」を対象にしている。この「毒虫」には一般にヘビやムカデなど、現在では虫（昆虫）ではない動物も含まれる。これは昔の動物分類の概念が「禽・獣・虫・魚・介」であり、禽獣魚介に含まれないものはすべて「虫」の範疇であったためで、今でもヘビを長虫などと呼ぶのはそのなごりである。

春の節分行事は、宮廷でおこなわれた悪鬼や悪疫を除く行事「追儺《ついな》」に由来し、中国起源とされている。民間に伝わり「豆まき」などがおこなわれるようになったのは室町時代ころかららしいが、虫除けとの関わりがいつごろ成立したのかは定かでない。

衛生害虫を対象とした行事
──「蚤の舟」と「アブ蚊」

「衛生害虫（吸血性や刺咬性の昆虫）」と書くと小難しいが、カ（蚊）・アブ（虻）・ノミ（蚤）・ブユ（蚋）・シラミ（虱）・ハチ（蜂）などの身近な害虫のことで、それらを対象にした虫除け行事である。

●蚤の舟

「蚤の舟」はノミを対象とした呪術的行事で、「蚤送り」ともいう。宮城県北部から岩手県南部、福島県の一部で知られている。期日は6月1日にほぼ一定している。ギシギシなどの実をノミが乗る舟に見立て、それを室内にまいてノミが乗ったとみなし、翌日に掃き捨てるというものである。具体例をあげてみよう。

○宮城県登米郡米山町（現、登米《とめ》市）

ムケノツイタチ　六月一日には、餅をついて仕事を休む。昔は蚤がたくさんいて困ったので、前日の夕方にしのは（ぎしぎし）の実を舟にみたてて座敷中にばらまき、蚤が舟に乗ると言う。翌朝、掃き集め堀や川に流すと、蚤がいなくなるという。（岩崎敏夫編『東北民俗資料集・八』、万葉堂書店、１９７８）

この例では行事名を「ムケノツイタチ」と呼んでいるが、これは「剝けの朔日」の意味で、東北地方にはこの日に虫・蛇・人などの皮がむけるという伝承があった。ちなみに東日本ではこの日に農業害虫を対象とした虫除け行事をおこなう例が少なくない。
その昔、千葉県夷隅《いすみ》郡や安房郡などではこの日を「虫の朔日」「虫封じ朔日」などといい、田畑に虫封じの札を立てたという。「蚤の舟」も「虫の朔日」も、おそらく同じ信仰基盤のうえに成立した行事なのだろう。

・アブ蚊

「アブ蚊」（虻蚊）は新潟県や岩手県などの山間地に分布する行事で、これも対象は吸血性害虫であり、山仕事や農作業で虫に悩まされた地方でおこなわれた。地域により「ヨガカユブシ」「アブカカブカ」などの名もある。小正月におこなう地域が多い。これも形式や内容に変化があるが、代表的なものはいろりなどで松の枝を燃やし、その枝の煙で体をいぶすとその年は虫に食われないとするものである。家のなかで家族に対しておこなうほか、集落の道で通行人に行う地域もある。次に新潟県の例を紹介する。

○新潟県栃尾市本所（現、長岡市）
（一月）十五日の早朝、松の枝を下して火をつけ、「アブ・蚊に負けるな。アブ・蚊に負けるな」と唱える。また、松の葉に火をつけ起きない子の側に持って行く。これをすると蚊にさされないといわれている。（野村純一編『栃尾市史・史料集（第九集）』、市史編集委員会、１９７３）

ここで「蚊」とされる昆虫は、実際にはブユを想定している可能性が高い。山村ではブユの害が甚だしいが、それを「蚊」と呼び、本来の蚊を「夜蚊《よが》」と呼ぶ地域が少なくないからである。細かい詮索にはあまり意味がないが、新潟県の山間地の場合、「アブ」は集団で人を襲う小型の刺咬・吸血性アブ（イヨシロオビアブ）が念頭にあったかもしれない。このアブは「オロロ」などと呼ばれ、農作業や山仕事を中断させるような激しい被害をあたえていた。

虫供養・虫祈禱

この系統の行事は、農作業でやむなく殺した虫の霊をとむらい、その霊が作物にたたらぬよう慰撫するためにおこなわれる。根底には自然物すべてに霊があるとする原始信仰、災いを怨霊のたたりとする御霊《ごりょう》信仰、また仏教行事などがあり、これらが習合して成立したと考えられる。単独でおこなわれるほか、虫送りと一連の行事としておこなわれる例も多い。

実施時期は一定せず、田植え終了時の田の神儀礼であるサノボリのころ、夏の土用、また東北地方では10月10日ころ（これはモグラなどの害獣除け行事「十日夜《とおかんや》」の日でもある）におこなう例が多い。

有名な行事に愛知県知多半島の大野谷一帯でおこなわれる「大野谷虫供養」があり、12月15日から翌年1月15日まで、仏事や祭りを中心とした一連の虫供養行事がおこなわれる。[1] 次に山口県の例を紹介するが、行事主旨のわかりやすい例である。

○山口県（地域不明）

虫供養　泥落とし〈田植え終了後の休日〉の前日あるいは翌日ごろに、虫供養・お施餓鬼をおこなう在所もある。集落の人たちは寺に集まり、耕作中に由なく殺した虫の供養にと、大般若経の転読〈要所のみを読むこと〉を願い、御幣を貰い受けて田一枚ごとに一本ずつ立てる。（鶴巻鹿忠ほか『中国の歳時習俗』、明玄書房、１９７５）

虫送り

虫送り行事の概要

「虫送り」は、農業害虫（主に稲作害虫）の制圧や被害防止を目的とした集団的な呪術的行事である。似た行事に「病送り」「風邪の神送り」などがあるが、これらと同じく、神や悪霊を鎮めて送り出す鎮送呪術的な性格の行事とされる。九州、四国、本州に広く分布し、現在も伝承している地域がある。

行事の形式や内容、時期などは地域によりさまざまであるが、家単位ではなく地区の集団行事としておこなわれる点は共通している。また、害虫除け祈願や虫霊供養を目的とした仏事・神事を含むか、それと一連の行事としておこなわれる例が多い。

行事名称もさまざまで、全国の民俗行事を調査・記録した文化庁編『日本民俗地図（年中行事・1）』（1969）のなかで虫送りの範疇とされた行事だけでも、およそ70通りもの名称がある。全国的に多いのは「虫送り」で、九州から東北まで分布。ついで「虫追い」が多く、青森や岩手などでは「虫ボイ」に変化する。「虫祭り」は東北北部や石川などに分布し、西日本にも点在する。「虫祈禱」「虫供養」系統の名もあるが、そのような行事は前章に記した虫供養系統の行事と複合する傾向がある。なお、西日本には「実盛《さねもり》送り」と呼ぶ例が多いが、これは平家の老将・斎藤別当実盛の名に由来する（後述）。

実施時期は、田植えと関連した時期、6月半ば、七夕、夏の土用など多様で、盆や小正月におこなう例もある。実施時期のもつ意味は、倉石忠彦[2]、田中久夫[3]などの考察があるが、紙幅の関係もあり、ここでは略させていただく。

行事の形式にも変化があるが、藁人形などを中心として、人びとが集団で鉦《かね》・太鼓・笛・ホラ貝などを鳴らし、虫除けの囃《はや》し詞を唱えながら農道を歩き、そして最後に人形などを村境に捨てたり、川や海に流したりするのが基本的な形である。古くは夜間におこなわれることが多く、松明《たいまつ》がもちいられた。

なお、虫送り行事については、伊藤清司が広い視野からの研究結果を『サネモリ起源考』[4]にまとめており、虫送り研究の基本文献になっている。

虫送りの記録
——青森県三戸郡田子町細野の虫送り

代表的な例として、青森県三戸郡田子《たっこ》町《まち》細野でおこなわれる虫送りを紹介したい。写真は1981年7月に筆者が参観した際に撮影したものだが、その後、この行事は青森県無形民俗文化財（国選択）に指定され、現在も当時と変わらずおこなわれている。行事名称は「虫ボイ」（「虫追い」の意）である。

旧暦の6月24日（現在は7月24日かその近辺）の朝、まず部落の神社で稲藁を使った人形作りがはじ

お囃子を先頭に虫送りの列が出発する（青森県田子町）

境内で男女の藁人形作りがはじまる（青森県田子町、1981年）

集落の辻で人形を踊らせる（青森県田子町）

男女一対の人形が完成（青森県田子町）

まる（写真）。男女一対の人形（写真）が完成した昼過ぎから会食がはじまり、行事の主役である子どもたちも境内に虫送りの旗を持って集まってくる。旗には「悪虫退散五穀成就家内安全天下泰平四海万福国土安康」と書かれる。

午後3時過ぎ、境内で男女の人形に性的なしぐさの踊りを踊らせたあと、境内にひびく太鼓の音とともに虫送りの行列が出発する（写真）。人形を持つ人と、鉦・笛・太鼓を鳴らす人だけが大人で、あとは子どもたちである。行列は集落のなかを進み、辻々で「何虫祭るや、ごじょ虫祭りや、長者殿の弔いで、赤いツボケまいらせろ、ヤアー」と唱えながら人形を踊らせる（写真）。集落のはずれまでくると、人形を合体させてひとしきり踊らせ、かけ声とともに崖の下に投げ捨てる（写真）。その後、参加した人たちは神社にもどり、また会食する。捨てた人形は拾ってはならないとされている。かつては夜間におこなわれていたという。

この例は、人形を中心に鳴り物を鳴らし、唱え詞を唱えながら行列が進み、最後に村はずれに人形を捨てるという形式で、これは虫送り行事の要素をひととおり含む典型的な例といえる。

虫送りの形式

虫送り行事で実際に送られるものや、その送り方はさまざまである。倉石忠彦[2]は虫送り行事を次の6形式に分類し、その意味を考察している。

①害虫そのものを送る。②舟をつくり、それに乗せて送る。③松明で送る。④人形をつくって送る。⑤鉦・太鼓で囃しながら送る。⑥神符・護符の力で送る。

最後にエイヤッと崖下に人形を投げ捨てる（青森県田子町）

梵天を持つ虫送りの行列（埼玉県秩父市、1981年）

これらについて倉石は、①は「虫を送る」という面からは単純・初歩的な型、②と③は害虫の代わりに依代《よりしろ》（神や霊の寄りつくもの、出現の媒体になるもの：この場合は舟や火）を送る型、④は害虫や虫害をつかさどる高い段階の霊を擬人化・神格化してそれを送る型、⑤は音により、また⑥はより強い力により害虫を制圧する型、と解釈している。実際にはこれらの形式が複合してひとつの行事が構成されており、前節の青森県田子町の例では④⑤が組み合わされ、かつ昔は松明③が用いられた。

依代には、社壇（神輿）、梵天（竿の先に大きな飾りをつけたもの：**写真**）、旗なども用いられる。また、行列しながら虫を送る囃し詞を唱えるのが普通である。

⑤の「音により制圧する」というのは、古来、中国では稲の害虫は金属の音を恐れるとされ、鉦で制圧するのはその考えが伝わったためと考えられている。

次に虫そのものを送る単純な例と、神事を含む例を紹介する。

○沖縄県宮古島狩俣

四月十五日。畔払。虫追いである。各戸から一人ずつ西の門〈集落を囲む壁の西の出口〉から出て海岸に行く。芭蕉の茎で縦三尺横二尺の小舟を作り、之に帆をつけて鼠・いもり・螟虫《めいちゅう》等を乗せて沖に流す。（宮本演彦「狩俣の村」、「日本民俗学会報」5、1959）

この引用中、「畔払」は「アブシバライ」「アブシバレー」などと訓《よ》み、沖縄では虫送りをこの名で呼ぶ場合が多い。「螟虫」はメイガ類の幼虫で代表的な稲作害虫の一つ。沖縄や奄美諸島の虫送りはこのように害虫自体を送る形式が多く、行事の意味がもっともわかりやすい。ちなみに鹿児島県徳之島では虫送りの際に次のような「虫踊り唄」をうたった。

○送《う》くらくら　悪虫ど送《う》くら　永良部渡《いらぶどう》ぬ　流《なが》り送《う》くい着《ち》くぃら

（関西手々郷友会郷土史編集委員会『芭蕉布のうた袋』、同会、1978）

この唄は「送ろう送ろう　田や畑から悪虫を送ろう。遠い永良部の渡中《となか》（海）へ送りつけよう」という意味である。

本土内陸部では人形や依代を村境まで送って捨てたり、川に流したりするが、沿岸部や島ではこのように対岸の島に送る例が少なくない。新潟県長岡市では「佐渡島に送る」という意味の詞を唱えた。余談だが、村境に送る場合、次の村でそれを受け継いで送るリレー式虫送りもあったが、村境が判然としなかったり、もともと隣村と不仲だった場合などはこれが原因でもめ事や公事《くじ》沙汰になったりした例がある。[5] 送られた側としては「厄」が持ち込まれたわけだから、面白くないのは当然といえば当然なのだが。

次は熊本県の事例で、神事をともなっている。

○熊本県天草地方

虫追いも田植え直後行なわれる行事で、農薬が使われる今日でも、天草地方では儀礼として行われている。天草郡河浦町では家ごとに白紙にナスの絵を描き、それを自分の家の田の近くに設けた青竹の柵に結んで下げる。それから氏神にみな集まってオハライをしてもらい、こんどは神主を先頭に、みなそれぞれ竹竿のさきに細長い旗をつけて歩く。そして先頭の人がホラ貝を吹き、ドラや太鼓をたたくと、みなは、「斎藤別当実盛《さねもり》、稲の虫は死んだぞ、後は栄えて、エイ、エイ、オー」と叫び、それを繰り返しながら集落中の水田を回る。（佐々木哲哉ほか『九州の民間信仰』、明玄書房、１９７３）

この例では囃し詞のなかに「斎藤別当実盛」の名があり、「稲の虫は死んだぞ」と続く。これは斎藤別当実盛という平家の武将（あるいはその乗馬）が、源平の戦い（越前・篠原の合戦、１１８３年）で稲の切り株につまずいて不覚をとり戦死したが、そのときに「稲の虫に化して呪ってやる」と言ったという伝説に由来している。この伝説は西日本一帯に広く分布する。そのため虫送りの囃し詞に実盛の名を唱え、行事自体を「実盛送り」といい、ウンカなどの害虫を「実盛虫」と呼ぶ例が西日本に多い。実盛伝説、またそれと虫送りとのかかわりについては多くの研究がある。[2]

実盛が活躍する顕著な行事例に、福岡県田主丸町《たぬしまる》（現、久留米市）の「虫追い祭り」がある。[6] この祭りでは、斎藤別当実盛と、実盛を討ちとった手塚太郎光盛の2体の人形（写真）をつくり、それを空中で戦わせる。大がかりな人形浄瑠璃を想わせるよう

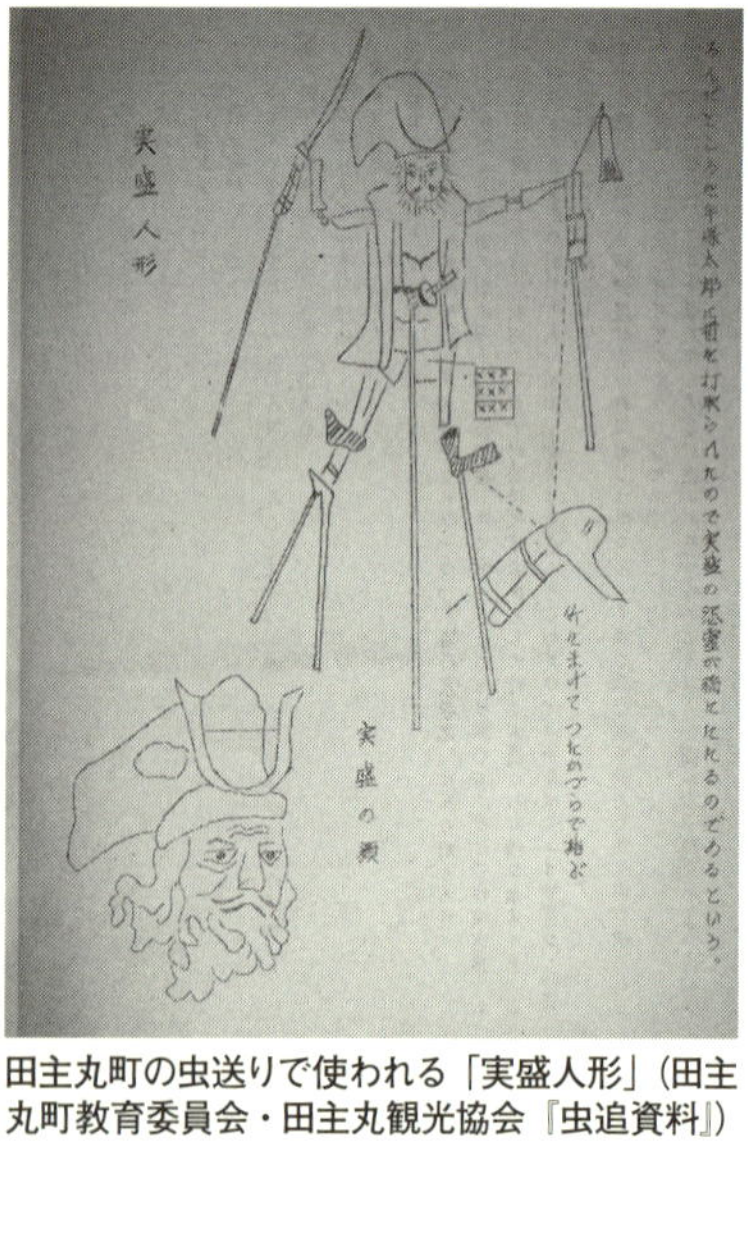

田主丸町の虫送りで使われる「実盛人形」（田主丸町教育委員会・田主丸観光協会『虫追資料』）

な行事で、一時期すたれたがまた復活し、現在では3年に1回、おこなわれている。[3]

害虫防除技術の発展と虫送り行事

虫送り以前

虫害自体は有史前からあったが、[4]実際の被害が記録に残るのは7世紀末ころからである。『続日本紀』（797年成立）にみえる、697年に西日本・四国から関東に至る17国で「蝗」（イナムシ、オオネムシなどと訓み、稲作害虫の総称）が発生したという記録がおそらく最古であろう。また「大宝律令」（701年）には、水害・旱魃《かんばつ》・虫害・冷害・不稔（稲が稔らないこと）の年には被害の程度により租・庸・調を減免すること、また虫害などで不作の年は食料などを支給すること、などの定めがあり、当時も虫害に悩まされていたことがわかる。

その時代の害虫防除は、単純な捕殺がおこなわれた程度である。[7]それ以外は神頼みであり、たとえば『日本三代実録』（901）には、874年、伊勢国に蝗が発生して大害を与えたため、伊勢神宮に高官（玄蕃頭《げんばのかみ》弘道王）を派遣し、蝗災除けの祈願をしたという記録がある。このときの蝗は「頭赤クシテ丹《に》ノ如ク背ハ青黒ニシテ腹ハ斑駁《まだら》……」と詳しく記載されており、アワヨトウの大発生であったとわか[8]る。[9]ちなみに祈禱後、この蝗は「蝗虫或ハ蝶ニ化シテ飛ヒ去リ或ハ小蜂ノ為ニ刺殺サレテ一時ニ消尽」したという。当時、このような祈願は害虫大発生のつど、おこなわれていた。

祈願以外に呪術的な方法もあった。忌部《いんべ》弘成撰『古語拾遺《こごしゅうい》』（807）には、「大地主神《おおなぬしのかみ》（土地の神）が農夫に牛肉を食べさせたことを御歳神《みとしのかみ》（田の神）が怒り、田に蝗を放った。御歳神に白猪、白馬などを献上して謝ったところ、それを許した御歳神が除蝗の方法を教えてくれた」として、田を烏扇《からすおおぎ》であおぎ、男茎型《おわせがた》・ジュズダマ（ハトムギ）・サンショウ・クルミ・塩などを畔に置くなどの方法を教わったという話が記されている。もちろん神話であるが、これに由来する神事などは現在でもおこなわれている。たとえば東京都府中市の大国魂神社では烏扇や烏うちわ（**写真**）を授与しており、また愛知県小牧市田縣《たがた》神社の豊年祭では巨大な男茎型《おはせ》を曳きまわしている。

　これら以外、害虫除けのお札も歴史は古いが、ここでは省略する。虫除け札については岡本大二郎[10]による総説があり、興味ある方は参照していただきたい。**写真**で神社で授与する現代の虫除け札を掲げておく。

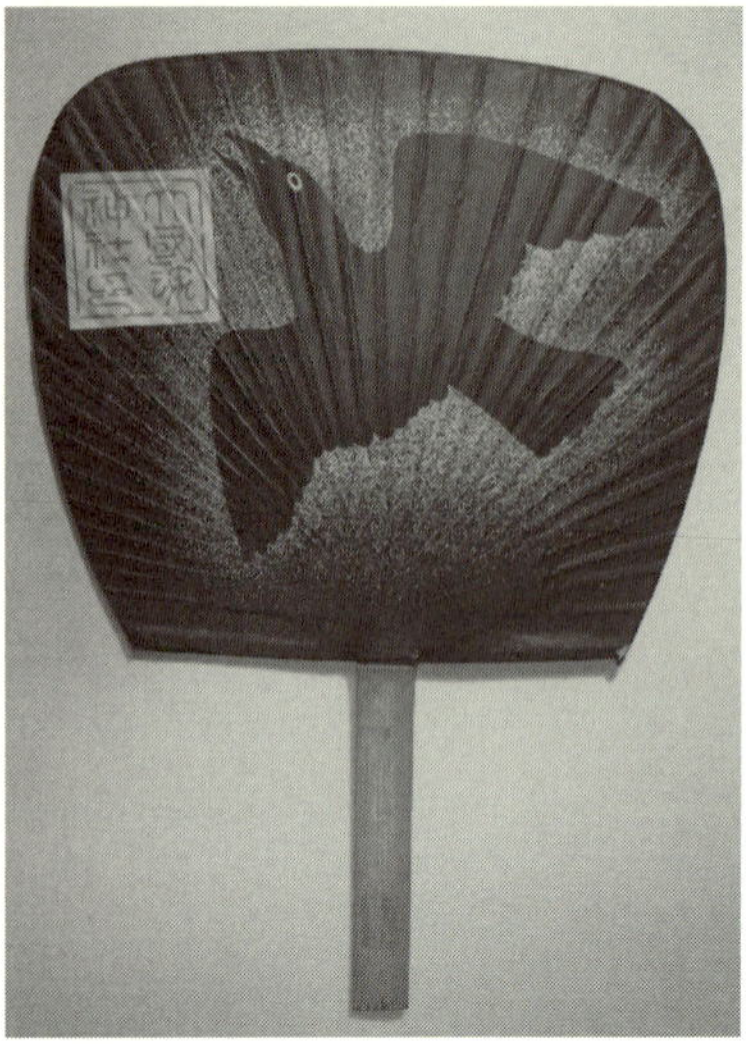
大国魂神社の「烏うちわ」（烏扇も授与している）

古文献にみる虫送り

　虫送り的な行事が記録にあらわれるのは16世紀、室町時代末期のことで、貴族・中原師象《もろかた》の日記『師象記』の1526年（大永6年）6月の記事に「今夜、所々ニ於テ囃物《はやしもの》有リ、近日蝗虫アリ。禾黍《かしょ》〈稲とキビ〉ヲ侵スノ間、件ノ蝗ヲ逐《お》フ由ナリ。[11]」とあるのが初出とされる。ついで17世紀になると、地方の記録にも虫送り的な行事があらわれる。

　筆者の知るもっとも古い例は、津軽地方で代々書

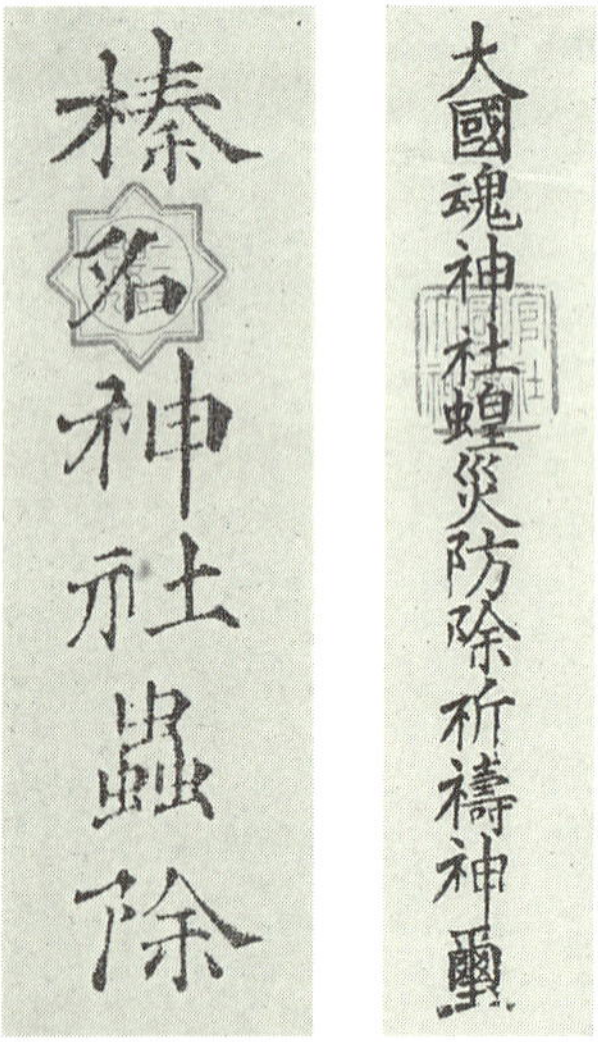

虫除け札（左：群馬県榛名神社、右：東京都大国魂神社）

き継がれた『永禄日記』[12]にある1627年（寛永4年）の記録である。「六月初頃より稲虫夥敷《おびただしく》、在々虫祭仕ル。然処《しかるところ》南光坊天海僧正江被仰付《おおせつけられ》御祈禱七日有」。この記録によれば各村で「虫祭」をおこない、藩では祈禱によって害虫退散を願った。[5] また、後年の伝承なので信頼性はうすいが、出羽国最上郡で記された飢饉記録『豊年瑞相談《ほうねんずいそうだん》』（1775）[13]には1643年（寛永20年）から「稲虫送り」がはじまったとの記述がある。その名称から虫送りを思わせるが、残念ながら信憑性に欠けている。

　行事内容までが記された早い例として、京の行事や風俗を解説した黒川道祐『日《ひ》次《なみ》紀事』（1676序）があり、「蝗のため田が害されたときには、人びとは鐘や鼓《つづみ》を打ち野外に（虫を）送る。これを虫送りという」（漢文を意訳）とある。また、当時の代表的な本草書、貝原益軒『大和本草』（1709）の「蝗」の説明に、「実盛虫というものがあり稲に大害をあたえる。夜、松明をともし、鐘鼓を鳴らしてこれを追う」（意訳）という記述がある。本書が著されたころには、虫送りはすでに広くおこなわれていたのであろう。

　ところで最近、まったく別の分野のことを調べていて、17世紀半ばには虫送りがポピュラーな行事になっていたらしいと推定できる資料を知った。

　初期の俳諧指南書である松江重頼『毛《け》吹草《ふきぐさ》』（1645年）には、季語を列挙した季寄せがあるが、その7月の部に「田虫送」の季語があったのである。季語である以上は季節の風物か行事であろう。国文学者・井本農一によれば、それよりやや後年の俳諧書、北村季吟『増山井《ぞうやまのい》』（1663）にもこの語はあり、「一旦季題化された後は多くの季寄類にも収録されており、例句も乏しくない。」[14]という。つまり俳諧の世界では17世紀半ば以降、虫送りが（実際に見聞したかどうかは別として）広く知られていたようなのだが、これは虫送りが一般的になったことの反映ではないかと思える。

　これらの事例から、虫送りは17世紀半ばには世間に知られた行事となっていたこと、また当時の虫送りは発生の際におこなわれるものであったことなどが推察される。

江戸農書にみる虫送り

江戸時代には多くの農書（農業書）が著されており、虫送りについて触れたものがある。ここではそれを3点ほど取り上げてみたい。

・『百姓伝記』の「まつりよう」

まず、初期の農書である著者未詳『百姓伝記』（1682年前後に成立）についてみてみよう。本書は三河地方の農事について書かれているが、「作毛に病付《やまいつき》をまつること」として虫送り（虫追い）の方法を記している。

長文なので要約して現代語で紹介すれば、「稲にはウンカや〝ぬかごのようなる虫〟〈ウンカ幼虫〉、イナゴが多く付く。そのようなときは老若男女大勢を集め、寺社で祈禱し、仏神を信心すること。その〝まつりよう〟は、風のあるときに大勢を集め、風上に供え物をして、若い者は田のなかに立ち、老人や子供は畔に立ち、手に笹の葉を持ち、鉦や太鼓を打ち鳴らし、10～20人に一人が音頭取りとなって、足並みをそろえて笹の葉で虫を払い、風下に追いだすこと。羽の弱い虫なので高くは飛べず、笹にあたって死んだり泥にうちこまれたりする。強いものは風下に失せてしまう。2度3度繰り返せば、必ずいなくなる」。

ここでは「まつり」とはいいながら、ウンカ類の駆除に後年まで用いられた「払落し」という技術を解説しており、儀式的な集団呪法というより、むしろ機械的防除法による共同防除である。当時としては、ある程度の実効性があったと考えるべきと思う。本書の場合、儀式（神頼み）と現実的な駆除法を融合させた形態であるのが興味深い。

・『除蝗録』と注油駆除法

ついで、江戸時代の害虫書の白眉である大蔵永常《ながつね》『除蝗録《じょこうろく》』（1826）にある虫送りを紹介したい。本書の意義や今日的評価などについては小西正泰による詳しい解説がある。[15]

『除蝗録』の最大の功績は、まだ地域的にしか知られていなかった先進的防除法（注油駆除法）を全国に広めたことにあるだろう。注油駆除法とは、水田に油を注いで油膜をつくり、そこに落ちたウンカな

『除蝗録』にある「虫送り」の図

享保飢饉の餓死者を祀る「飢人地蔵」（福岡市博多区、2014年）

どの気門を油膜でふさいで窒息死させる方法である。これは画期的な防除法であり、その後も前述の払落しと併用されながら、昭和20年代まで続いた息の長い防除技術である。本書には、その注油駆除法が詳細に解説されている。

ちなみに、注油駆除法の発見には諸説があり、[6]もっとも古いものは1670年に筑前国の篤農家が見いだしたとする伝承である。実際に普及するきっかけになったのは、ウンカ類などの大発生が原因となった享保の飢饉（1732）である。この飢饉では西国諸藩の稲作が大きな被害をうけ、多数の飢人や餓死者を出した（**写真**）。この飢饉のさいに筑前国などで注油駆除がおこなわれ、[7]その後、徐々に各地に伝わっているが、全国的に普及したのは『除蝗録』以降であろう。

さて、その『除蝗録』では鯨油を用いた注油駆除法を解説・勧奨しているが、その一方、虫送り（**写真**）にも意義を認めている。これも長文なので現代語にして要約すれば、「いま虫送りといって各地でおこなわれている方法は、人びとが夕方から集まって松明をともし、鐘や太鼓をならし、藁人形や紙旗などをもち、ときの声をあげて田の畔をめぐる。その松明を遠い野原や河原に捨てると、ついてきた虫が焼かれて死ぬ。そのため〝虫逐《むしおい》〟ということをはじめたのだろう」「人の声に群れたり灯火に集まる虫はこのようにして駆除できるが、羽のない虫は灯火には集まらず駆除できる道理がない。油を使う方法を知らない国では虫送りよりほかに手だてがないので、むなしく稲を枯らしてしまう。それゆえ、それらの国の人に（油の効果を）知らしめんと筆をとったのである」。

つまり、大蔵永常は虫送りを否定したわけではなく、彼なりにその灯火誘殺の効果を認めており、その限界を打破するのが注油駆除法だという考えであった。後に永常は『除蝗録後編』（1844年）を著して、虫送りについて前著以上にその方法を詳しく記し、その効果を強調、解説している。永常によれば、松明は焼殺や誘殺、太鼓・鉦・ホラ貝などはその音響に対する忌避や落下で駆除できるという。これは物理的（機械的）防除の考えかたであるが、音響による忌避などの効果は現在の知見からは疑わしい。

ちなみに永常の教える灯火誘殺は、明治以降に長く続いた誘蛾灯による防除の源流にもなっている[15]。

•『養蚕秘録』にみる虫送り

虫送りは必ずしも稲作害虫に限った行事ではなかった。代表的な養蚕書、上垣《うえがき》守国『養蚕秘録』（1803年）には写真のような虫送りの図があり、本文で虫送りの方法を解説、クワエダシャクトリ（クワの害虫）などが発生したときには次のような虫送

『養蚕秘録』にある「虫送り」の図

りを勧めている。

「中国辺〈中国地方〉は、蚕神に祈り又は産土神《うぶすなのかみ》へ詣でなどし、藁人形あるひは藁馬など作りて、是に桑のむしを少し取乗せ、鉦、太鼓、或ハ螺貝《ほらがい》、笛など吹立、子供童部《わらべ》大勢集り、桑の虫を送た沖のかたへ、行け行けと囃立、桑の辺を廻り、川ある方へ送り出す。是をむしおくりといふ。」（『日本農書全集・35』、農山漁村文化協会、1981）

『養蚕秘録』には特に虫送りの効果などへの考察はない。クワキジラミが発生したら「棹」で払い落とせという記述に続き、この虫送りが勧められているだけである。つまり合理的な解釈を試みた形跡がない。

この態度は、幕末の農書、長尾重喬《しげたか》『農稼録《のうかろく》』（1859）にある「祈禱や虫送りなどは根拠のないことだとののしる者もあるが、人力で及ばないときは神のご利益を受けてまぬかれるほか手だてがない」（意訳）という素朴な考えと同じであり、おそらく当時の農民の多くに共通していた観念なのだろう。

虫送り行事の変容と衰退

虫送りの年中行事化

虫送りは、古い時代には害虫発生のつどおこなわれた行事であったが、年を経るにしたがい、多くの地域で害虫発生の有無にかかわらない行事、つまり年中行事に変化したと考えられる。害虫防除技術史との関連から、いったいいつごろからそのような変化がはじまったのかを探りたいのだが、これは地域により異なるし、一概に結論の出る問題ではなさそうだ。

たとえば、定例の虫送り行事とは別に、害虫が発生した際に臨時でおこなうという伊勢国白子領のような例[16]も多いし、個々の例を考えるときりがなく、結論は得られないのだが、年中行事化したおおまかな時期を推定する材料がないわけではない。それは幕府の法令である。

幕府の改革政策のひとつ、寛政の改革の一環で、1799年、幕府は神事などにともなう歌舞伎や浄瑠璃、芝居のたぐいを一切禁止した。その御触書を要約（かつ意訳）すると「村々では神事・祭礼・虫送りなどと名付け、芝居や見世物のような催しをおこなうと聞くが、これは無駄な費えであり、仕事も怠けるようになる。そのため、以後は芝居同様に（神事などにともなう）人を集める遊芸や歌舞伎などを固く禁ずる」[17]というものである。この御触書には、はっきり「虫送り」とあり、虫送りは芝居や見世物と同様な娯楽、というのが幕府の認識であったように読める。つまり、すべてではないにしろ、18世紀末ころには虫送りは多くレクリエーション的な行事に変化したと理解できるのだが、いかがなものだろうか。

ただし、これは稲作害虫の多発地域とそうでない地域では事情が異なると考えねばならない。まだ資料不足ではっきりした推論ができないが、害虫多発地帯にあっては後年まで発生のつど虫送りをおこない、そうではない地域では早い時代に年中行事化した傾向がありそうに思えるからである。多発地帯にあって真剣におこなわれた行事であれば、レクリエーション的な要素はより少なかっただろう。

農村の祭りについて、〃村の遊び日〃を詳細に検討した古川貞雄は「すべて祭りは〈中略〉そのどれもが中世とあまり変わらない宗教的心性にみたされていたのはほぼ17世紀までで、18世紀以降、遊興化が進み、とくに饗宴部分がとめどなく遊興化し肥大する。」[18]と述べているが、これは一般論としては虫送りにもあてはまるように思われる。

虫送りの衰亡

虫送りは他の年中行事と異なり、害虫の制圧、被害防止という具体的で現実的な目的があった。換言すれば、害虫が駆除できたなら行事自体が不要ともいえる。その意味では、効果的な防除法の発見が虫送りにあたえた影響は大きかったはずである。

以上は単純に考えた場合だが、虫送りは神事・仏事など信仰と密接にかかわっていたり、農村での年中行事（レクリエーション的な催事）だったりしたことから、防除法の普及がすぐに行事の廃止にはつながりにくいだろう。たとえば、今村充夫は『加賀能登の年中行事』（北国出版社、１９７７）のなかで「昭和20年（１９４５）後は、害虫駆除の薬品が多く使われたため稲虫はほとんどいなくなった。虫送りによって虫を追うことは不要に帰したのである。それでもこの行事が存続したのは、はじめからリクリエーション化していたからである。」と明快に述べている。

このような要素をはらんでいた虫送り行事は、他の民俗行事同様、社会の変化、また人の意識の変化とともに、年月を経ながら徐々に衰退したと考えるのが自然なのだろう。

しかし、なかには防除法の普及が短期間で虫送りの廃止につながった興味深い例がある。以下に出典のままを紹介する。

○虫送り　明治40年9月10日、うんかが発生した。当時は駆除法を知らなかったから、村中の年寄りや子どもが、太鼓やあき罐をたたいて大声をはりあげて、村中の田を順番にまわったが、うんかは逃げも隠れもしなかった。明治42年9月にまた、うんかが発生した時、夜中にたいまつをともして虫の集まってくるのを焼き殺した。翌43年にうんかが発生したときは、田ごとの水口に石油を流して、一枚の田の全面に流れ広がるようにし、長い竹竿で稲をたたくと、虫が水面に落ちて死んだ。石油はどの家でも36リットル（2斗）から54リットルも使った。（文化財保護委員会『田植に関する習俗・2』、同委員会、１９６７）

これは富山県中新川郡上市町の例で、虫送り→灯火誘殺→注油駆除（虫送りの廃止）という変化が3年間で完了している。このような例は少ないだろうが、民俗行事が新技術によって衰退した一例として紹介しておきたい。

おわりに

与えられた紙幅の過半を虫送りに費やしてしまったが、これは筆者の関心が「虫と人とのかかわりの歴史」にあり、民俗行事については害虫の防除技術史という視点から資料を収集してきたためである。害虫と民俗行事とのかかわりは広いが、その一部しか紹介できなかったことにご宥恕をお願いしたい。なお、虫送りや注油駆除法は中国に起源があり、それがわが国に伝わったと推測されているが(8)、話が煩雑になるので本文ではあえて触れなかった。

業績を引用・参照させていただいた末永一、岡本大二郎、長谷川仁、伊藤清司、小西正泰の諸先生はすでに故人となられたが、いずれの方にもご指導やご厚誼をいただいた。末筆ながら上記の方々に厚くお礼を申し上げる。

〈注釈〉

(1)「虫炒り」については次を参照。田中誠「民俗・俗信」、三橋淳編『昆虫学大事典』、朝倉書店、2003

(2) 参考・引用文献にあげた[3][4][9]/末永一「実盛虫考」、「九州病害虫防除推進協議会年報」58号、1984/神野善治「虫霊と御霊」、「自然と文化」25号、1989など。

(3)「3年に1回」は、ウエブサイト上の田主丸町ホームページの解説による。

(4) 弥生時代前期の遺跡からイネの害虫(イネクロカメムシ)が発見されており、稲作がおこなわれていたと推定されている。詳しくは次を参照。森勇一『ムシの考古学』、雄山閣、2012

(5) ただし、伊藤清司[4]は『永禄日記』が後年に編纂しなおされていること、また「虫祭」が祈禱の類である可能性を考え、虫送りの初期例としては疑問視している。

(6) 注油駆除法の起源や由来に関する研究文献は多く、主要なもののみ挙げる。

末永一・中塚憲次『稲ウンカ・ヨコバイ類の発生予察に関する綜説』、農林省振興局植物防疫課、1958/末永一「東洋の油を使う虫害防除法とその流れ(1)(2)」、「農薬研究」30巻4号・31巻1号、1984/伊藤清司[4]

(7) 次の文献に当時の記録が多数収載されており、注油駆除の記録も少なくない。立石碧編著『福岡県近世災異誌』、ぎょうせい、1992

(8) 参考・引用文献に挙げた[4][7][15]など。

〈参考・引用文献〉

[1] 江端祥弌『大野谷虫供養』、南粕谷郷土研究会、1981

[2] 倉石忠彦「虫送り」、「日本民俗学」69号、１９７０
[3] 田中久夫「生産儀礼と宗教、稲虫送りと斎藤実盛」、宮家準編『民俗と儀礼』所収、春秋社、１９８６
[4] 伊藤清司『サネモリ起源考』、青土社、２００１
[5] 荒川秀俊「虫送り厄神送りに伴って生じた山論」、「日本歴史」３３０号、１９７５／渡部史夫「羽州村山郡の入組み支配と虫送り出入り一件」、東北史学会「歴史」60輯、１９８３
[6] 田主丸町教育委員会・田主丸観光協会『虫追資料』、１９５５
[7] 長谷川仁・小西正泰「害虫防除法の変遷」、「植物防疫」25巻3号、１９７１
[8] 長谷川仁「蝗と飛蝗」、「自然」１９７６年４月号
[9] 岡本大二郎『虫獣除けの原風景』、日本植物防疫協会、１９９２
[10] 岡本大二郎「虫除け札考」、「近畿民具」９輯、１９８５
[11] 『古事類苑』産業部（２）
[12] 青森県文化財保護協会編『永禄日記』、同会、１９５６。国書刊行会刊の復刻本（１９８３）がある。
[13] 小野武夫編『近世地方経済史料集成・７巻』、吉川弘文館、１９６９
[14] 井本農一『季語の研究』、古川書房、１９８１
[15] 小西正泰『除蝗録』解題、『日本農書全集・15巻』、農山漁村文化協会、１９７７
[16] 「伊勢国白子領風俗問状答」『日本庶民生活史料集成・９』、三一書房、１９６９
[17] 『御触書天保集成・下』、第５５３６号
[18] 古川貞雄『村の遊び日』、平凡社、１９８６

なお、以上のほか、次の文献を全般的に参考にした。小西正泰「害虫戦争の軌跡」『虫の文化史』、朝日新聞社、１９９２／末永一『九州蝗逐風土記』、九州病害虫防除推進協議会、１９８５／長谷川仁「江戸時代の害虫防除」、「日本農薬学会誌」３巻特別号、１９７８

第２章

食文化としての昆虫食

野中健一

はじめに—食文化研究の視点から

「虫を食べる」ことにたいして、近年、世界で関心が高くもたれるようになった。しかし、「なぜ（虫を）食べるのか？」と疑問が発せられる。それは他の食物の食用の起源を解明することと同じく難しい。普遍的なエネルギー摂取効率や栄養価の高さで説明されようともする。しかし、人間が食物を摂るという行為は簡単に説明されるものではない。

まず「食」は大きく分けて文化（料理法、伝統）・物質循環（食物連鎖、エネルギー）・栄養価・生産・流通における技術や経済からとらえられる。そして食事を文化として注目すると「料理」＝「食品加工」と「共食」＝「食事行動」の人間に特徴的な二つの文化的行為をめぐって食事文化の中核が形成されている（石毛 1998）。人間が食事を摂るのは、生理的現象だけではなく、タブーのような精神文化的側面にも規定される（同）。

そして「味わい」「楽しみ」など感覚的な満足を求める意味合いもある。人間が生存することの意味としてその感覚をもつことも含まれるであろう。「うまい」「まずい」という感覚情報も文化に支えられている側面は大きい。文化は「どのように」という様式やそこにみられる人間のさまざまな創意工夫、そして個人の営為ではなく集団に共通して継承されており、さまざまなスケールで広がりを持ち、歴史の中で構築され継承されてきたものである。世界の諸地域・諸集団の多様性を明らかにし、さまざまな可能性を提示すること。そのプロセスを解明することが文化研究の目標となる。

その研究に「文化」を冠するとは、共通認識に立った、人間の利用、認識、価値観の現れとしての現象に注目することである。昆虫食文化の記述や研究の対象は虫ではなく人である。文化研究がさまざまな人文社会科学の学問分野において、さらに専門分化されて研究が進められている中で、昆虫食の名のもとに独自の一分野を作れる問題意識をもてるのか、あるいは、食文化や文化史、文化生態の分野の中での位置を占めるのか、まだまだ議論されねばならない。

近年の昆虫食への関心の高まりにより、昆虫の食用は世界で意外にたくさんあることがさまざまに報告されてきている。しかし、単に「虫を食べている」「こんな食用昆虫があった」という事例報告、あるいは「自分（たち）はこんな虫を食べるのだ」という個人的嗜好を提示しても食文化の研究には結びつかない。「食用昆虫」を示すのではなく、「食」を解明することが望まれる。

食文化としての昆虫食研究は、昆虫という自然を人がどのように食品として加工し、食するかという過程とその要素をとりあげ、そこにみられる創意・工夫・価値観を明らかにすることとなる。対象となる昆虫を含めた環境と人間の間には幾重にもさまざまなファクターがあり、それらが相互に関連し合って、昆虫食は成り立っている。この諸ファクターによって地域性にも富んだものになっており、単純に「人間と昆虫」という構図ではとらえられない。

私は、地理学と生態人類学をベースに生物の資源化やそれにともなう環境認識や行動にもとづいた食の研究を進めている（野中 2008）。先の石毛の提示にしたがえば、「食」とは、人間が、環境に存在するさまざまな自然物を取り込んでいく過程である。環境の中から、何を取り込むか選択し、獲得ないしは生産を行い、調理加工し、食物とする一連の行為とそれを生み出す意思決定を含んだ概念である。

これは、人間の環境への適応や歴史の中で社会的に構築されてきた所産である。また、その過程において、人間の感覚（おいしい、まずい、体に良い、悪い、楽しい、うれしいなど）が重要な働きをするところに注目してみよう。この面で、単に栄養やエネルギー摂取のみでない、自然を取り込むことの意義、そして多様な自然物をさまざまな加工や調理によって食物とする行為のもつ意味が重要となる。また、食物となる自然物が存在するために、自然条件や人間の生活とを合わせたトータルなつながりがどのようにできているかも大切である。外的要因と人間の持つ感覚とを合わせた「関係化」のプロセスから昆虫食文化研究に臨むことができると考える（40頁・図1）。

私はこれまで南部アフリカ、東南アジア、日本、

図１　食文化としての昆虫食研究の枠組み

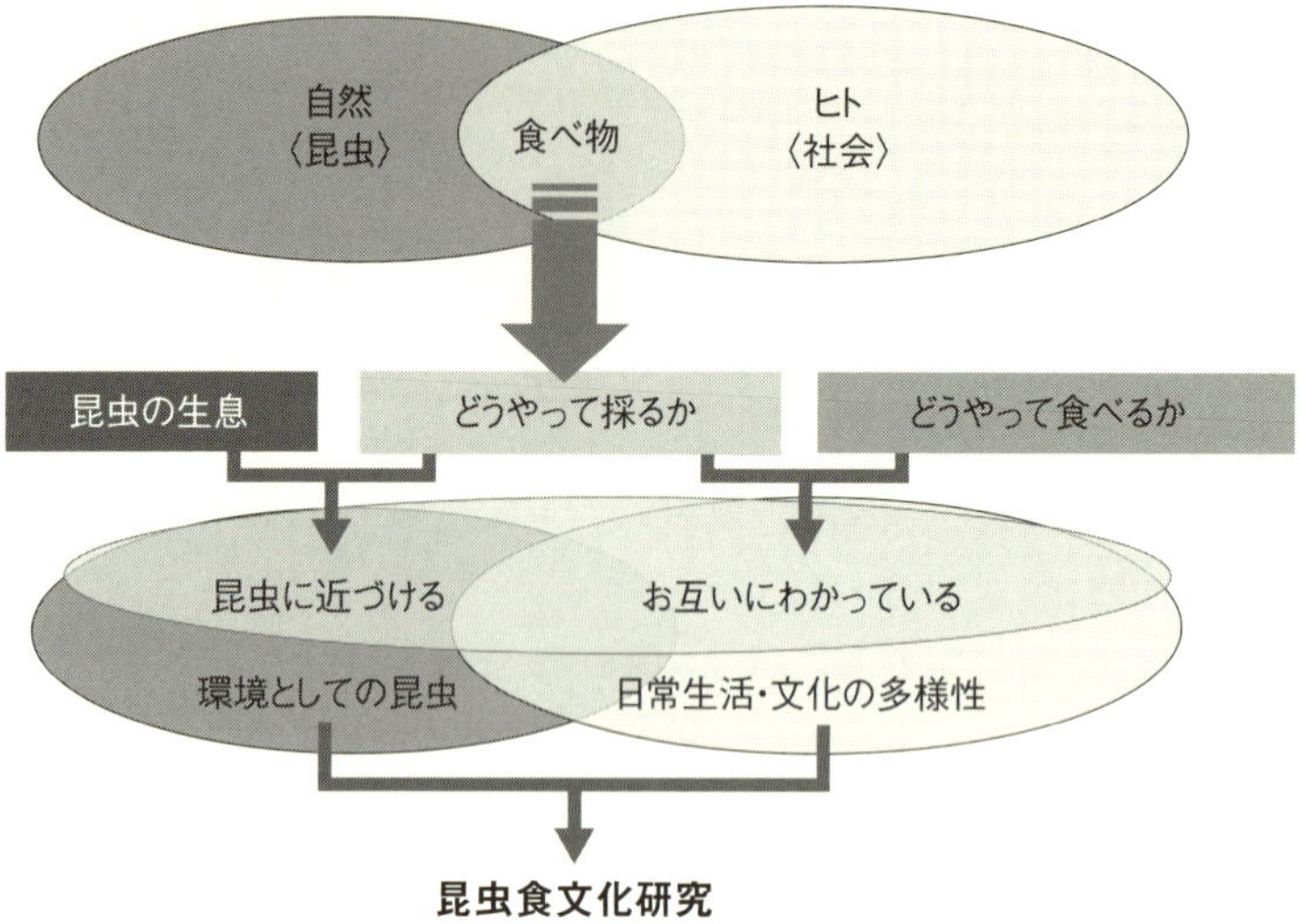

オセアニアなどで、昆虫が実際の食生活や社会の中でどのような意味を持つのかを食用程度や食事に至るまでの過程に注目して明らかにしてきた（野中２００５、２００７）。拙稿で整理した分析視点にさらなる課題をふまえて、昆虫をいかに食文化の対象として学問体系にするのか、事例をあげながら昆虫食の食文化研究へのいざないとしたい。

昆虫は古くて新しい食物？

近年ＦＡＯ（国連食糧農業機関）が昆虫を新たな食物資源として推奨している。『Edible insects-Future prospects for food and feed security』と題された報告書が２０１３年5月出版され（Huis et.al 2013）、世界で話題になった。これは、２００8年のタイ・チェンマイでのＦＡＯ主催の会議で、森林生産物の一つとして食用昆虫をとりあげたことに始まる。そして、昆虫学の専門家たちが食用昆虫そのものに注目して議論が発展し報告書が出された（Huis et.al. 2010）。その後２０１２年１月にイタリア・ローマのＦＡＯ本部で昆虫食の盛んな国々の参加者や欧米の食料問題を心配する人たちによって将来の食料としての可能性や方向性が議論された。その結果は、ウェブサイトからダウンロードできるほか、さらに関連情報を得ることができる。それによれば、世界では世界各地で20億人が１９００種類を超える昆虫を食べているという事実をもとに、昆虫が動物性たんぱく質・脂肪・ミネラル分に富み家畜よりも生産効率が良いとして、食料・飼料への有効利用を示唆している。そして２０３０年に予測されている人口90億人時代に備えて、自然からの採集ばかりでなく養殖・増殖をはかることによって、女性の就労や地域の現金収入源化、企業活動の促進などを提言している（**表１**）。

表1　FAO報告書に記された食用昆虫の利点

生産性	飼料転換効率の良さ 温室効果ガス発生の低さ 昆虫飼育残渣を家畜飼料に転換できる 乾燥に強く多量な水を必要としない 養殖用地を多く必要としない
社会経済性	高栄養価 飼料代替 女性の活動参加促進 新たな現金収入源

注：要点抜粋

　ＦＡＯの会議では世界の食糧戦略に向けて昆虫が新たな資源として位置づけられた点が目新しい。この昆虫食への注目は、欧米での昆虫への関心の高まりに負うところが大きい。ニュースのトピックになったり、各地で昆虫料理フェアが開催されたり、レシピ本も出版された。

欧米で売られる昆虫食品の例

　イギリスでは高級デパートでも昆虫食品が売られ、味付けされた昆虫がスナックとして売られている（**写真**）。50年前にはアメリカで売られていた昆虫入りキャンディーがクリスマスギフトとして流行った程度であった。オランダでは乾燥昆虫食材を製造する企業もできた。アメリカではコオロギを使った健康食品も作られるようになった。これまで昆虫を食べていなかった人たちが、素直に新たな食材として受け入れてい

図2　世界の主な食用昆虫の分布

（野中、2009）

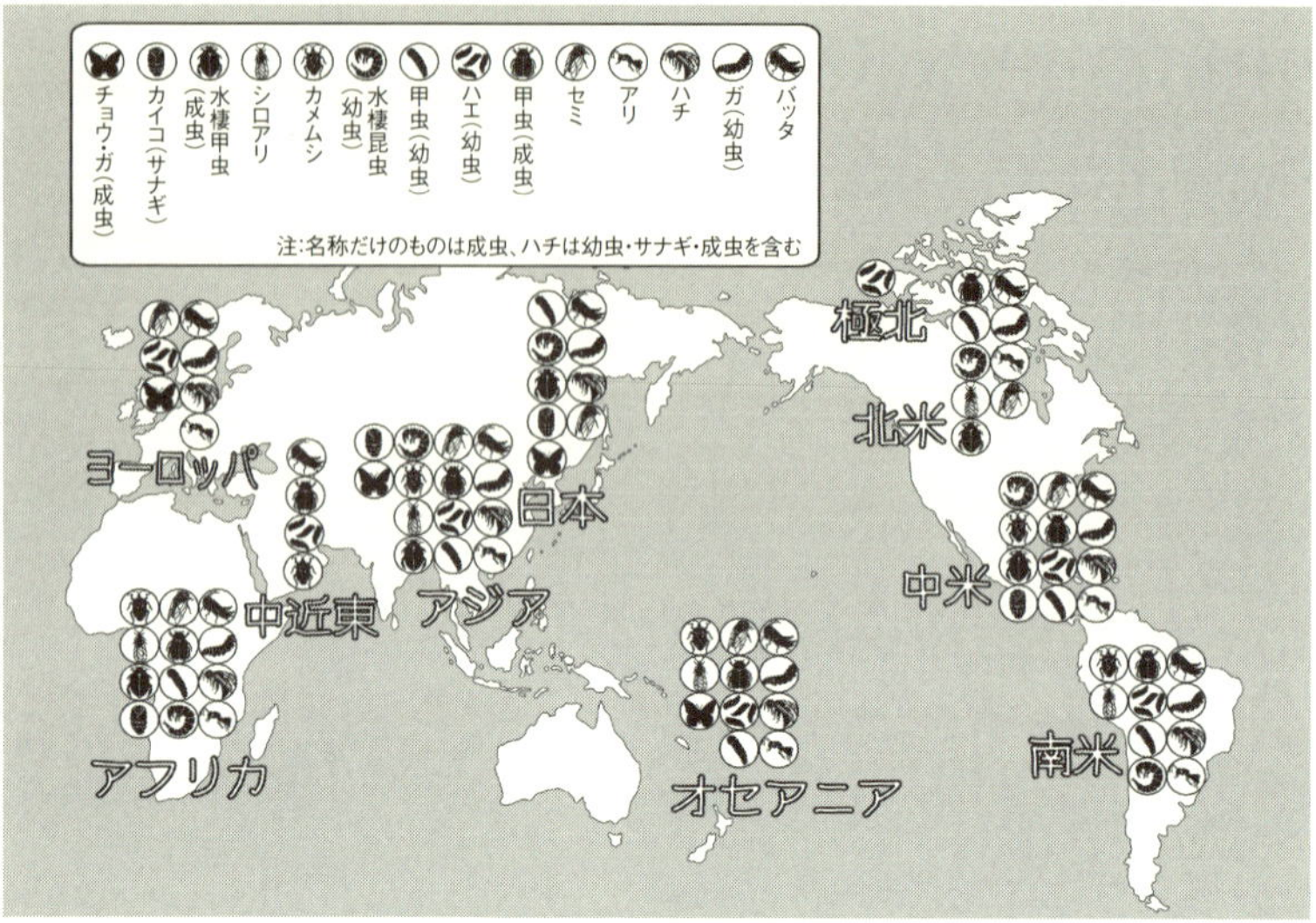

るかのようである。

19世紀末にイギリスで出版された『昆虫食はいかが？』（ホールト　1996）がまさに現実のものとなった。寿司＝生魚が受け入れられたのと同様に、欧米でも当たり前に昆虫が食べられるようになるだろうといわれ、新たな食材、食べ方として注目されている。

古来、人間は食べ物レパートリーを増やしてきた。「新大陸」からもたらされた作物は欧米の食生活を大きく変えた。流通や情報の発達により世界各地で新たに食べられるようになった食材、食品も多い。日本でも明治以降の家畜肉、野菜、乳製品をはじめいくらでも例がある。

さまざまな外来の食品はエスニック料理という範疇を超えて、日常食化し、どんどん輸入もされるし、国内生産も行われるようになる。昆虫もこのような新たな食材として普及していくのであろうか？

その普及過程、食べないカテゴリーがいかにして「食べる」カテゴリーに変化していくのか、そこをとらえることは興味深い。文化事象が世界に広がっていく過程は従来「文化伝播」という概念でとらえられてきた。これは、短いタイムスパンのものではなく、人類史の時間軸と人類の地球上への広がりの空間軸のなかでとらえられるものであったが、現代社会は情報やネットワークの広がりにより、直接伝播だけではないさまざまな形態がある。

　その見方に立てば、食材の受容や未利用資源の食用化は従来の文化の成立とは異なった形で生まれることも予想される。

　しかし、人類の昆虫食の歴史が古いことは容易に想像される。昆虫食研究として世界の様子を集成したものは、19世紀に世界各地の民族誌に記載された昆虫食をもとにして昆虫食を啓発した書物（ホールト　１９９６）に始まり、Bodenheimer（1951）によって体系的にまとめられた。その後の昆虫食に関する論文や報告については、三橋が『世界の食用昆虫』（三橋　１９８４）を出版した後に、さらに自らの調査も加えて、詳細なリストを掲示した２冊の著書がある（『世界昆虫食大全』２００８、『昆虫食文化事典』２０１２、ともに八坂書房）。

　食用地域はロシア、ヨーロッパ、カナダ、アフリカ北西部などを除いて世界に広がっている（図２）。亜熱帯から熱帯地方にかけて昆虫食がさかんであるといわれるが、北極圏でも肉につくウジが食べられてきた。昆虫食は、地域的なバラツキがあり、またイスラム教など宗教的な理由で昆虫食が制限されているところもあるが、食べてきたところでは当たり前の食べ物であり、長年の経験で適した料理がなされ、継続的に利用されてきたものである。

昆虫の食用価値は何か？

昆虫が食物資源として高く評価されるのは、ＦＡＯ報告書でも指摘されているように昆虫個体のもつ栄養価の高さにある（44頁・表２、表３）。単位重量あたりで、たんぱく質、脂質に富み、効力をもつアミノ酸、ビタミン類やさまざまなミネラルなどの含有量も多い。

　この高栄養価をふまえて、たとえば日本では昆虫食は「山国など動物性たんぱく質源が乏しいと想定

表2　FAO 報告書に記載された主な昆虫のエネルギー量（kcal/乾燥重量 100g）（抜粋）

オーストラリア産ツムギアリ	1272
アイボリーコースト産シロアリ	535
メキシコ産ハキリアリ	404
アメリカ産ミルワーム	206
オランダ産ワタリバッタ	179

表3　FAO 報告書に記載された昆虫種類（目）別にみたたんぱく質含有割合（%）

コガネムシ（成虫・幼虫）	23～66
チョウ・ガ（蛹・幼虫）	14～68
セミ・カメムシ（成虫・幼虫）	42～74
ヨコバイ（成虫・幼虫・卵）	45～57
ハチ・アリ（成虫・蛹・幼虫・卵）	13～77
トンボ（成虫・幼虫）	46～65
バッタ（成虫・幼虫）	23～65

されるところの貴重な動物たんぱく質源として利用されてきた」とよくいわれる。

この「貴重」という言葉の裏には、「ゲテモノ」の代表のように扱われてきた昆虫は食べないものであることが前提であり、他に食べ物がないから虫すら食べているのだろうというがった見方が込められている。そして、貧しい人たちや食料難に苦しむ人たちの食べ物だとの見方が根強くあるように思われる。それはことさらに口を大きく開けて虫を丸ごと食べようとするシーンや、虫の姿形を強調するような料理が登場することに表れている。

先に述べたＦＡＯ報告書に至った２０１２年１月に開催された昆虫食に関する会議には私も参加していたが、その中で「昆虫はたんぱく質源として有用だが虫そのものが食卓に出されたら嫌だ。パウダーに加工したり、さらにそれをケーキに入れれば良いだろう。」という発言が出て、その方向で議論が盛り上がった。伝統的な昆虫食のある社会では昆虫はそのようには用いられていない。

人口増加は発展途上国で想定されているものであり、そもそもそれらの国々では昆虫をはじめ固有の食文化をもっている。日本も含め、昆虫を文化的な食品として食べてきた人たちも多数参加していた中で、そこの文化を幾重にも無視されたように思えた。こういう発言に同調する参加者は、昆虫食を文化ではなく、食品でもなく食品成分としての利用システムの構築を目指しているのだろうと思った。たしかにこうした利用の普及や生産は数多くある食品・生産物でもみられるものである。その中の一つに昆虫が含まれることはあり得るであろう。

だが、昆虫も含めた自然産物はローカルなものである。そしてそれを生かした食物もまたその土地の生物環境に歴史・文化が合わさって成り立っている。流通もその規模を前提にしている。昆虫食は、それぞれの土地での環境に応じた生物生息相や食文化を反映して成り立ってきたものであり、ローカルな文脈で関連する諸条件で構築されたものである。

その文脈を切り離して食材としての有益性のみが追求されることになると、あるいは一過性のブームにしてしまうと、野生のものの獲得はもとより、養殖においても生産増大のための経済活動に巻き込まれ、環境や地域社会にさまざまな弊害が出ることは世界各地の一次産品生産でいくらでも例をみることができる。

新たな食材としての食用昆虫の生産や利用の前提として、食品として人が食べることのうれしさを尊重しそれを生かす発想に立った資源化をめざす視点をもつこと、そうしてきた人たちに学ぶことが大切であろう。そこに文化として昆虫をとらえる意義がある。

これまで訪ねたアフリカ、アジア、オセアニアの各地の人々は、虫を食べるのはおいしいからだと言う。たとえばラオスの人々はイナゴやスズメバチをはじめ、タガメ、ゲンゴロウ、コオロギ、イナゴ、カメムシ、コガネムシ、シロアリなど水田、草地、森、水辺などさまざまな環境で得られる多くの昆虫を食べるし、パプアニューギニアではサゴヤシでんぷん食に付随してゾウムシの幼虫やバッタも採っている。

しかし、虫なら何でも良いというわけではない。それらはおいしい味のするものとして、多くの昆虫の中から選ばれたものなのである。自給的に採集して食べるばかりでなく、都市の市場にも持ち込まれ、売られている。それらは家畜の肉よりはるかに高価であり、ごちそうとして扱われている。腹を満たすだけならば、はるかに安くて手軽な食材が他にたくさんあるにもかかわらず高くても求める人々はひきもきらない。

また、彼らは決して虫ばかり食べているのではない。魚をはじめ多種多様な野生動物、植物もたくさん食べる。昆虫は少ししかいなくても、わざわざ取ってきて付け合わせに用いたり、調味料的に用いたり、と食生活に彩りを添える存在なのであり、豊かな生物多様性の中の選択肢の一部である。

世界各地で昆虫食の実例が明らかにされるにつれ、多くの食用昆虫は「おいしい」から食べられてきたことがわかってきた。世界各地の市場では、同量の家畜の肉に比べ数倍~10倍もの高値で売られている。昆虫はおいしさを味わうために食べたいごちそうなのである。エネルギーを満たすためのものではない。

ＦＡＯもこの議論を踏まえて「昆虫は貧者の食ではない」ことを強調している。たしかに、昆虫は食物として認めない人たちには視覚的にも受け付けないことがよく言及される。

このように世界各地の昆虫を食べる人たちは何でも食べるのでなく、選択した種類だけを食べており、それ以外のものを食べることにはやはり抵抗を感じる。そして単なる好き嫌いにとどまらない価値観の違いが明瞭に表れる食品の一つである。その差が新たな食物資源としての可能性をもたらすことにつながるかもしれない。

日本の昆虫食

ローカルな利用傾向をとらえるということでは、日本の研究事例が参考になる。大正8年（１９１９年）に農務省の三宅は昆虫食状況を道府県単位で調査した。このような体系的な調査は、国内はもとより世界でも初めてのことであり、地域情報とともに地域差も検討できる資料となっている。

その後朝鮮総督府でも同様の調査報告が出版された。その資料やその後の各種資料で野中は全国の昆虫食分布状況を明らかにした（野中 １９８７、２００８）。これにより三宅の報告に記載されていなかった昆虫を食べているところもわかり、まだまだ未記録の食用昆虫が出てくる可能性もある。

これらの総計では50種類を超える昆虫が食べられてきた。図3は、大分類した昆虫種類の食用分布図であるが、広域的なものから局地的なものまである

図３　日本の都道府県単位でみた食用昆虫分布

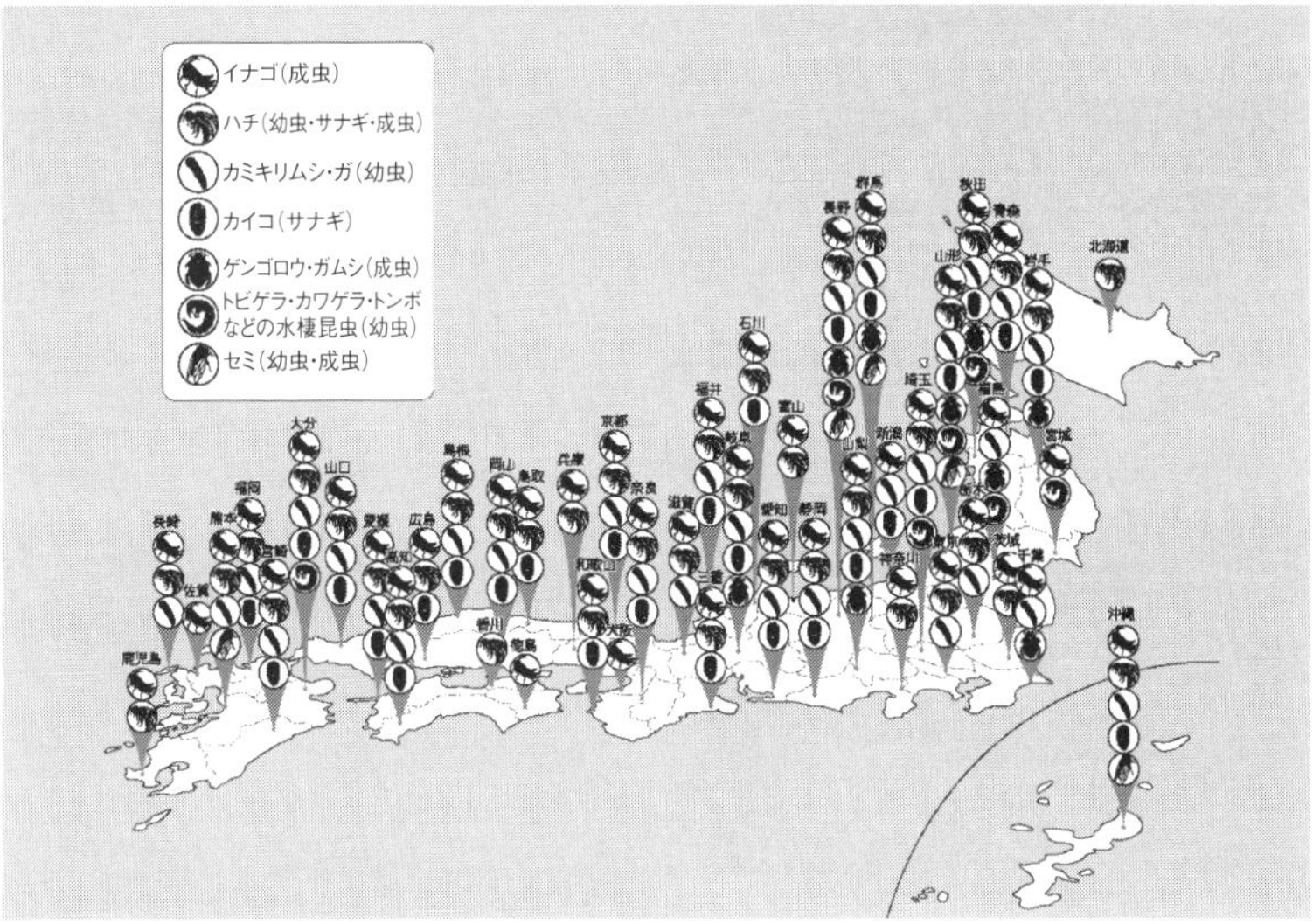

ことがわかる。分布の広がりと食用人口の多少により、各食用昆虫の一般性の程度を説明できるであろう。そして分布の地域性に注目することで、環境・社会・歴史的な成立要因を探るという次の解明に進むことができる。

日本のイナゴやハチの子は全国各地で食べられてきた代表的なものである。今も人気があり、「日本食品標準成分表」にもそれらの佃煮食品が記載されている。東京の佃煮屋にはイナゴの佃煮が売られているし、子どものころからイナゴを弁当に入れていたとか、ハチの子ご飯は秋のごちそうだと言う人もそこここにいるのである。

イナゴの佃煮

イナゴ佃煮は中部地方から東北地方にかけては今もよく食べられている（**写真**）。東北から中部地方では、今でも稲の実るころともなれば田んぼへでかけてイナゴ採りに興じ、自家用に佃煮が作られるところがある。シーズン中に10kg以上も獲り、1年間にわたっておかずとして食べ、さらに贈答品に使う人もいる。福島駅前のデパートの食品売場では4カ所で別銘柄のものが売られていた。取扱量を確保することが必要なことと味の好みの違いがあることも反映しているのであろう。

長野では自家調理用に生きたイナゴが販売され、1kg3990円（2013年10月、伊那市）であるが、入荷時には朝から買い求める人たちの行列ができる。私の住む愛知県でもスーパーに缶詰（65g入り420円）が常に並んでいる。家族で田んぼのあぜ道でイナゴを採っていると、通りすがりの人に「懐かしいね」と声をかけられる。

カイコの蛹佃煮の総菜商品

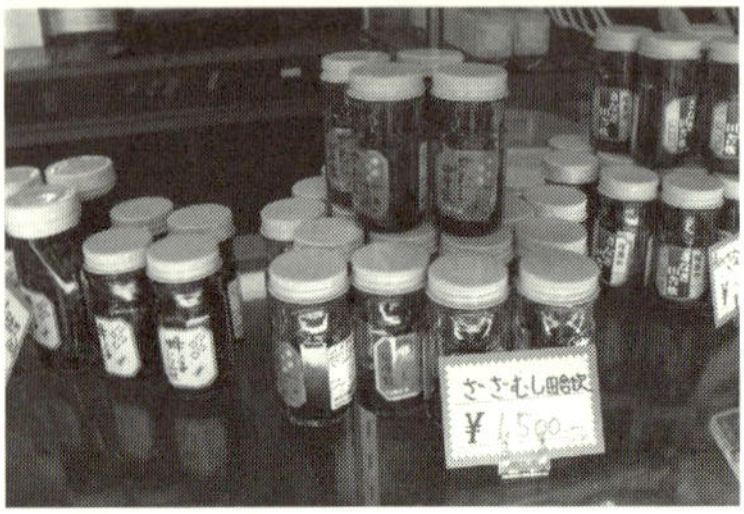

ザザムシの瓶詰

先に記したように今でも東京の佃煮屋にはイナゴが並び、人気の一品になっている。成田山の参道に並ぶ佃煮屋でもイナゴが大々的に店頭で売られ、自分で味付けをしたいという客には調理前の素材も売られる。しかし西日本ではあまり食べられていない。イナゴは、イネ以外の草も食草とするが、多くは水田に生息し、それが採集されており、稲作との結びつきは欠かせない。その意味では、世界的に見ればアジアの稲作と結びついた昆虫食である。しかし、水田地帯であってもイナゴを食べないところは日本でも世界でも存在している。

後で詳しく述べるハチの子、薪や炭焼きの副産物のカミキリムシ幼虫は山間部で採集できることからよく食べられてきた。中山間村では、かつて養蚕は収入源として重要な生業の一つであったが、その副産物のカイコ蛹も食べられていた。今も総菜として長野県下で売られている（写真）。長野県伊那地方でザザムシと呼ばれるトビケラ、カワゲラなどの水生昆虫幼虫は局地的であるがよく知られている食用昆虫である（写真）。ゲンゴロウ、セミも局地的に食べられていた。

このように食用昆虫の種類、食用の程度、食べ方には地域差があり、現在まで続いているところもあればすでに食べなくなって久しいという時代差もある（野中 2008）。「日本」という範疇でひとくくりには説明できないローカルな都合や条件が合わさって成立する食習慣である。日常的に利用できる食品の増加と嗜好変化、生活様式の変化による獲得や調理への時間配分の困難さ、伝統的食文化の継承の寸断、環境変化による生息減少などが理由としてあげられる。衰退ばかりでなく、地域おこしでの活用や都会での趣味嗜好としての広がりもみられる。

採集から食事までの過程を明らかにする

昆虫が食用として効果的なのは、ガの幼虫（イモムシ）のように群生するものであれば、採集労力に比べて得られるエネルギー量が大きいからであるといわれる（ハリス 1998）。たしかにアフリカ地域に多いイモムシ食をみると、その採集量は大変多い。シロアリの羽化飛行にあたれば一度に数kgもの収穫ができる。

日本でも、イナゴを一時に数kg、シーズン総計では数十kgを採集して調理保存したり、オオスズメバチを数十kg獲ったり、クロスズメバチを家庭で飼育し、1巣で5kgを超えるような巣に育つこともあり、いくつも飼育して、条件が良ければ秋には数十kgにもなる量を得る人たちも少なくない。

パプアニューギニアの村では、主食であるサゴヤシのでんぷん採集に伴って、その樹幹に生息するゾウムシの幼虫を半養殖的に増やして獲得して食べる（50頁・写真）。子どもたちはサゴヤシ林に出かけたときにはバッタを採って食べるほか、さまざまな昆虫を見つけては採って食べる（50頁・写真）。バッタの採集については、日本では1匹ずつ手づかみするが、ラオスでは網を用いるのが一般的で、パプアニューギニアでは棒きれを投げつけ、南アフリカでは木の枝で押さえるようにする。こうした採集技術の違いも興味深く、採集量の増加を目指す技の確立は食用昆虫を得る積極性を明らかにするための指標となる。

しかし1年間の食生活の中で昆虫が占める割合はそれほど多くない。それでも採り食べるのはなぜか？　ここに文化としてとらえる意味がある。

馴染み深い日本の昆虫食として代表的なスズメバチの例を紹介しよう。

サゴオオオサゾウムシの燻製

ハチの子を得るにはまず巣を探し出さねばならない。クロススズメバチやオオスズメバチは地中に何層にも重なる巣を設けている。

地上にはハタラキバチが通り抜ける小さな巣穴が開いているだけで、そう簡単には見つからない。

ここに自然を把握する鋭敏な感覚が必要とされる。農作業や山仕事で偶然見つけるだけのところも多いが、中部地方を中心に、クロスズメバチの幼虫が肉食性であることを利用した独特の発見方法がある。肉をハチのエサとして用意し、野山でハタラキバチが寄ってくるのを待つ。ハチはエサを肉団子に丸めてそれを巣に持ち帰り再び戻ってくる。

繰り返し往復するようになれば、白い小さな目印をつけた肉団子を用意し、そのハチにそっと近づけ

サゴヤシ林でのバッタ採集

クロスズメバチに目印をつける

オオスズメバチの巣の採取

る。肉団子の大きさ、邪魔にならない目印の大きさや付け方などコツを要する作業である（**写真**）。ハチは肉団子を持って飛び立ち、まっすぐに巣を目指す。その後を目印を頼りに追いかけていく。一度では見失ってしまうので、仲間でリレーのように中継したり、往復の時間と方向からおよその位置を目算し、山や谷の地形や植生の具合からいそうな場所を探りつつ、ハチの姿を追う。エサの位置から数十mのごく近いところで見つかるという幸運なこともあるが、山越え谷越えの数kmに及ぶこともある。オオスズメバチとなると追う距離はより長く、より山深くなる。

巣盤からの抜き出し

　巣に到達したら、煙幕を巣口に差し込んで麻痺させ、その間に巣を掘りだす。巣口の周囲にたくさんの土砂が出ていれば大きな巣が期待される。だが、穴が深かったり、樹根や石で阻まれ掘り進めないこともある。もしかしたらすべて羽化して巣立ってしまった後で意外に中身は少ないかも知れない。不安と期待の中、ようやく掘り出したときの喜びはそれまでの苦労をすべて忘れてしまう瞬間である。大きな巣では幼虫やサナギが詰まって数kgに達する。

　オオスズメバチの場合には、うかつに近づくと猛攻撃を受けるので、その作業はより慎重になる。防護服で完全防備をして発煙筒をたいて捕獲する（**写真**）。

得られた巣は、家に持ち帰り、幼虫や蛹を巣盤から抜き出す作業となる。一匹一匹抜き取るのは根気のいる作業である（51頁・写真）。幼虫は小さな体だが巣から抜け出すまいとしがみついているので、潰さぬように頭をつまみそっと抜き出す繊細さも要る。巣が大きいほどその労力もかかる。しかし、この間手先を動かしながら、ともに作業をする家族や仲間で、当日のハチ採りの状況や苦労、嬉しかった瞬間が語られ、居合わせた人々に共有される。数時間かけてその作業を終えて、ようやく調理となる。醤油・酒・砂糖で佃煮にして酒の肴、ごはんのおかずにして良し、炊き込みご飯にすればおおぜいで賞味できる（10頁・写真）。

　オオスズメバチは一匹のサイズが大きいので、佃煮やハチの子飯に加えて、前蛹の刺身、蛹の揚げ物、幼虫のすき焼にして賞味される。九州ではオオスズメバチを塩で煮た汁にそうめんを入れたものが好まれる（10頁・写真）。ご相伴にあずかる人も交えて、秋の旬を楽しむ食事の場もその話題により盛り上がる。みなで秋の自然を楽しめるのだ。

　しかし、巣を見つけるために数百mから数kmにもおよぶような山野の追跡には多大な労力と時間を要する。

　クロスズメバチは初夏の巣が小さいうちに野山で探し出して、自宅に持ち帰り巣箱で飼育する（写真）。巣を大きく育てるために、毎日何度も与える肉（鶏レバー、魚、イカ）や砂糖水などの量は、最終的に得られるハチの子の量よりはるかに大きい。そのコストは1巣あたり1万円以上を要する。実際に食べるとなると、採集に関わる人たちでの分配、さらに家族人数での一人当たりが食する量、贈与や販売などで人に渡ることを勘案していくと、一人当たりの量は小さなものとなる。

クロスズメバチの巣箱での飼育

　獲得物の分配に加えて獲得に要する時間配分も勘案すると、食用昆虫は他の食べ物に比して食事全体に占める割合は小さい。ラオスでは量的には魚が圧倒的に多くを占め、パプアニューギニアも同様である。いかんせん個体重量が小さく、総量として得られるエネルギー量、各栄養素の摂取量は小さい。

また、昆虫は生息するものなら何でも食べれば良いのではなく、選りすぐられた種類が現在食べられているのである。そして1匹や数匹、わずかな重量しか得られない種類も貴重な食材として食用にされているし、身近な生活空間の中で得られる種類がある

ツムギアリ採集

るいっぽうで、獲得のための労働量が多いスズメバチ類のような昆虫もある。スズメバチを得るためには、狩猟とも呼べるような山野での追跡の例が示すように、労働量は非常に大きく、危険さえも伴う場合がある。

このような昆虫を捕ることはけっこうたいへんなことである。危険をかわしながら、しかも追いかける大変さもある。ツムギアリも同様に激しく襲いかかってくるのに耐えて採らねばならない（写真）。カメムシならばくさいにおいに直面する。攻撃性・防御性の強い昆虫でなくても、多くの食用昆虫を得るには、居場所を探したり、攻撃をかわしたり、一匹一匹つかまえて食用に足る数を集めたりと、簡単で楽なようにみえても実際にはめんどうで時間を要する行為の積み重ねである。楽なのは、待っていても飛んでくる結婚飛行中のシロアリや大発生したトビバッタ類（飛蝗）くらいだろう。しかし、その機会は限られる。大量に発生するイモムシでも採集ポイントまで出かけねばならないし、棘を持っているのを手でつまみ取っていくのはつらい仕事でもあ

る。採集にかかる有形・無形のコストに比べて、得られるカロリーは取るに足らない量である。にもかかわらず、わざわざ採集し、面倒な調理をし、それを味わうのである。

虫の味

食用価値を文化としてとらえる場合に注目できるのが、食べ方である。虫が食べられるのは、「おいしさ」であるとしたら、その味はどう評価されるであろうか。

なんとも言えない良い味

日本で、クロスズメバチを村おこしに使っている岐阜県恵那郡串原村（現、恵那市）で、新たに観光客を呼び込もうとクロスズメバチを用いた中華料理を考案し、試食会を催したことがある（野中2003）。そこでできた評価は試食会で供された料理は中華料理としてはおいしいが、ヘボ（当地のクロスズメバチの方言）の味としては物足りないというものであった。「ヘボの味がしない」「皿いっぱい盛られて、それを口にほおばって、噛みしめたときに出てくるなんとも言えない味」これこそがヘボの味だという発言に皆が同意した。

そこから導き出されたのは、見た目と量が重要であることであった。さらにヘボそのものの味を味わってもらおうとして丹念に洗浄したことが「ヘボ」の味をなくしてしまったという評価もあった。これらのことからヘボを味わうことは、食材としての虫体を素材として料理にするのではなく、大きさから想起される巣、その巣の場所、そしてそれを採集してきた人の経験も含めて味わうことであることがわかった。

「なんとも言えない」というのは味の表現では難しい。なにものにも代え難い独自の味であるがゆえである。

カラハリ狩猟採集民の虫グルメ

カラハリ砂漠（アフリカ大陸南西部）の狩猟採集民は、ガの幼虫、シロアリ、タマムシなど十数種の

表4　各種食用昆虫に対するカラハリ狩猟採集民の評価

昆虫名	現地名	風味	味覚	食感	備考
シロアリ	カネ	(+)ゴー (−)コム			
	ガー	(+)ゴー (−)コム			
	カムカレ	(+)ゴー (−)コム			
	アメ	(+)ゴー			
バッタ	ケメ	(+)ゴー (−)ザー			
	ギューケメ	(+)ゴー (−)ザー			
	コム	(+)ゴー (−)ザー			
タマムシ	ゴアハムクツロ	(+)ゴー			卵をもったメスがゴー
スズメガ幼虫	ギューノー	(+)ゴー (+)カイ	(+)カウ	(+)コムコム	
	ゴネ	(+)ゴー (−)ザー		(+)コムコム	よく育った幼虫がゴー
ヤガ幼虫	キュルグ	(+)ゴー (−)ザー			
カレハガ蛹	ゲリ	(+)ゴー			
ガ幼虫	ゴア	(+)ゴー	(+)カウ	(−)ゴラゴラ	棘が口に刺さって痛い
	コレ		(+)カウ		
オオアリ	カー		(+)カウ		
	ゴレ		(+)カウ		

注：(+) は良い、(−) は良くない評価。
それぞれの意味については、本文を参照。

昆虫を食べている（野中）。それがどの程度利用されてきたかをみると、その中には、イモムシやシロアリのように一時に集中して大量に得られる種類がある。しかし、これらを多量に食べるときもあるが、それは条件の良い年のごく限られた時期であり、一年を通じてみれば栄養・エネルギー的な貢献はさしたるものではない。

それでも、イモムシには表面がカリッとしてなかがホクホクするような食感、コクのある味や香りを表す語でおいしさが表現される。わずか数匹・数gでもその風味を調味料に生かしたり（**写真**）、賞味する様子から昆虫をおいしいものとしてとらえていることがわかる（**表4**）。多くの食用昆虫は、「ゴー」という風味がするといわれる。この言葉が使われる他の食物とし

オオアリを混ぜた野草サラダ

て、ダチョウの卵あるいは肉の皮を焼いてスイカの種とともに搗いた食品があげられる。スズメガ幼虫のギューノーについていわれる「カイ」は、肉汁のややこげた良い風味がその言葉にあたる例としてあげられる。いずれもおいしい風味だという。

これらの例からは、食用昆虫がごちそうとして高い価値を置かれている動物の肉と同じように、おいしい食物として評価されていることがわかる。味覚の「カウ」は、塩味や酸味を表す。これも彼らにとっては、おいしいものとして評価されている。ガの幼虫についての「コムコム」という口当たりは、嚙んだときに幼虫の表面がパリッとして、しかも中が柔らかい食感を表したものである。これも良いものとされる。

一方、良くない風味や食感をもった昆虫もある。シロアリのカネ、ガーおよびカムカレは「コム」であるといわれる。これはダチョウの肉のくさみを連想させる風味であると説明される。バッタ、ガの幼虫のゴネやキュルグは、「ザー」という風味がするといわれる。これは、植物の青くさい風味であり、彼らの好まない良くない風味である。

ゴネやキュルグは、その食草である木の葉のにおいが移って青くさいとされる。バッタも草食性であるため、その食草の青くささがあるものと思われる。また、ガの幼虫のゴアについての「ゴラゴラ」という食感も、肉汁のないパサパサした感触を表し、良いものではないとされる。

「マンマン」味の虫

東南アジアでは、宗教的に食べないイスラム圏以外では、地域差もあるが農山村で数十種類におよぶ昆虫が食べられており、ラオスや東北タイでは、一年を通じて何らかの昆虫が獲られ、月の半分以上で食卓に昆虫の並ぶこともある。市場では食材としても調理された総菜としても売られている。ベトナムやタイの海岸部では鮮魚と並んでカイコのサナギが売られている。

タイ東北部やラオスでは季節により多種類の昆虫が食べられている。多くの昆虫はおいしいといわれるが、その味は「マン」と形容される。「コクがあって脂っこい」ことを表す語である。さらにその味が強いものは「マンマン」と繰り返される。すべての昆虫ではなく、コオロギやツムギアリ、スズメバチの幼虫類にいわれる。炒めものや、香辛料やハーブと合わせたペースト（チェオ）に料理される（写真）。昆虫だけをばくばく食べるものではなく、おかずとして主食のモチ米とともに賞味される。

コオロギのペースト（チェオ）

カメムシの調理品

カメムシはくさい？

くさい虫の代表のようなカメムシもけっこう食べられている（写真）。南部アフリカでは、においを取り除くために、お湯に入れてかき混ぜてにおい物質を飛ばしきることをやっていた。その後、煮たものが天日乾燥されて食され、市場でも販売される。

ラオスでは、調理されたものがよく食べられるが、それだけでなく、さらに生きたものを食べるということもみられた。田んぼを歩きながら、稲穂に止まるカメムシを捕まえてはそのまま口に入れて食べるのである。その独特のにおいは「キュー」という語で表現されるが、食べない者からすれば嫌なにおいでしかない。当然口元へ持っていけばくさい。それでも食べるので、このくさい「キュー」は何なのか気になった。それは、化粧品やわさびのつーんと利く刺激と同じようなものだといわれる。

「キュー」はくさいのではなく「きつい」のである。その程度や好みは人それぞれであり、ゆえに嗜好品だとみなされる。

商品としての昆虫

先に紹介したクロスズメバチのハチの子は、岐阜県東濃地方の八百屋などの店先で生きた幼虫や蛹が入った巣として売られている。巣1kg1万円以上もする高級食材だが人気があり、100gで2000円以上する缶詰・瓶詰製品も店に年中並んでおり需要がある。さらにオオスズメバチも同様の巣が八百屋で販売される。置いてあるうちに成虫が羽化して出てくるが、それは即座に焼酎漬けにされる、

先に記したように東京でもイナゴの佃煮は総菜屋でしばしばみかけられ、パック品がスーパーマーケットに並ぶ。イナゴ、ハチの子、ザザムシは信州郷土料理屋の定番メニューである。中国、タイ、ミャンマー料理屋では、それぞれの地域の昆虫料理を食べることができるし、それらの食材を手に入れることもできる。

昆虫食品メーカーでは、イナゴ、ハチの子とも国内産では量、コスト両面でまかないきれず、輸入に頼り、その量を増やすための方法を模索している。中国をはじめ韓国、ニュージーランド（ハチの子）から原料が輸入され加工されている。

東南アジアでは、食料品市場で昆虫が売られている。ベトナムでは、沿岸部やメコンデルタ地帯で、海産物といっしょにカイコの蛹が売られている。ラオスや東北タイでは、生きたもの、すなわち活魚ならぬ活虫、鮮魚ならぬ鮮虫のほかに、焼いたり揚げたりした調理品が売られている（**写真**）。

生きているものは活きの良さが大事である。これらの値段は、モノにより違うが、同量の肉と比べると3倍から10倍の値段がつく。小皿一つがうどんと同じような値段で売られており、高級食品のようでもある。フンチュウの一種のナンバンダイコクコガネは、とくに前蛹状態のものが最上であるが、糞玉の中を見ることはできない。

そのために見本に割って中身をみせている。オオ

市場で売られる食用昆虫の販売状態

スズメバチも販売台に並び迫力があるが、日本と同じように羽化したハチは焼酎漬けにされる。地物ばかりでなく広域流通によっても市場に売られている。東北タイのコンケンではカンボジアから輸入している。タイ各地では屋台も出ていて、その場で揚げたてのバッタなどが食べられる。

　アフリカの市場では、モパニムシなどのイモムシ、シロアリ、カメムシが売られている。調理して乾燥した状態で売られており、そのまま食べても良いが家で料理されることも多い。モパニムシは、半分に割った見本が出ている。黄色い肉をみせて肉付きの良さをアピールしている（写真）。このモパニムシは、南部アフリカのモパニ林地帯で採集されて国境を越える広域流通により大量に出回り消費されている場合が多い。

モパニムシの販売状態

その量を知ることは難しいが、1軒で20kgが1週間ほどで売られるということから、1年にすると1000kgを超える。一つの市場で20軒以上のモパニムシ扱い店があり、さらに市場が南部アフリカ全体では100カ所を超えるであろう。スーパーマーケットでも売られている。これらの生産量・消費量は相当なものになる。

文化の主体は何か？
—昆虫を食べる喜び

そもそも昆虫を食べているところでは、わざわざ虫を食べなくても必要なエネルギーは満たされている。それに加えて昆虫は食べたい一品になっているのである。伝統的に食べられてきたところでは、食用にされる昆虫はなんの衒《てら》いもなく当たり前の食材として扱われ、食べる部位だけを選り分けることや繊細な調理はエレガントですらある。

　まだ、ひげが動いているような立派な伊勢エビのお造りやぴんと体の伸びた車エビにプリプリした食感を想像してうまそうに感じるように、昆虫を食べてきたところでは、市場で選り分けて丸々としたイモムシや活きの良いコオロギにおいしさを感じ、購入しているのである。

「カメムシを1匹食べただけでも元気になる感じがする」とラオスの人は言う。実際に何か特別な有効成分があるのかもしれない。食事摂取の中ではわずかな量の昆虫においしさを見いだし、少しでも得ようと情熱を傾けるこの独特の感覚は何なのか。ここに文化の本質がある。彼らは、「野生の食べ物は体に良い」と言い、養殖物や栽培物を好まない。「野生の生物は何を食べているかわかっているから」だと言う。

　一般的な現代日本人からしたら、「野生の生物は何を食べているかわからない」と言いたくなりそうだが、これは彼らがふだんから自らが自然の中にいること、そして多種多様な自然の構成要素とそのつながりをよくわかっていることを意味する言葉である。

　では、その昆虫に「おいしさ」を感じ、食欲を促すものは何なのか？　私は、現在進めているプロジェクト（「微量元素からとらえる環境利用と文化的適応の地理学的研究」科研費基盤研究A、代表野中健一）において、虫も含めた自然資源摂取の意味に微量元素の摂取があるのではないかと考え、地理学、環境化学、農業生態学、栄養学、人類生態学、医学など各分野の研究者らと共同で人間の自然の適応と食生活との関連について研究調査を進めている。

その前提は、こうした野生資源を用いる人々はいたって健康的だという事実である。そして栄養的に充足している中でそれでも食べたいという欲求、それにかける情熱、この気持ちを持てることが人の健康に関わってくると考えるからである。このようにおいしさの物質的な源について、微量元素に注目して調査を進めているが、それを介して土地と人間の循環作用に目を向けることが大切だと私は考えている。

自然資源に多くを依存する社会では、昆虫に限らず、日本では雑草扱いされるような植物や木の葉、さまざまなキノコ、小動物など、実に多様な生物資源が、少量であっても食べられている。それらには多くの効力ある微量元素が含まれている。

それをどんなタイミングで摂るのか、何と組み合わせるか、そのときに昆虫というあえて食べなくてもいいようなもの（本当にそうなのかは未解決であるが）を好んで食べる文化をもつ社会と、それを好まないように文化化された社会との差は何なのだろうか？　さらに見直すべきもの、新しいものとして受け入れようとする人々の態度には、栄養と価値観の相互関連もみることができるのではないかと考えている。

都市化が進んだ地域にあっても、昆虫は人間がさまざまな自然のつながりの中で生きていることを意識に上らせるきっかけをくれる。タイの首都バンコクでは昆虫食が東北タイのソウルフードとして人気が出ているとも聞く。都市に移り住んだ人たちが、慣れ親しんできた食用昆虫で故郷を思い起こし、活力を奮い立たせるのである。

日本では近代化とともに昆虫食が衰退していき、

世界各地でも同様の予測がされていた。しかし、都市部では地方からの人口流入と収入増をもたらした。それによって金を払ってでも食べたい人々がいるという需要ができ、地方での食用昆虫採集・生産と市場化が進んだのである。

昆虫食には、料理を通じて環境と捕獲行為を想起し苦労と喜びの感情も合わさった「自然を味わう」という食の本質的な意味をそこからくみとることができる（野中 2003）。そこには自然から得てくるがゆえにその由来のわかる安心もあることがわかった。それに危険なスズメバチ獲りでもけっして無謀な冒険が行われているわけではない。

ハチの習性とまわりの環境を合わせて「わかって」いて、必要な防御をした上で楽しまれているのである。はたから見れば危険でも、やっている本人たちにとっては普通の安心なレジャーである。ツムギアリの猛攻も、カメムシのにおいも、想定の範囲内の採集作業は、全く日常的な風景なのである。

私は、FAOの会議で、参加者へのお土産として持参したポストカードを手にして、コオロギを地下から掘り上げて捕まえた瞬間のおじさんの嬉しそうな顔の写真を見せ、「虫を採り食べることは人生の喜びなのです」、次いで「市場で調理された昆虫を市場できれいに並べて販売する女性の誇らしげな顔をご覧ください」と語りかけ、さらにカメムシの串焼の写真を示し「ビールのつまみに最高ですよ」、そして糞玉から取り出した丸々したフンチュウの幼虫写真に「これもおいしそうに見えてきましたか」と尋ねた（**写真**）。

また、「虫を食べる人たちは虫の生息場所やその姿から質の良し悪しをみるのです。虫を食べるのは、カロリーを摂るためではなくて、〝自然〟を取り込むことなのです。それが喜びとなっているのです。食べ物に抱く嬉しい気持ちは私たちも感じることができますよね。そこに共感できることが昆虫食を理解することでしょう」とも発言した。これにはヨーロッパの人たちも笑いながら同調してくれた。

昆虫食が人間と自然とのつながりの中に位置しており、さまざまな喜び（旬の味、共食、達成感など）をもたらす安心でおいしい、そして当たり前の

FAO会議で配布したポストカード

食物であることをふまえることが大切である。この会議の締めくくりに発言したケニア女性の言葉が印象的だった。「かつては西洋を見習えと、虫を食べることが嫌がられたのに、今やＦＡＯが昆虫食を推奨してくれます。虫は食べ物だと認められて嬉しい。みなさんも森で迷子になっても生き残れますね」。食べ物への価値観は一元的でなく、在来の知識への尊敬が認められるようになったことを見事にユーモアも含めて国際社会に訴えた発言であった。

昆虫食における「貴重」という言葉は、昆虫のような小さな対象を捕獲し集めるための巧みな技術と知識の蓄積と獲得や調理を行う人々の努力に向けられるべきものであろう。それが市場価格に反映して高価になっているのである。ラオスで昆虫食に関していわれた「自然を取り込むことが健康になる」という発想は、日本でいえば、「旬」の食べ物。それはアジア各地、そして世界各地でも通底する食の思想であろう。

昆虫を食べることは、量ではなく質、それも昆虫体だけでなく、料理になるまでの過程を総合的に含み、食生活や社会の中での食習慣に組み込まれたものである。その味わいをもつ食品が昆虫食であり、それをいかに生かすのかが昆虫食文化だといえよう。

〈付記〉本章は、野中健一（2012）「虫を食べることから健康へ—自然の恵みをおいしくいただく」鍼灸28-1、71-75頁および野中健一（2013）「昆虫食と食用昆虫—新たな食物資源としての可能性—」食品と科学55、14-21頁を骨子として加筆修正したものである。

〈参考文献〉

石毛直道　1998「なぜ食の文化なのか」吉田集而編『人類の食文化』農山漁村文化協会
野中健一　1987「昆虫食にみられる自然と人間のかかわり(1)」行動と文化12 12-22頁
野中健一　2003「伝統的生物資源による地域活性化とネットワーク形成—ハチの子に魅せられた人たち—朴恵淑・野中健一『環境地理学の視座—〈自然と人間〉関係学をめざして』昭和堂　171-197頁
野中健一　2005『民族昆虫学—昆虫食の自然誌—』東京大学出版会
野中健一　2007『虫食む人々の暮らし』NHK出版
野中健一　2008『昆虫食先進国ニッポン』亜紀書房
野中健一　2008「文化環境学における資料—食を対象としたフィールドワークとその分析視点」立教大学人文研究センター編『人文資料学の現在 Ⅱ』春風社　205-227頁
野中健一　2009『中はごちそう！』小峰書店
ハリス、マーヴィン（板橋作美訳）1988『食と文化の謎—Good to eatの人類学』岩波書店
ホールト、ヴィンセント（友成純一訳、小西正泰解説）1996『昆虫食はいかが？』青土社
三橋淳　1984『世界の食用昆虫』古今書院
三橋淳編著　1987『虫を食べる人びと』平凡社（平凡社ライブラリー　2012）
三橋淳　2008『世界昆虫食大全』八坂書房
三橋淳　2012『昆虫食文化事典』八坂書房
Durst, P. et al. (eds) 2010 Edible forest insects Humans bite back!! FAO.
Huis, Arnold van et.al. 2013 Edible insects: future prospects for food and feed security , FAO.
Bodenheimer, F.S. 1951 Insects as human food. Dr. W. Junk Publishers.

第３章

昆虫にかかわる美術工芸品

三橋　淳

はじめに

美術工芸品には、多くのジャンルがあり、異なったタイプの多数の作品がある。それらの全てを掌握することは不可能であろう。紙幅の制限もあり、全体を網羅して、作品の紹介、説明を行うことは、困難である。

そこで本章では、主なジャンルのいくつかの作品を簡単に紹介するにとどめた。美術作品は視覚的に鑑賞するものであるから、図または写真を示さないことには、その作品がどういうものか把握することは難しい。しかし、それも紙幅の関係あるいは版権の問題から、転写は最小限にとどめざるを得なかった。

そのため、ここでは昆虫を扱った作品にはどういうものがあり、いつ、誰によってつくられ、どこに保存されているか、それは何を表しているかについて簡単に記述し、読者が興味を持った場合、その作品を探すことができるよう配慮した。しかし、作品についての情報が不完全であるものが多く、情報に欠落があるものもあることをご了承いただきたい。

絵画

昆虫そのもの、または関連事項が主体の絵

古いものとしては、ヒトが穴居生活を行っていたときに洞窟などに残された多くの画がある。それらはロックペインティングや岩壁に彫られた線画である。最も古いものは2万年前ころに、南アフリカ原住民であったピグミーによって描かれたものとされている。多くは高所にあるミツバチの巣に梯子をかけて登るさま、ハチが群がっているさま、ハチの巣の様子などを描いたものである。

ヨーロッパではスペイン北海岸のアルタミラの遺跡で、岩に描かれた野生ミツバチの巣を採取する絵が見つかっているが、これは紀元前1万8000～1万1000年ころのものだといわれている。同じくスペインの東海岸のバランク・フォンド、アラーニャなどからも同様の岩に描かれた中石器時代のミ

ツバチ採取の絵が発見されている（写真）。トルコの高原地帯アナトリアにある紀元前7000年の遺跡からはハチの巣や蜂蜜を描いたと思われる絵が見つかっている。エジプトでは紀元前2400〜6000年の遺跡から、明らかに養蜂を描いたと思われる浅浮き彫りが見つかっており、それに描かれている養蜂技術は、その後4400年間にわたってあまり改変されずに受け継がれているといわれている。

また古代エジプト時代には、タマオシコガネ、タテハチョウ類などの壁画が書かれている。

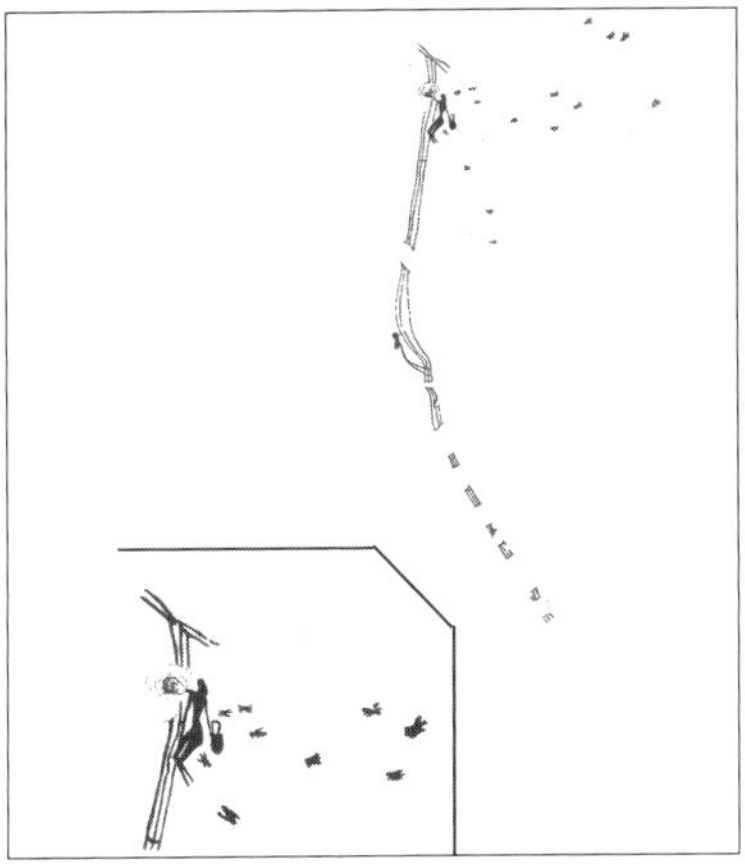
野生ミツバチの巣を取る人。スペインのアラーニャで発見された紀元前6000年頃のロックペインティング。左下は上部の拡大（Hernández-Pacheco, 1924 ”Las pinturas prehistóricus de las cuevas de la araña（Valencia）” より）

次に日本およびその他の諸外国で保存され、知られている絵画の一部を紹介する。

博物画（虫譜、画集など）

■日本

江戸時代後期ころから、客観的な写生が盛んになり、昆虫の精緻な絵がたくさん描かれた。主な虫譜は18世紀後半から19世紀半ばにかけて描かれた。

- 「訓蒙図彙《きんもうずい》」中村惕斎《てきさい》1666年作。日本最初の図解事典。52種の昆虫が図示されている。国立国会図書館蔵。
- 「和漢三才図会」寺島良安、1713年作。93種の昆虫が記載されている。国立国会図書館蔵。
- 「虫類生写」細川重賢《しげかた》（熊本藩主、1720〜1785）、1758〜1766年作。「昆虫胥化図《しょかず》」1758〜1768年作。チョウやガの変態の状況、食餌植物も描かれている。永青文庫蔵。
- 「昆虫写生帖」円山応挙（1733〜1795）、紙本着色、1776年成立。コオロギ、クツワムシ、セミ、タガメ、トンボ、チョウ、カブトムシな

東京上野寛永寺境内にある「虫塚」

ど多くの昆虫の背面と腹面の精密図画がある。水府明徳会、国立国会図書館蔵。円山応挙にはその他、「蝶写生帖」、「百蝶図」、「禽虫之図」などもある。

•「写生帖」佐竹曙山（１７４７～１７８５、第八代秋田藩主佐竹義敦の号）、３冊より成り、第１冊は虫類図譜で１７８６年に成立。写実を重視して、多くの昆虫が描かれている。秋田市立千秋美術館蔵。

•「画本虫撰」喜多川歌麿（１７５３?～１８０６）、１７８８年作。選ばれた昆虫の絵に詩を付したもの。昆虫の絵はかなり写実的に描かれている。国立国会図書館蔵。

•「虫豸《ちゅうち》帖」増山正賢（雪斎、殿様画家、１７５４～１８１９）、１８０７～１８１１年作。春夏秋冬の４冊に分かれており、それぞれ多くの昆虫図を含み、いずれも精緻な描写であることには定評がある。写生に使った昆虫は保存し、後に東京、上野の寛永寺の境内に埋められ、その上に虫塚がたてられた（写真）。東京国立博物館、国立国会図書館蔵。

•「千虫譜」栗本丹洲（瑞見、１７５６～１８３４）、１８１１年作。背面、腹面の絵、顕微鏡を使って描いた微小昆虫の絵もある。収載種数５００～６００に達する。写本多し。国立国会図書館蔵。

•「豊文虫譜」、「水谷虫譜」、「虫豸写真」水谷豊文（１７７９～１８３３）の作。多くの昆虫の絵が精密に描かれている。国立国会図書館蔵。

•「翎毛《れいもう》虫魚写生画冊」渡辺登（崋山、１７９３～１８４１）、１８３８年作。クルマバッタ、ウチワトンボ、トノサマバッタなどの顔や脚の絵があるスケッチ帖。草雲美術館（足利市）蔵。

•「虫譜図説」飯室楽圃《らくほ》（庄左衛門、１７８９～１８５９）、１８５６年完成。約６００種を収載し、その分類体系がすぐれている。早稲田大学図書館蔵。

・「雀巣庵虫譜」吉田雀巣庵（高憲、1805〜1859）の作、収載種数670種以上。江戸虫譜の中で最高レベルと評価されており、その一部に日本で初めてのトンボ図鑑である「蜻蛉譜」がある。東京大学図書館蔵。

・「両羽飛虫図譜」松森胤保《たねやす》（1825〜1892）、1880年代に作成。図は精密で正確である。酒田市立図書館蔵。

・「ファーブル昆虫記の虫たち」熊田千佳慕《ちかぼ》、1998〜2008年作。小学館出版。ファーブル昆虫記に登場する昆虫をいろいろな角度から描き、詩的な文章を付した作品。熊田はこの他多くの昆虫の絵を残している。

■諸外国

・「青虫変態図集」（1679年作）、「スリナム産昆虫変態図譜」（1705年作）M．S．メーリアン（1647〜1717、ドイツ生まれ、オランダに移住。後に南米のスリナムに住んだ女流画家）作。多くの昆虫の生態画集を作り昆虫学にも寄与したが、作品の中には昆虫学的におかしなものもあり、原住民の話をもとに、想像で描いたものもあるように思われる。国立国会図書館蔵。

・「昆虫の楽しみ」A．J．レーゼル（1705〜1759、ドイツ人）1746年作。採集または飼育した昆虫を拡大鏡や顕微鏡を使って観察、精密で美しい図を残した。

・「日本蝶類図譜」H．J．S．プライヤー（1850〜1888、英国人）1886年作。日本で最初の蝶類図鑑。日本人画家が絵を描き、プライヤーが解説を付した。3分冊より成り自費出版。後に植物文献刊行会から復刻版が出た。国立国会図書館蔵。

・「英国産蝶類の自然誌」（1924年作）、「英国産蝶類大全」（1934年作）F．W．フローホーク（1861〜1946、英国人）作。英国産チョウ全68種について、採集、飼育、生息場所、分布、生態など詳しく記載した大著。

画集以外の昆虫絵画

■日本

・「池辺群虫図」伊藤若冲（1716〜1800）

作。動植綵絵《さいえ》30幅の一つ。各種の昆虫が描かれている。宮内庁蔵。

•「役者見立ての虫売りの図」歌川豊国作（1769〜1825）。市松模様の荷台で虫を売る。売り手は歌舞伎役者を気取っている。たばこと塩の博物館蔵。

•「撫子《なでしこ》に蜻蛉図」亀岡規礼（1770〜1835）作。ナデシコの花にトンボが2匹配されている。Etsuko & Joe Price Collection蔵。

•「虫魚画巻」小茂田青樹（1891〜1933）作。光に誘われてガラス窓に集まる昆虫。蛾類、ショウリョウバッタ、小甲虫、カメムシ?、カミキリムシ、コオロギ、さらにそれらを食べに来た蛙が描かれている。東京国立近代美術館蔵。

•「炎舞」速水御舟（1894〜1935）、1925年作。御舟にはその他「粧蛾舞戯」、「葉陰魔手」、「白日夢」などがある。山種美術館蔵。

•「飛ぶ蝶」三岸好太郎（1903〜1934）作。針を刺して展翅したチョウ6種の絵。北海道立三岸好太郎美術館蔵。

•「蛍」上村松園（1875〜1949）、1913年作。一人の女性が蚊帳を吊りながら身辺を飛ぶ蛍を見ている。山種美術館蔵。「新蛍」1943年作。一人の女性が草間を飛ぶ蛍を見ている。東京国立近代美術館蔵。

•「蛍狩り」鏑木《かぶらぎ》清方（1878〜1972）、1935年作。二人の女性が団扇を持って蛍狩りをしている図。目黒雅叙園美術館蔵。

•「標本模写」手塚治虫（1928〜1989）、1940年代作。クワガタムシ類、チョウ類、甲虫類（シデムシ類、ハネカクシ類、ケシキスイ類、ヒラタムシ類、キノコムシ類など）の精密画。手塚プロダクション蔵。

•「江戸の判じ絵」言葉をその『音』と同じものの『絵』に置き換え、それらの絵の羅列により文章を表す謎解きで、庶民の知的娯楽の一つであった。例えば「いろは四十八文字」の「か」は「蚊」の絵で表されたり、その他チョウ（長）、アリ（有り、在り）、ハチ（八）などが使われている。

■諸外国

●「写生珍禽図」中国・宋、徽宗《きそう》（五代十国時代、907〜960）作。鳥のほか、バッタ、セミ、カミキリムシ、ハチ、コガネムシなどが描かれている。北京故宮博物院蔵。

●「蝶扇図」、「春蚕食叶図《しゅんさんしょくきょうず》」文俶（1595〜1634、中国女流画家）作。チョウや養蚕の絵を残した。台北故宮博物院蔵。

西洋では昆虫の絵画が残されるようになったのは15世紀くらいになってからのようである。

●「ヨーロッパミヤマクワガタ雄」A．デューラー（1471〜1528、ドイツ人）1505年作。写実的精密画である。ゲッティ博物館蔵。

●「花蝶図」南啓宇《ナムゲウ》（1811〜1888、韓国人）作。チョウの生態画。写実的で正確。小倉コレクション保存会〜東京国立博物館蔵。

●「死人の頭という蛾」V．v．ゴッホ（1853〜1890）、1889年のスケッチ。描かれているガはメンガタスズメではなく、オオクジャクサン。国立ゴッホ美術館（アムステルダム）蔵。

●「ヒェブランド・コフィース・ド・ヒュルデンビー」A．クレスピン（1859〜1944）、石版刷りポスター（1893作）、コーヒーの広告で、多くのミツバチ様昆虫が意匠に用いられている。ビクトリア&アルバート美術館（ロンドン）蔵。

●「昆虫版画」M．C．エッシャー（1898〜1972）作。「夢」1935年作：木版画、大きなカマキリがあおむけに寝ている人に乗っている。「バッタ」1935年作：木版画、トノサマバッタのようなバッタを前方斜め上から見た図。「対称描画E81」1950年作：チョウ、ハエ、小鳥、コウモリの列が交錯している図。「メビウスの帯Ⅱ」1963年作：木版画・3色：メビウスの帯を赤いアリが歩いている。エッシャー・ファウンデーション蔵。

●「ダリの昆虫」S．ダリ（1904〜1989）作。「モーリス・サンドスの『限界』」1950年作、男の首と2匹のチョウ。チョウはキチョウとタテハチョウ。タテハチョウの翅に人の目が描かれている。個人蔵：『無題（アリと麦穂）』1951年作、麦の穂の周りに多数のアリ。個人蔵：『蝶風景』1957～1958年作、宙に浮かぶ奇妙なオブジェと地面に立つDNAモデルの周りをヨナクニサン、ツマベニチョウ、キアゲハなど何種類ものチョウが飛んでいる。個人蔵：『蝶をピンで留める仮装した人物』1965年作、油絵で、持っているチョウはぼやけていてよくわからない。ダリ・ファウンデーション蔵：『狂った、狂った、狂ったミネルバ』1968年作、ミネルバの額に翅を広げたオオムラサキが留まっている。オオムラサキは精密で写実的。ガレリー・カルブ（ウィーン）蔵。

昆虫が点景として描かれている絵

点景（添景）は元来絵を引き立たせるために、副次的に添えられたもので、一般に目立たず、注意して見ないと見落とすようなものが多い。ここでは、絵のタイトルにそのものの名前が出ていても、主役ではないものも含めた。

■日本

- 「獅子と胡蝶」（鳥獣戯画乙巻の一部）鳥羽僧正?、12～13世紀作。国宝絵巻。ライオンの視線の先をチョウが飛んでいる（**写真**）。京都市高山寺蔵。
- 「枯木鳴鵙《めいげき》図」宮本武蔵（1584?～1645）、武蔵晩年の作。水墨画。モズが留まっている枯れ枝の下方に、速贄《はやにえ》のイモムシが描かれている。和泉市久保惣記念美術館蔵。
- 「美人時世風俗猫と蟋蟀《こおろぎ》」歌川芳員《よしかず》　嘉永年間（1848～1854）作。錦絵。美女の足元にいる猫がキリギリスを狙っている。題名にあるコオロギは現在のキリギリスのこと。個人蔵。
- 「唐瓜と胡蝶図」芸阿弥（1431～1485）作、竹内栖鳳（1864～1942）模写（1889）。ウリの周りを2匹のチョウが飛んでいる。京都市美術館蔵。
- 「猫に蝶図」高島北海（1850～1931）作。水墨画、ササの根元にいる猫がササの葉に留まっているチョウを狙っている。この絵は後出の中国清代の画人、沈南蘋《しんなんぴん》の「老圃秋容図」という絵の構図によく似ている。高島は、多分、この絵を見て感銘を受け、自分でも同様の絵を描いたのではないだろうか。沈南蘋の絵では、猫は葉に留まっているカミキリムシを狙っているが、高島の絵ではチョウを狙っている。フランス、ナンシー・ロレーヌ美術館蔵。

・「猫三匹の唄」歌川芳藤（1828〜1887）嘉永年間作。錦絵。猫と拳《けん》をしている蛙の着物の柄がトンボ、セミ、チョウ、キリギリス、ハチなどの昆虫である。

・「白牡丹」菱田春草、1901年作。一輪の白い牡丹の花の上方を2匹のシロチョウが飛んでいる。山種美術館蔵。

「獅子と胡蝶」　右上縁に蝶が飛んでいる。鳥獣戯画より

・「牡丹」横山大観（1868〜1958）、1904年頃作。ボタンの花に飛んできたヒカゲチョウのようなチョウが描かれている。横山大観記念館蔵。

・「渋団扇」竹内栖鳳、1928年作。渋団扇の近くに1匹のカマドウマが描かれている。足立美術館蔵。栖鳳1930年作の「炎暑」では、じょうろの縁にハチが描かれている。愛知県美術館蔵。また、1934年作「蛙と蜻蛉」では12匹の蛙の集合の上を1匹のトンボが飛んでいる。山種美術館蔵。

・「御室の桜」冨田渓仙（1879〜1936）、1933年作。二曲一双の屏風一つに描かれた桜の枝先にミノムシの蓑のようなものがぶら下がっている。福岡市美術館蔵。

■諸外国

・「空気」作者不明。刺繍。ルイ14世を描いたもの。その周りは鳥と花で埋め尽くされているが、隅の方にトンボが1匹配置されている。ニューヨーク・メトロポリタン美術館蔵。

・「果物と貝殻の静物画」B．v．d．アスト（1593か1594〜1657、オランダの画家）1620年作。果物籠の周りにチョウ、トンボ、ハエなどが描かれている。マウリッツハイス美術館臓。

・「静物」R．ロイシュ、17〜18世紀の作。果物と小鳥の卵を描いた絵に、アカタテハ、クワガタムシ、ハエ、バッタなどが点景として描かれている。

フィレンツェ・ウフィツィ美術館蔵。

•「老圃秋容図」沈南蘋《しんなんぴん》（1682～?）の1731年の作品。トロロアオイに巻き付いた朝顔の葉にカミキリムシが留まっており、それを猫が狙っている。また、アサガオの周りを2匹のカミキリムシが飛んでいる。静嘉堂文庫美術館蔵。

•「婦人とペット」ルーファス・ハサウェイ（1770～1822、アメリカの画家）、1790年作。一人の婦人とペットの鳥を描いているが、その背景で2匹のチョウが舞っている。ニューヨーク・メトロポリタン美術館蔵。

•「言葉動詞」M.C.エッシャー、1942年作。リトグラフ。絵の上下方向で蛙の群れと鳥の群れが入れ替わるような図で、六角形の図の角の一つにゴミムシのような昆虫が描かれている。エッシャー・ファウンデーション蔵。

•「ハエ」西欧の14～15世紀の絵画には、それとなくハエが描かれているものがある。そのハエの描かれ方には、絵の構図の一部となっているもの、ハエが前景の絵の端にいて何らかのメッセージを伝える要素となっているもの、絵の内容とは無関係に画布の表面、あるいは額縁の上に留まっているように描かれたものなどがある（M.モネスティエ）。この頃の画家の中には、ハエを実物大、精密に写実的に描いて、見る人に本物のハエが留まっていると錯覚を起こさせてその技量を競う人もいたようである。ハエのいる絵の一部を表に示す（80頁～・表）。

文様

衣服

•「紅地蝶芒模様唐織」赤地にススキを描いたその上を黒と白のアゲハチョウが何匹も飛んでいる。林原美術館蔵。

•「段地霞撫子蜻蛉模様唐織」赤、黄、白、紫、橙色のナデシコの間を前翅紫、後翅赤のトンボが飛んでいる。林原美術館蔵。

•「浅葱地蝶笹模様唐織」赤、黒、緑などのササの上を多数のアゲハチョウが飛んでいる。チョウは部分的に金色で豪華である。東京国立博物館蔵。

・「藍地四季華蝶模様小袖」濃紺の地に描かれた草花の上を白いチョウが群舞しており、コントラストが美しい。遠山記念館蔵。

・「蝶文鳥毛陣羽織」白地に赤、紫、橙色などの折り紙で作ったようなチョウが描かれている。東京国立博物館蔵。

・「萌黄地流水杜若蛍模様打掛」濃緑の流水からカキツバタ様の植物が立ちあがって、赤い花を咲かせており、水面には多数のチョウの透かし絵が描かれている。その上を小さな蛍が飛んでいる。国立歴史民俗博物館蔵。

・「黒地蝶牡丹模様帯」黒の地に薄い黄色と緑色でボタンとチョウが描かれている。奈良県立美術館蔵。

・「揚羽蝶紋羅紗陣羽織」江戸時代初期の作品。黒の陣羽織の背面上部に大きな横向きのアゲハチョウの紋がある。岩国歴史美術館蔵。

・「インド・ムガール族のターバン」ターバンの生地に、甲虫の金属光沢のある翅がモスリンの生地にクローバー型に張り付けられている。インド国立博物館蔵。

紋章

・「蝶」「揚羽蝶」昆虫由来の家紋ではチョウが一番多く、200以上ある。古くは平家一門に愛用されたという。織田信長は横向きの揚羽蝶家紋を使っていた。それを「織田蝶」という（77頁・写真a）。蝶紋には多くのバリエーションがあり、それぞれに名前が付いている。頭部が描かれているものでは、口吻がゾウの鼻のように長く、先端が直角に曲がっているものが多い。翅を植物の葉、花などの形で置き換えたものも多く、例えば「桔梗胡蝶」、「桔梗飛び蝶」のようにその植物名を付した名前が付いている。そのように用いられた植物には葵、銀杏、梅、柏、唐草、桔梗、片喰《かたばみ》、菊、桐、桜、橘、茶、蔦、撫子、南天、藤、牡丹、松、茗荷、楓、蘭、竜胆《りんどう》などがある。また蝶は1匹のものが多いが、2匹向かい合わせのもの、3匹巴《ともえ》型のものもある。折り紙で作った蝶を図案化したようなものもあり、兜の上に蝶が載っているものもある。

•「蝉」「蝉」、「丸に対《むか》い蝉」（77頁・写真b）、「対片揚げ羽蝉」などがある。

•「蜻蛉」「三つ蜻蛉」（77頁・写真c）、「ちがい蜻蛉」、「丸に対いトンボ」、「蜻蛉の丸」などがある。トンボそのものではないが、三つの竹蜻蛉をあしらった「中輪に三つ竹蜻蛉」というのもある。

•「姫路城蝶紋瓦」姫路城は鎌倉時代（１３３３年）に赤松則村・貞範父子により築かれたが、関ヶ原役後城主となった池田輝政は家紋である揚羽蝶紋を何カ所もの瓦に付した。

•「3匹の蜜蜂」法王ウルバインⅢ世（１５１８～１６４４）の紋章（77頁・写真）。

•「蜜蜂」オーストリア・チロル地方のヴァルトビーネ家の家紋。15世紀頃の墓地の墓石に刻まれている。

銅鐸

•「トンボ、カマキリの銅鐸」伝香川県出土銅鐸（香川県）と桜ケ丘出土銅鐸（神戸市）がある。離れた場所から出土したにもかかわらず、トンボもカマキリも同じ文様で描かれている。神戸市立博物館蔵。

宗教・信仰関連オブジェ、道具類

•「棺」エジプト末期王朝時代（紀元前９００～６００年頃）に葬られたと思われるミイラの入った棺の内棺頭頂部にスカラベの絵が描かれている（写真）。死者の復活のシンボルとして描かれたものと思われる。東京大学総合研究博物館蔵。

•「スカラベ」大英博物館には巨大なスカラベの石像が置かれている（78頁・写真）。スカラベは最高の太陽神ケプリが造形化されたものとされている。スカラベ像で最も有名なのはエジプトのカルナク神殿の神聖池のわきにあり、高さ２ｍの台座の上に安置された花崗岩の彫像で、第18王朝アメンホテプ三世が奉納したものである。

•「ハートノーファーの心臓スカラベ」（紀元前１４６６年頃）エジプト第18王朝ハトシェプスト女王の側近の母であったハートノーファーの遺体の心臓

の上に置かれたスカラベで、金の台にはめ込まれた緑色岩でできている。ニューヨーク・メトロポリタン美術館蔵。

●「ツタンカーメンのブレスレット」ツタンカーメンは金属製スカラベの付いたブレスレットをお守りとして使っていた。カイロ博物館蔵。

●「ケツァルパパロトル」これは羽毛のあるチョウということであるが、鳥の顔を持つチョウの神様である。メキシコシティに近いテオティアカンのケツァルパパロトル宮殿の柱に彫刻されている。紀元前250年頃に作られたといわれている。建物の柱に鮮明な浮き彫りが施されている（78頁・写真）。

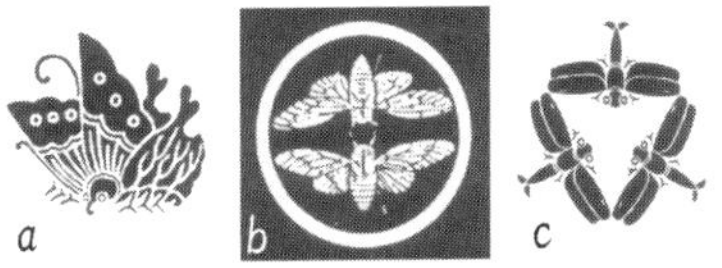

a: 織田蝶　b:丸に対い蝉　c:三つ蜻蛉

法王ウルバインⅢ世の紋章　(P. Marchenay, 1979 “L’homme et L’abeille”より)

●「哈蟬《かんぜん》」哈蟬は、セミの形に作った玉である。古代中国では玉が肉体の腐敗を防ぐと考えられたため、死者の口に入れられた。多種類の哈蟬が台北故宮博物院に保存されている。

●「玉虫厨子」法隆寺が所蔵する飛鳥時代（7世紀）の仏教工芸品で国宝。全面漆塗装で、金銅透かし彫りの金具を施してある。その透かし彫りの下には装飾のためにタマムシの翅が入れてあったが、現在ではほとんどなくなっている。しかし、制作当時の状態を再現しようとしてレプリカ制作が何度も行われた。一つは1960年に鱗翅学会が制作したもので、大阪高島屋資料館に保存されている。中田金太・秀子は2種類の玉虫厨子を2008年に完成させ、実物に忠実に再現したものを復刻版として法隆寺に奉納、他の一つはタマムシの翅を多用した豪華版で、これを平成版玉虫厨子と称して、茶の湯の森美術館で常時公開している。

●「多聞天像（毘沙門天）の持つ三叉戟《さんさげき》」法隆寺

エジプトの棺の頭頂部に描かれたスカラベ

大英博物館の巨大なスカラベ

金堂内四天王像の一つの多聞天像にも玉虫が装飾に使用されている。

・「青銅花瓶」東大寺大仏殿の正面左右に一対ある。元禄年間の作。それぞれの花瓶には2匹のアゲハチョウが向かい合って留まり、そのチョウの脚は8本、口吻はゾウの鼻のように太く長い（**79頁・写真**）。

・「宝相華文透彫座金」（奈良時代）東大寺金堂鎮壇具の一つ。セミの形をしている。東大寺蔵。

・「檜金銀絵経筒」経を納める檜製の円筒状容器。

メキシコ・テオティアカンのケツァルパパロトル宮殿の柱に彫刻されているチョウの神

金銀泥で飛んでいるチョウが描かれている。正倉院蔵。

・「梵網経」表紙に飛んでいる小さいチョウが描かれている。正倉院蔵。

・「灌仏盤」（盤の中に釈迦像を立てたもの）天平時代作、盤の外側に花卉。宝雲、獅子に追われる唐子、飛ぶチョウなどが線刻されている。東大寺蔵。

・「蝶蒔絵経箱」黒漆の地に多数の金色のチョウをあしらった2段台付きの経箱。出光美術館蔵。

・「スカラベのお守り」エジプトでお守りとして用いられた小さな石造りのスカラベ。大英博物館蔵。

馬具

・「玉虫装飾馬具」韓国慶州金冠塚出土品。韓国の国立慶州博物館には蔚山《ウルサン》付近の皇南大塚古墳で発見されたものの復元品が展示してある。現物は玉虫厨子より100年くらい古いという。

•「蝶螺鈿《らでん》鞍」鞍に多くのチョウが螺鈿の手法で埋め込まれている。靖国神社蔵。

•「蜻蛉蒔絵螺鈿鞍」（江戸時代の作）前輪、後輪の外側は黒漆塗りで、多数のトンボが高蒔絵で描かれている。岩国歴史美術館蔵

•「戎《えびす》蝶蒔絵鐙《あぶみ》」（江戸時代の作）鉄の素地に漆を塗り、それにアゲハチョウの蒔絵を左右1匹ずつ施した豪華な鐙。

東大寺大仏殿の青銅花瓶

•「葡萄に蝶図象嵌鐙《よろい》鐙」（江戸時代の作）靖国神社遊就館蔵。

武具

■鎧・兜・陣笠

•「菊三蝶紋足軽胴」作者不明（江戸時代の作）鎧の胴の真ん中にキク花があり、その周りを3匹の翅を広げたチョウが囲む。個人蔵。

•「菊三蝶紋足軽陣笠」作者不明（江戸時代の作）陣笠の頂にキクの花、その下に翅を広げたチョウが描かれている。個人蔵。

•「八枚張虫尽彫陣笠」（江戸時代の作）梯形状鉄板を8枚繋ぎ合わせて作った陣笠で、トンボ、チョウ、ハチ、バッタ、カブトムシなどが線画で彫られている。靖国神社遊就館蔵。

•「赤絲威《おどし》鎧・兜」作者不明（鎌倉時代の作）兜の吹き返しを飾る彫金金具にチョウがあしらわれている。春日大社蔵。

■小柄《こづか》

•「秋草虫尽図合口拵」後藤一乗、海野勝珉、篠山篤興、池田隆雄作。目貫《めぬき》に金無垢で作られたセミ（表は羽化直後、裏はその脱殻）、また鞘は純金のカマキリ、オンブバッタ、スズムシ?で飾られている。短刀の刀身には数匹のアリが線刻されており、柄の部分には金のカブトムシ、クモ、ガが付けられている。清水三年坂美術館蔵。

•「雲錦図揃金具」後藤一乗、1868年作。小

（モネスティエ，M.：ハエ全書）より抜粋

ハエの状況	保存場所
カタリーナの像が立っている横に、ハエが1匹留まっている	ナショナル・ギャラリー、ロンドン
聖母の左腕前にハエが1匹いる	メトロポリタン美術館、ニューヨーク
キリストを磔にした十字架の足元に置かれた髑髏にハエが1匹留まっている	ブダペスト
膝の上に置いた髑髏にハエが留まっている	
妻がかぶっている頭巾に大きなハエが1匹留まっている	王立美術館、アントワープ
女性が被っている帽子の上にハエが1匹留まっている	ナショナル・ギャラリー、ロンドン
子供が座っている横にハエが1匹留まっている	ビクトリア・アンド・アルバート美術館
磔にされ、血を流している人の胸にハエが1匹留まっている	プリンストン美術館
枢機卿の左ひざ上に1匹のハエ	国立美術館、ワシントン
手前の人物が右手に持つ布に留まっている	ナショナル・ギャラリー、ロンドン
蠟燭と頭蓋骨が描かれており、頭蓋骨頂部にハエが1匹留まっている	クレーラー＝ミュラー美術館
肖像画の帽子の一部にハエが1匹留まっている	王立美術館、ブリュッセル
ヒエロニムスの机に置かれた髑髏にハエが留まっている	
花瓶に挿したチューリップの花には蝶、テーブル上にはハエ、カタツムリ、ハムシ、毛虫がいる	フリッツ・ルフト研究所コレクション、オランダ
一輪ざしのチューリップの葉の上にチョウ、テーブルの上にハエがいる	
花瓶と髑髏が描かれており、髑髏の頂部にハエが1匹留まっている	
イチゴ、サクランボ、リンゴなどの果物の周りにオウムとハエがいる	国立美術館、ベルリン
花の下に1匹のハエ	国立美術館、ベルリン

表　ハエが点景として描かれている絵画

制作年	作者	絵画タイトル
1470頃	カルロ・クリヴェッリ工房	アレクサンドリアの聖カタリーナ
1473	カルロ・クリヴェッリ	聖母子（テンペラと金彩、板）
1480頃	ジョヴァンニ・サンティ	慈悲のキリスト（油彩、板）
1493頃	マリヌス・ファン・レイメルスヴァール	聖ヒエロニムス（油彩、板）
1495頃	フランクフルトの画家	芸術家とその妻（油彩、板）
15世紀末	作者不詳	（女性の顔）（油彩、板）
15世紀末	カルロ・クリヴェッリ	聖母子（テンペラと金彩、板）
1500頃	マッテオ・ディ・ジョヴァンニ	磔刑図（テンペラ、板）
1515	セバスティアーノ・デル・ピオンボ	バンディネッロ・サウリ枢機卿の肖像画（油彩、板）
1515	ロレンツォ・ロット	デラ・トッレ父子の肖像（油彩、カンバス）
1525頃	バルトロメーウス・ブロイン	肖像画の裏のヴァニタス（油彩、板）
1540頃	バルトロメーウス・ブロイン	ハエのいる肖像（油彩、板）
1550頃	ヨース・ファン・クレーフェ	聖ヒエロニムス（油彩、板）
1600頃	ジャック・デ・ヘイン	チューリップとハエ（水彩）
1600頃	バルタザール・ファン・デル・アスト	チューリップとハエ（油彩、板）
1600頃		頭蓋骨のあるヴァニタス（テンペラ、板）
1610頃	ゲオルク・フケーゲル	オウムとハエのいる静物（水彩）
1615頃	ゲオルク・フケーゲル	花とハエ（水彩）

ハエの状況	保存場所
並んだ御馳走の中でパンの上にハエが1匹いる	
果物籠の周りにハエ、トンボ、チョウなどいろいろな昆虫がいる	フランス国立美術館
画面右上方	ルーブル美術館
卓上のケーキにハエが2匹	ピッティ美術館フィレンツェ
皿に盛った果物の上に1匹のハエがいるが、飛んでいるようには見えない	パラティーナ絵画館
粉をまぶした食べ物をなめているハエ	個人
切ったメロンの上にハエが留まっている	アルテ・ピナコテーク美術館、ミュンヘン
胸をはだけた婦人の右肩に1匹のハエ	個人
左手小指の付け根に1匹	シカゴ芸術院
ブドウの粒に留まるハエが1匹	個人
ブドウの木の背後の木製の壁に1匹のハエが留まっている	個人
リンゴに留まるハエが2匹	個人
画面右側に垂れ下がっているナプキン様布の上に1匹	個人
下半身がハエで、肩に2枚の翅を持つ怪物少女	ミッシェル・ブーレ画廊
破損した肖像画の周りに2匹のハエが留まっている	
動物の糞に集まったハエ4匹	個人
白い皿いっぱいに無数のハエが散らばっている	個人
美しい女性の上半身の絵。顔の周りに8匹のハエが飛んでいる	
白い皿いっぱいに無数のハエが散らばっている	個人
切り身の鮭、包丁、テーブルの上にハエが1匹ずつ	個人
ローストビーフにたかる3匹のハエ	個人

制作年	作者	絵画タイトル
1620頃	ゲオルク・フケーゲル	ハエのいる食卓（油彩、カンバス）
1625頃	バルタザール・ファン・デル・アスト	果物とハエの静物画（油彩、板）
1639頃	ゲオルク・フレーゲル	静物画（油彩、板）
1650頃	ジョヴァンナ・ガルツォーニ	ハエを見る犬（水彩）
1650頃	ジョヴァンナ・ガルツォーニ	果物の上を飛ぶハエ
1650頃	マルティヌス・ネリウス	静物（油彩、板）
1650頃	ムリーリョ	果物を食べる少年たち（油彩、カンバス）
1740頃	ファン・デル・ミュン	ハエ
1750頃	フィリップ・メルシェ	ハエ取り（油彩、カンバス）
1790頃	クリスチャン・ファン・ポル	葡萄とハエ（油彩、カンバス）
1868	チャールズ・スチュアート	葡萄の房（油彩、カンバス）
1886	ヨハン・ウィルヘルム・プライヤー	リンゴとハエの静物画（油彩、カンバス）
1962	アンリ・カディウ	塩入れとハエのとまった布巾（油彩、カンバス）
1972	クロード・ヴェルランド	身繕い中の美女（油彩、カンバス）
1976	ピエール・デュコルドー	消滅、もう遅すぎるとわかる時（油彩、カンバス）
1977	ピエール・フェリオリ	フンバエ（油彩、カンバス）
1990頃	ピエール・デュコルドー	500匹のハエがいる皿（磁器）
1990頃	ピエール・デュコルドー	美しきポーランド女性（油彩、板）
1991	ピエール・デュコルドー	ハエのいる皿（磁器）
1997	ピエール・フェリオリ	鮭の切り身とハエ（油彩、カンバス）
1998	ピエール・フェリオリ	クロバエに攻撃されたロースト用牛肉（油彩、カンバス）

ハエの状況	保存場所
ボクシングのグラブと一緒に壁に掛けられたハエの絵と壁に留まっている1匹のハエ	個人
ぶら下げてある懐中時計の横にハエが1匹留まっている	個人
瓜のような果物の上に1匹	リヨン美術館
ビリヤードの球の上にハエが1匹留まっている	個人
裸で横たわるマネキン人形のそばに巨大なハエ	個人
子犬が壁に留まっているハエを狙っている	ブリュッセル王立美術館
トマトのような果物にハエが留まっている	
板の上に1匹のハエ	個人
額に飾られている教皇勅書にハエが1匹留まっている	個人
ケースからはみ出したペーパーに1匹のハエ	
モナリザの上胸部にハエが1匹留まっている	個人
肖像画の下縁にハエが1匹留まっている	メトロポリタン美術館、ニューヨーク

柄の鞘にチョウが3匹ちりばめられている。清水三年坂美術館蔵。

・「水草小禽図鐔《つば》」中川一匠作。鐔の裏面、水草の間にアメンボが描かれている。清水三年坂美術館蔵。

・「蝶紋金総金具堆黒合口拵」正阿弥勝義、1871年作。脇差の柄の部分と笄《こうがい》に金のチョウ、鞘の堆刻の部分にチョウの彫がある。清水三年坂美術館所蔵。

■**鍔《つば》（鐔）**

・「秋草に虫文鐔」作者不明（江戸時代の作）。コオロギ、スズムシ、チョウ、カマキリ、トンボ、カブトムシなどを表した数種類の鐔がある。窪コレクション蔵。

・「海幸網干図揃金具の内の鐔」後藤一乗作。裏面に飛んでいるチョウ5匹の彫刻がある。清水三年坂美術館蔵。

制作年	作者	絵画タイトル
1998	ヴェルネル・ファン・ホイランド	フライ級（油彩、カンバス）
	アラン・パリオッティ	時の流れ、時計とハエ（油彩、カンバス）
	アントワーヌ・ベルジョン	編みかご（油彩、カンバス）
	ジャニーヌ・ドゥラポルト	ビリヤードの球の上のハエ（油彩、カンバス）
	シャブラン・ミディ	夢（グワッシュ画）
	ジョゼフ・スティーヴンス	ハエを狙う犬（油彩、カンバス）
	パオロ・アンティニ	ハエのいる静物（油彩、カンバス）
	ピエール・バザニス	デッサン用の板（油彩、カンバス）
	ピエール・バザニス	教皇勅書（油彩、カンバス）
	ピエール・フェリオリ	トイレットペーパーケースとハエ（油彩、カンバス）
	ピエール・フェリオリ	モナリザと少女の肖像（油彩、カンバス）
	ペトルス・クリストゥス	カルトジオ会修道士の肖像（テンペラ、板）

•「牡丹図鐔」塚田秀鏡作。鐔の裏面に飛んでいる2匹のチョウの彫刻がある。清水三年坂美術館蔵。

•「群蝶文鐔」作者不明。黒地に金でチョウが描かれている。伊那下神社蔵。

•「天地勝虫《かちむし》鐔」長門国友周、天保年間（1830～1844）の作。鐔の上下にトンボ（勝虫）が2匹向かいあっている。

•「葡萄胡蝶文鐔」埋忠明寿、桃山時代作。重要文化財。ブドウの蔓・葉と飛ぶ2匹のチョウの図柄。

•「蟷螂図鐔」作者不明、江戸時代の作。1匹のカマキリが描かれている。名古屋城管理事務所蔵。

•「芒蝶文様鐔」作者不明、江戸時代の作。十字型の鍔で、線状のススキと4匹のチョウがあしらわれている。個人蔵。

■目貫《めぬき》

●「蜻蛉目貫」海野勝珉、1901年作。1匹のトンボを正面から見たところと背後から見たところの組み合わせで、目貫の裏表をなす。天光堂秀国の作品の摸作。

●「蝉目貫」作者不明。黒く、翅の短い蝉。井伊家蔵。

●「蟷螂目貫」作者不明。頭を持ち上げてこちらを見ているカマキリ。井伊家蔵。

■箙《えびら》

●「勝虫文様箙」江戸時代前期の作。徳川三代将軍家光が愛用したという箙。黒の方立《ほうだて》（鏃《やじり》を挿入する部分）にトンボが描かれている。久能山東照宮博物館蔵。

●「蜻蛉蒔絵筑紫箙」江戸時代の作。筑紫地方ではやったとされる形の箙。黒の地にトンボが描かれている。岩国歴史美術館蔵。

■采配

●「蝶紋蒔絵采配」江戸時代の作。黒塗りの采配の柄《つか》の中間部と先端にチョウが蒔絵で描かれている。個人蔵。

インテリア

●「宙づりになっているエンゼル」J．ファーブル作（ジャン・ファーブルはベルギーの芸術家で、昆虫学者アンリ・ファーブルのひ孫）針金で作ったワンピース様のフレームに無数の金属光沢を持つ甲虫を張り付けた作品。同様のオブジェをいくつも作っているが、張り付けてある甲虫の種は同じではない。グリーンの東南アジア産オオハビロタマムシ（*Cantoxantha opulent*））を用いたもの（アントワープ現代美術館蔵、ブリュッセルのヤコブ・バンク・コレクション蔵）、茶色いカナブン、クワガタムシ、ハナムグリなどの混合で作ったもの（イタリアのギャラリー・ギリアニ蔵）、青緑色のカタゾウムシなどで作ったもの（ミュンヘンのベルント・クリューザー・ギャラリー蔵）。

刺繍

「花喰鳥刺繍残欠」花喰い鳥の近くに2匹のチョウが刺繍されている。正倉院蔵。

障壁画

●「群蝶図」岸岱《がんたい》、1844年作。金毘羅宮奥書院菖蒲と群蝶の間。長押《なげし》の上には400匹以上のチョウが描かれている。その中には日本最古の記録と思われるギフチョウも含まれている。

●「色紙貼交《はりまぜ》秋草図屏風」俵屋宗達（下絵）トンボ、飛んでいるチョウやハチ、巣を作っているハチ、バッタなどが描かれている。

●「花鳥図貼交屏風」土佐光信、16世紀前半作。チョウ、ハチ、バッタ、アブ、アリなどが描かれている。バージニア美術館蔵。

装飾ガラス器

E. ガレ（Emile Gall：1846〜1904）は多数の装飾ガラス器を残しており、日本にもかなりの量が保管されている。

ガラス花器

●「コガネムシ文花器」E. ガレ作。カナブンのようなコガネムシを浮き彫りにした薄い青色の頸付き丸形花器。ナンシー派美術館蔵。

●「花器日本の夜」E. ガレ作。縦長の黒地の花瓶。ナンシー派美術館蔵。

●「昆虫文双耳花器」E. ガレ作。取手の付いた花瓶にシリアゲムシのような昆虫が描かれている。北海道立近代美術館蔵。

●「カエル・トンボ・キンポウゲ花器」（E. ガレ、1889年作）壺型花器の胴体にカエル、トンボ、キンポウゲがエングレーブ（彫刻）されている。北沢美術館蔵。

●「トンボ・ハムシ花器」（E. ガレ、1889〜1895年作）デフォルメされたトンボと写実的なハムシがエングレーブされている。サントリー美術館蔵（菊池コレクション）。

●「カゲロウ花器」（E. ガレ、1889〜1900年作）細長いコップ状花器にピンクのカゲロウが描かれている。サントリー美術館蔵（菊池コレクション）。

●「蜻蛉文花器」（E．ガレ、1889年作）細長い頸を持つ花器に、黒いトンボが頭部を下にしてエングレーブされている。北沢美術館蔵。

●「蛾の脚付き花器」（E．ガレ、1900年頃の作）、最上部、チューリップ状に開いた部分の外側に、ムラサキシタバがエングレーブされている。サントリー美術館蔵。

●「蜻蛉に蛙文花器」（E．ガレ、1905年作）ブルーの縦型円錐形の花器。カエルとトンボが向き合ってエングレーブされている。北沢美術館蔵。

●「蜻蛉・蟬文花器」（E．ガレ、1887年頃作）、コップ状花器にデフォルメしたトンボとセミがエングレーブされている。どちらも触角が鞭のように長い。北沢美術館蔵。

●「菊花文花器」（E．ガレ、1900年作）細くて長い頸を持つ花器の胴の部分に飛んでいるチョウが描かれている。北沢美術館蔵。

●「蜻蛉文長頸花入」E．ガレ作。細長い一輪ざしの頸の部分に腹部を置き頭を下にしたトンボ文様。サンクリノ美術館蔵。

●「群蝶マグノリア文花入」E．ガレ作。コップ状の細長い花器に描かれたマグノリア（モクレン）の上に、半透明で触角の長いチョウが何匹も飛んでいる。サンクリノ美術館蔵。

●「蜻蛉に沢瀉《おもだか》文花入」E．ガレ作。細長い縦型の花瓶側面に、頭を下にしたトンボがエングレーブされている。サンクリノ美術館蔵。

●「蟬に蜻蛉文花入」E．ガレ作。香炉のような形の花器に、色彩豊かなセミが描かれている。サンクリノ美術館蔵。

●「森林に蝶文筒型花入」E．ガレ作。細い円筒状花瓶に透き通るような黄色と白のチョウが飛んでいる文様。サンクリノ美術館蔵。

●「蟬文花入」（E．ガレ、1890年作）筒型花瓶に翅を広げた銀色のセミが斜めに描かれている。サンクリノ美術館蔵。

●「赤いカマキリの花瓶」E．ガレ作。薄いグレーで透明なガラス瓶に、赤に近い茶色のカマキリが描かれている（写真）。オルセー美術館（パリ）蔵。

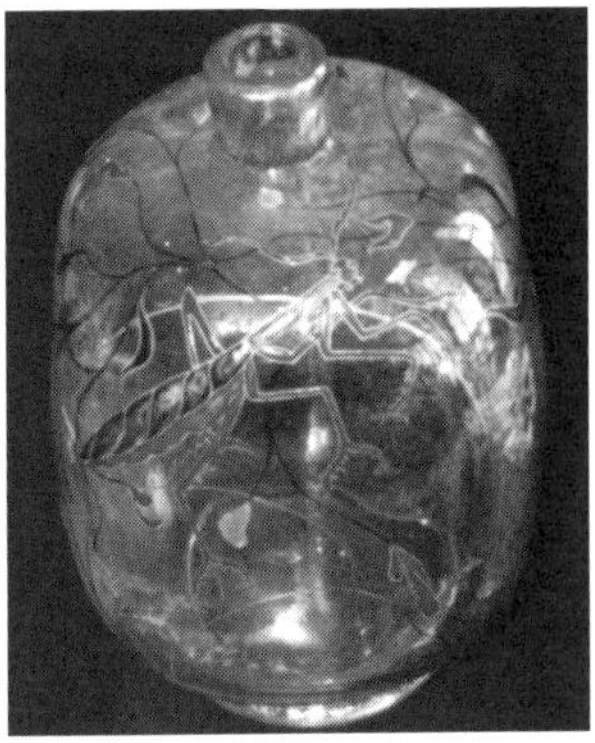

ガレのガラス製花瓶

•「アゲハチョウの花瓶」E．ガレ作。黒紫色で飛んでいる大型のアゲハチョウが描かれている。オルセー美術館（パリ）蔵。

杯

•「蜻蛉文大杯」（E．ガレ、1900～1904年作）緑色の複眼をもつヤンマが描かれている。サンクリノ美術館蔵。

•「群蜉蝣文脚付杯」（E．ガレ、1889年作）杯の表面にピンクのカゲロウが多数配置されている。サンクリノ美術館蔵。

•「脚付き杯」（E．ガレ、1889年作）胴部にカミキリムシなど飛んでいる甲虫、高台の裏面には翅を広げたガのエングレービングがある。サントリー美術館蔵。

•「ベゴニア属杯」（E．ガレ、1900年頃の作）、コップ状の杯背面にデフォルメされたチョウが描かれている。個人蔵。

電気スタンド

•「蜻蛉に菖蒲文電気スタンド」（E．ガレ、1904～1914年作）スタンド部分は菖蒲、傘部分は腹部の細長い糸トンボのようなトンボで飾られている。サンクリノ美術館蔵。

•「蜻蛉文ランプ」（E．ガレ、1894～1914年作）。ブロンズ、エッチング、被せガラスなどの手法で作られている。北沢美術館蔵。

•「蝶文ランプ」（E．ガレ、1900年作）傘に数匹のチョウが配置されている。北沢美術館蔵。

ガラス器（前記以外）

•「カゲロウ鉢」（E．ガレ、1889～1900年作）平べったい鉢に薄紫のカゲロウが描かれている。北沢美術館蔵。
・「蟬台付鉢」（E．ガレ、1903年頃の作）松の枝先に留まったり、留まろうとしているセミがエングレーブされている。北沢美術館蔵。
・「水辺の蜻蛉図皿」（E．ガレ、1889年頃の作）金箔をあしらったガラス皿いっぱいに1匹のイトトンボ様トンボが描かれており、その下に幼虫のような昆虫がいる。サンクリノ美術館蔵。
・「葉巻入れ」（E．ガレ、1884～1989年作）クリスタルグラス型吹き成形の葉巻入れ。側面に尾端の長いバッタが飛んでいるところがエングレーブされている。北沢美術館蔵。
・「葉巻入れ」（E．ガレ、1894年作）、クリスタルグラス製、2匹の昆虫がエングレーブされているが、種は不明。北沢美術館蔵。
〈ガレ以外のアール・ヌーボー期の作品〉
・「蜻蛉文テーブルランプ」（L．C．ティファーニ、1900～1910年頃の作）。高さ80㎝の電気スタンド。青と紫地の傘の下縁を数匹の倒立トンボが飾っている。個人蔵。
・「草に虫文花瓶」（ラリック工房、1920年頃の作）壺型の花瓶にバッタが数匹描かれている。
・「トンボ・キンポウゲ文花器」ドーム作。縦長の花瓶でアカトンボが描かれている。ナンシー派美術館蔵。

家具

・「名所図小簞笥」駒井作。茶簞笥のような簞笥で、引き出しの取手の一つが銀製のチョウになっている。清水三年坂美術館蔵。
・「秋草蒔絵提簞笥」（桃山時代の作）手提簞笥の背面に花とチョウが配されている。大和文華館蔵。
・「蜻蛉形小テーブル」（E．ガレ、1897年作）寄木細工。3脚あるテーブルの脚がトンボの立像になっている（**写真**）。飛騨高山美術館蔵。
・「蝶模様隅棚」E．ガレ作。寄木細工。正面にチョウと花の絵がある。飛騨高山美術館蔵。
・「花鳥蝶図螺鈿蒔絵文台」（1724年頃の作）

ガレのトンボ脚のテーブル

甲府藩柳沢家の調度品であった小机。黒漆地に飛んでいる鳥やチョウが蒔絵と螺鈿で表されている。恵林寺（山梨県甲州市）蔵。

•「蝶飾り付き燭台」（江戸中期の作）武田信玄の二女見性院の追福菩提のため、会津藩主松平容頌《かたのぶ》が奉納したもの。真鍮製塔状の燭台の真ん中よりやや上に飾りとして2匹のアゲハチョウが向かい合って留められている。チョウの形や配置などが、奈良東大寺の花瓶の像に似ている。清泰寺（埼玉県さいたま市）蔵。

花瓶

•「蝶図花瓶」正阿弥勝義作。赤い銅地に黒いアゲハチョウと銀色のシロチョウが高肉象嵌で描かれている。清水三年坂美術館蔵。

•「瓢箪に蜂花瓶」正阿弥勝義作。紫黒色の銅製ヒョウタンにアシナガバチ様のハチが留まっている。ハチは素銅、赤銅、金、銀などを組み合わせた丸彫り。清水三年坂美術館蔵。

•「瓢箪に天道虫花瓶」正阿弥勝義、1900年作。ヒョウタンは茶色の素銅地で、頸部にカメノコテントウが留まっている。テントウムシは赤銅、緋銅、金、銀などを使った丸彫り。清水三年坂美術館蔵。

•「山姥金時図対花瓶」海野海珉作。真鍮製1対の花瓶で両方とも表はクマと格闘する金時とそれを見守る山姥、裏には実を付けた植物の周りを飛ぶチョウが高肉象嵌されている。清水三年坂美術館蔵。

•「色絵蝶文輪花鉢」柿右衛門作。白い五角の花筏鉢に7匹の色彩豊かなチョウが描かれている。ドイツ国立カッセル美術館蔵。

•「銅製群蝶文花瓶」銅製黄銅色蓋付。蓋の表面と本体側面に黒と黄銅色のチョウがちりばめられている。東京国立博物館蔵。

置物

・「翠玉白菜」（作年、作者不明）大きな翡翠の塊を彫刻して作った置物。白菜の上に2匹のバッタ目《もく》昆虫が留まっているが、そのうち1匹はキリギリスのようである。台北故宮博物院蔵。

・「柘榴に蟬飾器」正阿弥勝義作。直径十数㎝のザクロの実を形取った本体銅製の容器。実の表面にアブラゼミが留まっており、また実に開けられた穴からゴミムシがはい出してくる様子が作られている。清水三年坂美術館蔵。

・「鈴虫置物」正阿弥勝義、1908年作。雌雄一対の実物大スズムシ。銀製で複眼と触角は金。個人蔵。

・「蟷螂置物」正阿弥勝義、1900年作。朧銀地に翅は銅、触角は金、複眼には孔雀石を用いている。前脚を振り上げた格好をしており、腿節の棘がよく作られている。岡山県立博物館蔵。

・「昆虫自在置物」カブトムシ、クワガタムシ、ハチ、セミなどの自在置物（金属などで作った置物だが、関節部を可動にし、いろいろな態をとれるようにしたもの）が清水三年坂美術館に保存されている。

手箱

・「蝶螺鈿蒔絵手箱」（13世紀）箱の蓋表裏側面に、多数のチョウがちりばめられている。特に蓋裏は見事。東京都畠山記念館蔵。

・「秋野蒔絵手箱」（鎌倉時代）スズムシやカマキリなどが描かれている。東京都根津美術館蔵。

・「蘇芳地金銀絵箱」蓋の表と底の裏に小鳥と一緒に小さいチョウが描かれている。正倉院蔵。

・「赤とんぼ蒔絵箱」松田権六、1969年作。黒の地に描かれたシダ様植物の葉の上を赤トンボが飛んでいる。京都国立近代美術館蔵。

・「糸巻群蝶蒔絵手箱」赤地楊《やなぎ》揚羽蝶模様縫箔。様々にデフォルメされたアゲハチョウが全面を覆う。宮内庁蔵。

・「蝶牡丹螺鈿蒔絵手箱」黒漆に金、白、黒のアゲハチョウを配した豪華な手箱。畠山記念館蔵。

●「蝶牡丹螺鈿蒔絵手箱の金具」ボタンとチョウをあしらった手箱の金具。金製でチョウの形をしている。国宝。畠山美術館蔵。
●「葛蟋蟀《くずこおろぎ》図手箱」キリギリスが細部まで写実的に描かれている。題名の蟋蟀は現代のキリギリスのこと。東京芸術大学蔵。

道具

●「菊虫螺鈿硯箱」茶色地の硯箱にキクとスズムシ様昆虫が螺鈿で描かれている。サントリー美術館蔵。
●「菊慈童蒔絵硯箱」木製。茶色地に金などでキクとチョウが描かれている。林原美術館蔵。
●「蟬形鏁子《さす》」鍵の上についている金属製オブジェ。蟬の形をしていて複眼の間に穴があり、その穴に鍵を差し込んで使うらしい。東大寺蔵。
●「二つの団扇」E. ガレ作。一つの団扇にはトンボが描かれている。飛騨高山美術館蔵。

壺

●「銀壺」側面に飛んでいるチョウが線刻されている。正倉院蔵。
●「白磁蝶牡丹文壺」三代清風与平作。グレーの壺。ボタンと飛んでいるチョウが浮き出して見える。東京国立博物館蔵。
●「七宝蝶花鳥文壺」赤の地に白い花と飛んでいるアゲハチョウが描かれている。東京国立博物館蔵。

鏡

●「金銀平脱《へいだつ》八面鏡」鏡の背面は黒漆地とし、中央の宝相華唐草文様の周囲を鳥が飛んでおり、その中に蛾のようなチョウ目昆虫が見られる。正倉院蔵。
●「鳥獣花背円鏡」鏡の背面は白銅鋳製で、中央部は何頭もの獅子が鋳込まれている。それを取り巻く帯状の部分にハチと思われる昆虫が鋳込まれている。正倉院蔵。
●「蝶蒔絵鏡箱」黒漆の地で、蓋の表には10匹の金色のチョウが飛び、蓋裏には2匹のチョウが翅を広げて向き合っている。大和文華館蔵。
●「群蝶双雀鏡」2羽のスズメと27匹のチョウが

彫られている見事な鏡。二荒山神社蔵。

・「揚羽蝶丸文牡丹柄鏡」(江戸時代) 柄付き鏡の裏面真ん中に飛ぶアゲハチョウが置かれている。東京国立博物館蔵。

釜

・「蜻蛉文真形《しんなり》釜」 鉄製球状の釜。トンボの浮き彫りがある。大和文華館蔵。

・「水澄まし文様茶釜」 菊池熊治作。黒い茶釜に線刻でアメンボウが描かれている。アメンボウは所によりミズスマシとも呼ばれているという。個人蔵。

盆

・「秋草蝶蒔絵盆」 黒漆塗り円形盆。金で秋の草と5匹のチョウが描かれている。大和文華館蔵。

・「秋草蝶漆絵盆」 赤の漆地にキクとススキ、その周りに小蛾類のように見えるチョウが描かれている。大和文華館蔵。

シガレットケース

・「菊蝶図シガレットケース」 香川勝広作。表は菊、裏面にクロアゲハらしいチョウが飛んでいる。清水三年坂美術館蔵。

楽器

・「蝶芒蒔絵胡弓」 ススキにチョウが留まったり、周囲を飛んだりしている。そのチョウの口吻がゾウの鼻のように長い。東京国立博物館蔵。

・「金銀平文琴」 琴の装飾に仙人が琴を奏でる絵があり、その中に、チョウ、トンボなどに見える昆虫が描かれている。正倉院蔵。

遊具

・「桑木木画碁局」 碁盤の側面に飛んでいるバッタの絵がある。正倉院蔵。

・「楊蝶蒔絵碁盤」(江戸時代) 側面に柳とその下を飛ぶチョウが描かれている。龍源院蔵。

・「七宝虫籠釘隠」 加賀第五代藩主前田綱紀のコレクション百工比照の一つ第6号箱第12－14抽斗《ひきだし》にある。金網を通して中に置かれた奇麗なセミのような昆虫が見られる。前田育徳会蔵。

•「虫籠など昆虫飼育容器」鳴き声鑑賞用の昆虫、闘争用の昆虫、愛玩用昆虫などを飼育するために用いられた容器には凝ったものがあり、美術的価値も高い。古いものにはたいへん高価なものもある。日本では竹細工のものが多く、中国には、ヒョウタンを加工したもの、陶製のものなどいろいろある（**写真**）。これらについては、「第5章　昆虫鑑賞」を参照されたい。また、いわゆる昆虫グッズ、昆虫オブジェも多いが、これらについては「第7章　虫のオブジェの魅力」を参照されたい。

中国陶製闘蟋用コオロギの飼育容器

食器

•「鈴虫蒔絵湯桶《ゆとう》（木製漆塗りで注ぎ口と柄のある飲料容器）」（17世紀、江戸時代）黒漆地。細い葉が茂る中で鈴虫が鳴いている。サントリー美術館蔵。

•「花蝶密陀絵行厨《こうちゅう》」（桃山時代）漆塗りの豪華な組み携行食器。重箱の側面などにアゲハチョウ、タテハチョウなどが描かれている。大竜院蔵。

•「牡丹に蝶図蓋物」海野勝珉作。直径18㎝くらいの12角形朧銀製の容器。蓋に牡丹の花の蜜を吸うチョウが金平象嵌されている。2匹のチョウが重なり合っているように見える。清水三年坂美術館蔵。

•「縞蝶芒螺鈿蒔絵重箱」3段重ねの重箱。黒漆の地に、ススキとその間を縫って飛ぶチョウを螺鈿蒔絵としたもの。サントリー美術館蔵。

•「虫籠蒔絵菓子器」（江戸時代）八角形の容器。全体が虫籠のようで、その中に甲虫のような昆虫が2匹入っているように見える絵が蒔絵で描かれている。東京国立博物館蔵。

•「蝶文黒茶碗」道八作。黒い茶碗に薄黄色で滲んだような蝶が描かれている。滴翠美術館蔵。

•「月に蟷螂文茶碗」保全作。（江戸時代）赤い月に重ねて、緑色のカマキリがススキの上で振り返っている。東京国立博物館蔵。

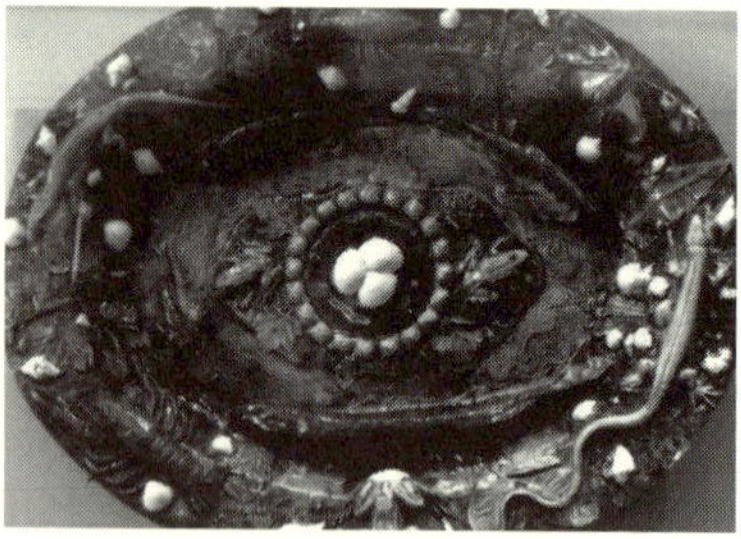
エルミタージュの絵皿（蛾の模様は右上）

- 「七宝蝶文徳利」ナスを立てたような形の徳利。チョコレート色の地にアゲハチョウと小型のチョウが描かれている。東京国立博物館蔵。
- 「蛾の模様のある絵皿」エルミタージュ美術館蔵（**写真**）。
- 「色鍋島蝶文皿」（江戸時代）佐賀鍋島藩の藩窯の作品。白磁の皿に8匹のアゲハチョウが輪状に手をつないだように描かれている。岡山美術館蔵。
- 「平戸染付蝶文百合台形鉢」（江戸—明治時代）。白いユリの花状の鉢にチョウが飛んでいる図。東京国立博物館蔵。

香炉・香枕

- 「蜻蛉図香炉」正阿弥勝義、1908年作。銀の地に高肉象嵌で黒と赤のトンボが配されている。清水三年坂美術館蔵。
- 「古瓦蜻蛉香炉」正阿弥勝義、1898年作。鉄製の瓦の破片にアカトンボが留まっている。岡山県立博物館蔵。
- 「蜻蛉図香合」正阿弥勝義、1907年作。鉄製の円盤形香合。蓋に高肉象嵌でトンボが作られ、その裏面には水面に映るトンボの影が朧銀の平象嵌で表されている。清水三年坂美術館蔵。
- 「紅葉桜図香合」正阿弥勝義、1904年作。蓋の裏面に金、銀、赤銅の平象嵌で金と銀の飛んでいるチョウが描かれている。清水三年坂美術館蔵。
- 「芒蝶螺鈿蒔絵香枕」江戸時代の作。長方形の香をたく箱で、黒の地に線状のススキと何匹もの飛ぶチョウが蒔絵と螺鈿で表されている。サントリー美術館蔵。

水差し

- 「富貴図水差」山田元信作。花の周りを飛んでいるチョウが象嵌されている。清水三年坂美術館蔵。
- 「茄子水滴」平田宗幸作。長さ約10㎝の赤銅製ナスの上に朧銀の鈴虫が載っている。東京芸術大学蔵。

装身具

■衣服

●「甲虫翅鞘飾りの衣服」インド、ナガランドのセマ族では、夫または父親の地位が高ければ、タマムシの翅鞘で飾った衣服を着ることができる。オックスフォード大学ピット・リバー人類学博物館蔵。

■コサージュ

●「蜻蛉の精コサージュ」（胸元飾り）R．ラリック、1897〜1898年作。金のフレームにエメラルド、月長石、七宝などをはめ込んだ豪華な胸飾り。トンボといっても羽は2枚、頭胸部背面は女性の胸像、脚は1対で先端が三つに分かれている。長さ26・5cmもある大きなもの。カルースト・グルベンキアン美術館（リスボン）蔵。

●「甲虫形コサージュ」R．ラリック、1897〜1898年作。大きな赤いトルマリンを向かい合った2匹のテナガコガネが支えている。カルースト・グルベンキアン美術館（リスボン）蔵。

■腕飾り

●「シュアル族の腕飾り」ペルー、エクアドルのアマゾン川源流地帯に住むシュアル族の女性が使う腕飾りで、ナンベイオオタマムシの翅鞘に糸を通して帯状の腕飾りの端に多数ぶら下げたもの。南米の原住民で、甲虫を飾りに使うのはシュアル族（首狩りをして干し首を作る部族）だけだという。米国スミソニアン博物館蔵。

●「スカラベの腕飾り」紀元前1350年頃の作。エジプトより出土、中央に金縁でブルーのスカラベが置かれ、その前後方向に各3対のストラップが付いている。金、ラピス・ラズリ、紅玉髄、ファイアンスより成る。大英博物館蔵。

■肩掛け

●「歌うショール」タイ、ミャンマーに住むプオ・カレン族の未婚の女性が使う肩掛けで、ショール末端の房飾りにフトタマムシの翅鞘を多数付け、それらがぶつかり合ってカラカラ音を出すようにしたもの。米国カリフォルニア大学デービス校蔵。

●「レッドウッドショール」19世紀後半に、ヨーロッパの人たちのためにインドで作られたショールで、甲虫の翅鞘が色彩を豊かにするために使われている。米国カリフォルニア大学バークレイ校人類学博物館蔵。

■簪《かんざし》

•「蝶平簪」銀製。コインのような円盤状の飾りが付いていて、それにチョウの絵が彫られている。東京国立博物館蔵。

•「蝶飾りびらびら簪」銀色金属製の簪の先端部に、花とチョウが付いており、またそこから鎖が垂れ下がってその先にチョウがぶら下がっている。東京国立博物館蔵。

■櫛

•「花にまるはな蜂文櫛」R.ラリック、１８９７~１８９８年作。金製の簪のような櫛で、先端にアジサイのようなブルーの花があり、それに6匹のクロマルハナバチのようなハチが群がっている。カルースト・グルベンキアン美術館（リスボン）蔵。

•「蝶芒蒔絵象牙櫛」黄色をおびた象牙の櫛に、暗褐色のチョウが描かれている。林原美術館蔵。

•「蝶形鼈甲櫛」黄色と暗褐色のまだらの鼈甲で蝶の形に作った櫛。東京国立博物館蔵。

•「蜻蛉彫金沢瀉《おもだか》蒔絵櫛」黒漆の地に金のトンボが1匹付されている。サントリー美術館蔵。

•「鈴虫蒔絵櫛」黒漆塗りの櫛に金の鈴虫を配してある。サントリー美術館蔵。

•「金地月秋草虫蒔絵櫛」鈴虫と秋草が描かれている。国立歴史民俗博物館蔵。

■印籠

•「虫の印籠」よしとみ、１８３０~１８８０年作。白の地にチョウ、セミ、ハチ、ハエ、バッタ、テントウムシなどが描かれている。ヴィクトリア&アルバート美術館（ロンドン）蔵。

•「蜻蛉印籠」望月半山、１７７５~１８００年頃の作。四角い印籠。黒地にトンボが1匹描かれている。ヴィクトリア&アルバート美術館（ロンドン）蔵。

•「蜻蛉・蝶印籠」作者不明。黒地円筒形の印籠の側面に、トンボとチョウそれぞれ数匹がもつれ合っている。ヴィクトリア&アルバート美術館（ロンドン）蔵。

・「牡丹蝶象牙印籠」薄黄色の地に牡丹の花とその上を飛ぶチョウが彫られている。東京国立博物館蔵。

・「蝉文印籠」縦縞模様の薄茶の印籠側面にアブラゼミが留まっている。東京国立博物館蔵。

■根付け

日本における初期の昆虫学者佐々木忠次郎は、根付けのコレクターとしても知られ、『日本の根付』という著書がある（光融館書店、１９３６年）。同書には４１９の著者自筆の絵があるが、昆虫に関するものは６点で、アシナガバチの巣、セミ、竹の子に留まるタマムシ、チョウ、竹の子に留まるセミ、トンボ・セミ・チョウ・バッタ混合を描いた根付けである。次に美術館などに保管されている根付けのいくつかを中田（１９９０）の『虫とのかかわり』より引用する。

ファーブル生家のカマキリオブジェ

・「飛蝶」長さ３㎝、杣田作。２匹のチョウが飛んでいる図。大阪府立美術館蔵。

・「葵に蝶紋」籠桂作。アオイの蜜をチョウが吸っている図。大阪府立美術館蔵。

・「松、竹と蝉」セミを松や竹に留まらせたもの。大阪府立美術館蔵。

・「兜虫」長さ５㎝、木製。晋作。大阪府立美術館蔵。

エクステリア

・「クワガタムシ」ロンドン自然史博物館の昆虫館入り口には飛んでいるオオキバツヤクワガタのようなクワガタの大きな模型がかかっている。

・「アリ」南仏サン・レオン村にあるファーブルの生家の石壁には、黒く大きなアリが何匹も留めてある。

・「カマキリ」南仏サン・レオン村にあるファーブルの生家の庭には大きなカマキリの像がある（**99頁・写真**）。

〈参考文献〉

『文化昆虫学』小西正泰　三橋淳総編集「昆虫学大事典」朝倉書店　2003
『日本史のなかの動物事典・昆虫類』小西正泰　東京堂書店　1992
『虫の日本史』奥本大三郎監修　新人物往来社　1990
『日本の文様・蝶』村山修一ほか　光琳社　1971
『日本の文様、鳥・虫』小学館編　小学館　1986
『人と自然と虫たちと』信玄公宝物館　1994
『虫とのかかわり』中田正彦　自費出版　1990

第４章

虫の文学

～風刺と戯文～

田中　誠

はじめに

昆虫を扱った文学、あるいは昆虫に関わる文学作品は数多い。かつて筆者はこれを試みに4種類に類型化してみたことがある。[1] それは、①昆虫自体が主人公になる作品、②昆虫を主題（対象）とした作品（ノンフィクションを除く）、③背景やイメージとして昆虫を利用した作品、④昆虫愛好家などが主人公になる作品、の4通りである。

例をあげれば、①はボンゼルス「蜜蜂マーヤの冒険」。②は小泉八雲の随筆「草ひばり」。ただし「ファーブル昆虫記」のような実際の観察記録を叙述したものは除く。③はバック「大地」（飛蝗の描写が真に迫る）。④はヘッセ「クジャクヤママユ」など。虫好きで読書家の方ならご存じの作品も多いだろう。

実はこの類型化は、筆者が資料（書籍）を整理するため苦しまぎれに考えた区分で、便宜的なものに過ぎない。ただ、数多い昆虫文学を類型化した例を知らないので、ひとつの考え方としてご紹介しておく。

さて、筆者の関心は文化昆虫学のなかで「人と昆虫との関わりの歴史」という分野にある。文学はその関わりを知る資料のひとつという考えなので、文学作品を、その作品が著された時代の昆虫に対する知識や観念、あるいは飼育法やら害虫防除法といったものを読み取るための資料としてみている。そのため、興味が明治時代やそれ以前の作品に向いており、この「虫の文学」の章でも江戸時代や明治の作品を対象にした。文学鑑賞という立場からは外道かもしれないが、ご理解いただければ幸いに思う。

以下、江戸や明治の広い意味での文学作品のうち、昆虫関係の分野ではほとんど紹介されたことがない変わった作品を紹介してみたい。上記の分類では①に含まれるもので、虫に名を借りて政治を風刺、皮肉った作品や、虫になぞらえてふざけ散らした戯文の類である。これらの作品は読むだけでもおもしろいのだが、昆虫文化史の資料としても有用である。

作品の紹介にあたり、わかりにくい言葉や表現には注釈を付したが、筆者の力量が及ばない点も多く、十分な注釈ができなかったことをあらかじめお詫びしておく。

なお、日本の昆虫文学については、過去、多くの文献がある。昆虫関係分野からの主要なものに、碩学・江崎悌三博士による優れた通史「日本の昆虫文学」[2]があり、70年以上も前の著作であるにもかかわらず、いまだにこれを超えるものがない。また、小西正泰博士は、洋の東西を問わず広範囲に昆虫文学を紹介・解説された[3]。昆虫文学のアンソロジーとして奥本大三郎氏の『百虫譜』[4]があり、同氏の洗練されたセンスで選ばれた作品が堪能できる[1]。この分野に興味をおもちの方は、ぜひこれらに目を通していただきたいと思う。以下、人名については敬称を略させていただく。

作者不詳『虫の掟』

江戸時代には大きな幕政改革が何回かおこなわれており、いわゆる「三大改革」（享保、寛政、天保の改革）がよく知られている。ここに紹介するのは、天保の改革時代に作られた、『虫の掟』と題する、虫に仮託して幕政を風刺した作品である。

天保の改革とは、天保年間（１８３０〜１８４３年）におこなわれた一連の改革の総称で、逼迫した幕府の財政を建て直すのが大きな目的であり、町人や農民に対して奢侈《しゃし》禁止や倹約、綱紀粛清が徹底された。そのための御触れが盛んに出されているが、細かく具体的な指示が多い。たとえば、天保13年（１８４２年）に「村々」に出された触書[5]の一部を次に紹介してみよう（要約かつ意訳した）。

村々風俗その外の儀につき御触書（天保13年9月9日）　水野越前守より

百姓については、粗末な服を着て髪も藁で束ねるのが古来のしきたりだが、近来は奢りが過ぎ、身分不相応な着物を着て、髪も油元結を使うだけでなく、流行の風俗を学んだりしている。その外、雨具も蓑笠だけを使うことになっているのに傘合羽《かっぱ》を使っている。その余のことも万事が同様であり、無駄な費用をかけ、先祖からの田畑を人手に渡したりして嘆かわしいことである。

そもそも、百姓が仕事の余暇に酒食を楽しんだり商売をしたり、また湯屋や髪結いに行ったりするのは近年のことで、自然、若者たちがよからぬ道に入り、「柔弱且放埓《ほうらつ》」になる原因になっている。昔からの風儀を忘れず、すべて質素にして農業に精励することが肝要である。（以下略）

このような禁令も時流には逆らえず、結局、改革は失敗に終わっている。さて、このような御触れが出れば庶民も黙ってはいない。表だっての反抗はできないが、そこは庶民の知恵で、次のような『虫の掟』と題する一文をものして幕府の政策を皮肉った。原文はやや難解なので、現代文に直して紹介する。

虫の掟

このたび諸国へいろいろなことが指示されたゆえ「虫の掟」を定めることにした

一、黄金虫《こがね》は奢りに聞こえるので今後は真鍮虫《しんちゅう》と申すこと。

一、松虫や鈴虫はチンと鳴くにもリンと鳴くにも短く鳴くこと。たとえ秋の武蔵野の夜といえども長鳴きは無用のこと。

一、蜂の住家には奢ったものがあるので、たとえ山蜂といえども平地に小屋をかけ、今後はおとなしくしていること。

一、蜘蛛の家は三間張りを過ぎてはならず、ふしなしの糸を今後は用いてはならない。ただし、今ある古屋はお構いなし。

一、はたおり虫は絹紬《つむぎ》のほか、珍しい織物を用いるのは堅く無用とする。

一、蚊が餅をつくのは去年の半分にすること。とりわけ村々の祭りなどでは慎むこと。

一、蟻の熊野参りを大勢で行くのは無駄な費用がかかるので、今後は少人数でひそかに参ること。

一、蟬の羽衣は今後、麻布を用いること。また小蟬などは地布を着ること。

一、蛍が月夜に灯をともすのは無駄な費えなので、堅く禁止する。
一、毛虫の毛はびろうとと紛らわしいので、今後は毛のないものを着ること。
一、虱《しらみ》が方々の縫い目に大勢の子を産みつけるのは万事に物入りに思われるので、今後は遠慮すること。たとえ三月といえども、花見遊山は無用のこと。

右の趣は、諸国を巡検したうえで、江戸紅葉山《もみじやま》御花畑の根元にて御老虫お立合いの上で堅くご禁制として仰せられたものなので、山々谷々在々処々町々に必ず知らせること。急ぎの際は飛び虫に申し付け、田畑についた虫は追い払って送ること。もし違反した輩があれば、鎌切虫に申し付けて厳しく処罰するものなり。

天保虫年七月　松寿院（以下6名略）

以上が『虫の掟』の全文である。後段の「御老虫」は天保の改革の立役者、老中水野忠邦を指す。

多少の注釈を加えれば、「真鍮」は銅と亜鉛の合金で安価、色だけは金色。「秋の武蔵野」は当時、虫聴きの名所とされており、季節にはたくさんの風流人が訪れた。「長鳴き」は虫の見栄とみなしたのだろう。「山蜂」はスズメバチ類。「ふしなしの糸」は調べきれず、不詳。

「蚊が餅をつく」は、後で紹介する作品にも出る慣用句で、蚊柱（ユスリカ類の集団飛翔：早朝と夕刻に多い）がゆらゆらと上下に浮遊するさまを餅つきにたとえたもの。ちなみに蚊が餅をつくのは雨の前兆とされていた。

「蟻の熊野参り」はたくさんの人がぞろぞろと行くことのたとえで、アリの行列からの連想である。これも後で紹介する作品に出てくる。

「地布」はおそらく「紙布」のことで、紙を縒《よ》った紙糸と麻糸とで織った粗末な布。「びろうと」はビロード、当時は高価な輸入品だった。

「虱」はコロモジラミ（アタマジラミ、ケジラミではない）で、下着の縫い目などに多数の卵を産みつける。現在でもこれらはよく混同されるので、参考までにそれぞれの写真を示しておく（106頁・写真）。
「たとえ三月……花見遊山は無用」とは、当時の慣用句で「花見虱」という語があり、春になるとシラミが活動を始めて這い出してくることをいう。それを下敷きにして「花見は無用」にせよと指示している。ちなみに曲亭馬琴に『花見話虱盛衰記』（1800年）という作品があり、当時はよく読まれたらしく、それを踏まえたのかもしれない。「江戸紅葉山御花畑」の「紅葉山」は江戸城西の丸の北側で、東照宮や書物蔵があり、そこに花畑があったのだろう。

当時の庶民だれでもが大笑いしながらこの諷刺文を楽しんだのだろうと思うが、虫についての知識がなければ、そのおもしろさもわからない。おそらくは現代の人より、江戸時代の人びとの方がずっとこれらの虫が身近だったように思われる。

この『虫の掟』は、動植物書の大蔵書家であった故・植村茂（号・山六学人）が所蔵[6]しており、同氏が雑誌に紹介

コロモジラミ（下着の内側に寄生）

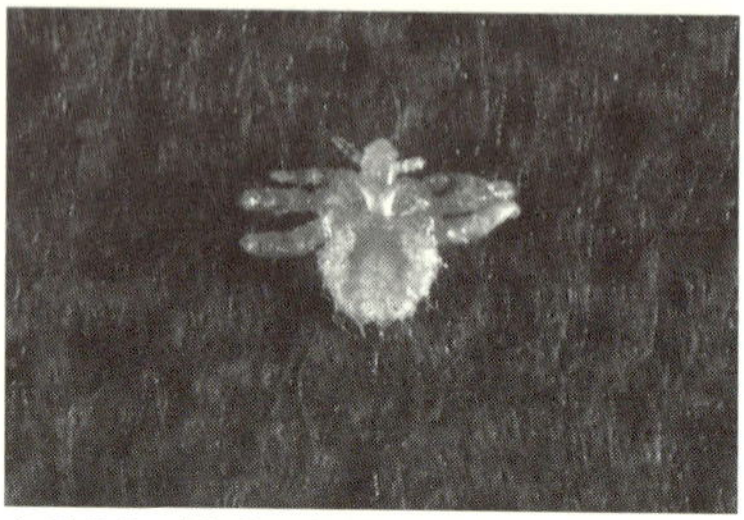
ケジラミ（陰毛に寄生）

コロモジラミの卵（楕円形のもの）

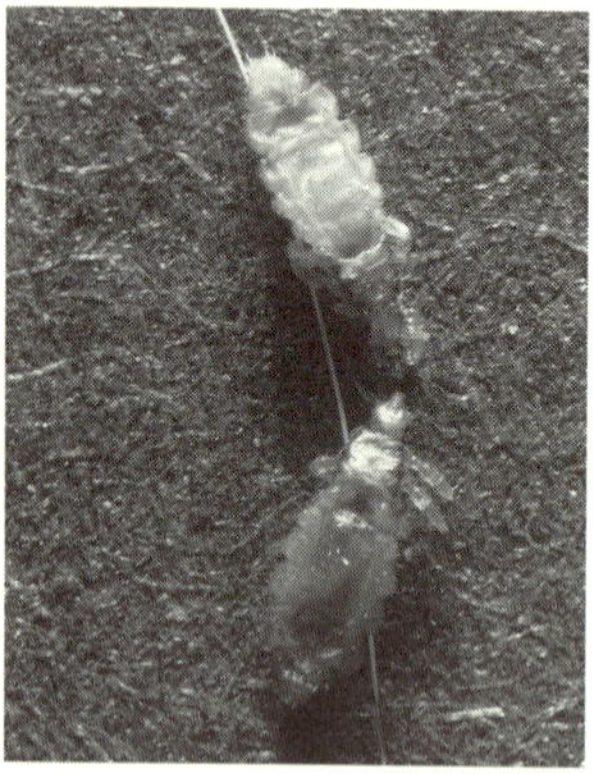
アタマジラミ（頭髪に寄生）

したもののみが知られている。おそらく一枚刷りで、同氏は「河内国道明寺版」としているが、発表された範囲では書誌的事項は不明である。もちろん作者はわからない。

横井也有「鳥獣魚虫の掟」

作者の横井也有（1702〜1783年）は著名な俳人で、尾張藩の高官である。句集、連歌集、狂歌集、俳文集、漢詩集など、広範な分野の著作がある。主著は俳文集『鶉衣《うずらごろも》』（1787年）シリーズで、昆虫文学の傑作「百虫譜」が『鶉衣後編』（1788年）にある。ここに紹介する「鳥獣魚虫の掟」は『鶉衣拾遺』（1823年）に収められている。

前記の『虫の掟』と同工異曲の作品だが、年代的にはこの方が古い。『虫の掟』がこの作品のアイデアを模倣した可能性もあるが、当時は人間社会を動物（禽獣魚介）になぞらえた戯文が少なからず作られていたようなので、一般的な手法だったのかもしれない。

以下に本文[2]を紹介するにあたり、送り仮名を加え、候《そうろう》文独特の表記は読み下し文に改めるなど、若干の改変を加えた。紹介するのは全体のうち「虫」の部分で、「鳥獣魚」は省略した。

鳥獣魚虫の掟

世上困窮につき、今般鳥獣並びに虫のともがらへ一統の簡略を申し付け候。その外、行作《ぎょうさ》悪しき品相改め申し渡し候。左の条々急度《きっと》相守り申すべき事。

一、蟬、すずしの羽織を着候事、過分の至りに候。向後は横麻一羽ぬきに仕替《しかえ》申すべき事。

一、松虫鈴虫のともがら、籠のうちにて砂糖水を好み、奢りの沙汰に候。向後は野山の通り、露ばかりにて精出し鳴き申すべき事。

一、蟻、塔を組み候事、自身の功を以て建立致し候は苦しからず候。寄進奉加等、頼み候儀は一切致すまじく候。且つまた、熊野へ参り候に、大勢連れにて無益の事に候。已後《いご》は二三人ずつひま次第に参り申すべき事。

一、蛍、夜中火を燈し飛行候事、町々家込みの所は火のもと気遣わしく候えば、遠慮致すべく候。池川田地等の水辺はくるしからず候事。

一、蜘蛛、御領地の内においてみだりに網をはり、諸虫を捕え候事不届きの至りに候。以後は其場所相応の運上さし上げ申すべき事。但し、蠅とり蜘蛛は運上に及ばざる事。

一、蜜蜂の小便高価に売り候由、諸方の痛みになり、よろしからず候。向後は世間一統に、只米六舛ほどの積を以て相はらい申すべき事。

一、蟷螂《かまきり》、己《おのれ》が短慮の我慢にまかせ、斧を以て諸虫を殺害致し不届き千万に候。向後はむね打をも一切致すまじき事。

（中略）

右の条々かたく相守り申すべく候。忽《ゆるがせ》に心得違いこれあるやからこれあるにおいては急度咎め申し付べく候。品により蟻の町代組頭まで越度《おつど》たるべく候。

宝暦九卯七月

注釈を加えれば、「行作」は「ふるまい」、「一統」は「おしなべて」の意、羽織」、「横麻」は「麻と絹で織った織物」、「一羽」は「一着」の意で遊里の言葉、「ぬき」は「脱ぎ」の意らしいが不詳、「仕替」は「やりなおすこと」で同じく遊里言葉、「運上」は「税金」、「蜜蜂の小便」は「蜂蜜」、「六舛ほどの積」は「六桝ほどの量」、「むね打」は「みね打ち」。

後書きにある「越度」は当時、目安状（訴状）の裏面に書かれた召喚状に使われた言葉で、この場合は「出頭」という意味だろう。

冒頭に「世上困窮につき……一統の簡略」とあるから世相や政治を意識したのだろうが、さすが風流人の也有の作だけに露骨な皮肉は感じられず、洗練された諧謔風味の作品になっている。庶民が悩まされたであろうノミ・シラミ・蚊には触れておらず、虫の戯文のなかでもいちばん上品な作品かもしれない。作者は尾張藩の高級藩士だから政治批判などできる立場ではないし、ノミなどにも縁がない生活だったのだろう。そういう人物が遊里言葉を交えたりしているのも人柄がしのばれて興味深い。

「松虫鈴虫」が「砂糖水」を好むのは贅沢だ、といっているが、当時の飼育法で砂糖水を与えるというのは新知見かもしれない。かつて筆者は江戸時代の昆虫飼育法を調べたことがあるが[7]、水や果物の例はあっても砂糖水に触れたものは見あたらなかった。

「蟻」の条で「塔を組み候事」とあるのは、アリが巣を作るのに巣穴の周辺に土の細片を積み上げたさまをいっている。自分の稼ぎで塔を建てるのは構わないが、「寄進奉加等」によって他人から金を集めて建てるのは禁止だという。当時はその方法で資金集めをすることが多かったのだろう。「熊野参り」がまた出てくるが、前記『虫の掟』と同じ発想である。

作者不詳『洗濯所より蚤虱蚊どもへ御申出の事』

この作品は人間社会になぞらえて、「洗濯所」（奉行所）からノミ・シラミ・蚊に対し、人の迷惑にならぬように「渡世」するよう申し渡した文と、それにノミ・シラミ・蚊が手加減を願って返答した文からなる戯文（滑稽文）である。

　成立年代は不詳で、江崎[2]は「遅くとも寛政頃には出たものであろう」と推定している。寛政年間とすれば１７８９年から１８０１年の頃になる。江崎に簡単な解説があるが、昆虫関係の分野で全文が紹介されたことはないと思う[3]。筆者が知る限りでは、虫の戯文・滑稽文のなかではいちばんの傑作ではないかと考えている。

　また、昆虫文化史の資料、とりわけ衛生害虫の防除技術史の好資料にもなっている。

　以下に出典[8]のまま全文を紹介するが、仮名（または漢字）を漢字（または仮名）に、候文を読み下し文に改めるなど、多少の改変を施した。底本に用いた活字本に誤植がある可能性があり、その部分は〈○？〉で推定、表記した。


洗濯所より蚤虱蚊どもへ御申出の事並びに虫三ヶ

仲間より洗濯所へ願出る事

洗濯所より御申出しの事

一、しらみ共の義は、先年相あし〈ら?〉ため申し置き候通り、不実商売、その外非人無精者などに取り付き渡世致すべきの所、近年甚だみだりに相成り、貴人高家並びに、どんすちりめんの類、夜着布団又うこん染めの類をはばからず、徘徊致し候段、もっての外に候。その上、春先は花見などと名付け、眷属を召し連れ上這《うわば》い致し候ものども、あまたこれあり、内気者又は女郎などは別して赤面致し候段相聞こえ、甚だ奢りがましく不埒《ふらち》なることに候。これによって前々洗濯所より申し置き候えども、心得違いの者どもこれ有、縫い目をくぐり影を隠し候段、甚だもって不埒なる事候。以来は肌着の裏々は申すに及ばず、端々においてもみだり子を産み付け候事相知れ候わば、虫眼鏡をもって相改め、親虱はもちろん、親類縁者にいたる迄、洗濯所において、煮え湯をかけさせ皆殺しに致すべきものなり。

一、のみ共の義は、冬春は遠慮致し、夏ばかり渡世致すはずの所、近年甚だみだりに相成り、四季の差別なく飛び歩き、寒中よりかゆがらせ候段、しらみ同様に紛らわしく、不埒至極に候。別《わ》けて夏は短夜にせせり起し、度々うちつかせ候段、我儘なる事に候。前々相触れ候え共、其節は足早に飛び歩き、畳のへり、或いは敷合せなどに影を隠し候事、決して致すまじく候。もし右ていの者どもこれ有においては、早速指先にて押え取り、木枕の上にてぱっちりといわすべきものなり。

一、蚊共の義は、野省〈生?〉貧家の者ども並びに、蚊帳の外なるうたた寝の者どもにとまり、渡世致すはずの所、近年甚だみだりに相成り、蚊帳の破れはもちろん、安蚊帳など布の目あらきを考え忍び入り、病人等をもいとわず喰らい候ゆえ、其あくしゅつと相成り、難儀の者あまたこれ有、別けて老人子供昼寝致しい候を考え、白昼働き候事、さてさて不埒に候。前々は耳もとへ断りの上とまりて渡世致し候事ゆえ、そのままに差し置き候所、近頃は何の断りこれなく、音なしに足先にとまり、存分の働き致し候。其上大勢申合せ、昼早々より辻々にて踊りを催し、散らし模様の浴衣など一様にこしらえ、踊りに長し諸人に行き当たり、あまつさえ大道にて餅をつく事、他をはばからず、大仰なる致し方、もっての外なる義候。以来夕涼み致し候場所並びに往来の妨げ相成り申さずよう、前々の通りぼうふり虫の心を忘れず、穏便に渡世致すべく候。もし違背の者ども之有るに於ては、渋団扇《うちわ》おが屑榧《かや》の木を以ていぶし、残らず追出すべきものなり。

　　蚤取元年蚊五月
　　洗濯所　藁灰煮《わらばいにえ》灰汁《あく》　判
　　　虫三ヶ仲間の者へ

以上が「洗濯所」から「虫三ヶ仲間」への申し渡し文で、「洗濯所」とはもちろん奉行所のもじりである。

　シラミの条にある「どんすちりめん」は「緞子縮緬」で、金持ちが用いた高級品。シラミなどが近寄れる品ではない。「うこん染め」は染料のウコン（鬱金）で染めた品。当時、ウコンには防虫効果があるとされており、本来ならシラミは憚らねばならない。

「花見」云々は前記『虫の掟』を参照。「上這い」は「表面に出歩く」の意。なお『虫の掟』と同じく、このシラミはコロモジラミで、「肌着の裏々は申すに及ばず……」の条はその生態を活写している。コロモジラミを殺すのに「煮え湯」をかけると脅しているが、近年でも、衣類を鍋で煮て駆除するのは戦中戦後のシラミを知る世代には常套手段だった。

　ノミの条に、本来は「夏ばかり渡世致すはず」なのが「四季の差別なく飛び歩」くようになったのはけしからん、という意味の文があるが、当時のヒトノミにそういう活動性の変化があったとしたら興味

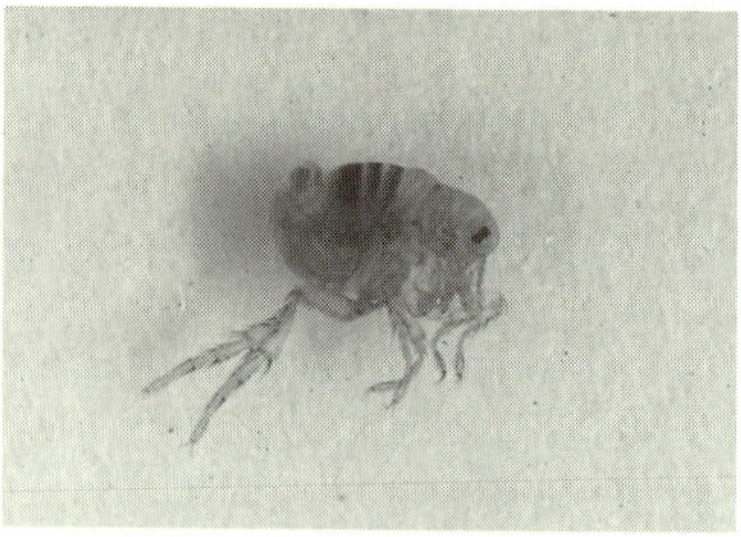
ヒトノミ（1950年に東京で採集されたもの）

深い。事実は確かめようもないのだが、ヒト依存性の寄生性昆虫にはありそうなことだからである。ちなみに現在、ヒトノミ（写真）はわが国ではほぼ絶滅している（多いのはネコノミ）。

文中、「せせり」は「つつく」の意。「つつく」で連想するのは、清少納言『枕草子』（10世紀末）の「憎きもの」の段にあるノミの描写で、「蚤もいと憎し。衣の下におどりありきて、もたぐるようにする」という一節である。平安時代の才女もお肌をせせられたらしい。ちなみにセセリチョウの名は「（花を）せせる」に由来するという。「うちつかせ」は未詳、適切な訳語をみつけられなかった。文末の「ぱっちりといわす」は、爪でノミを押し潰すとプチッと音がするのを踏まえての脅しである。

蚊の条で、「野省」はおそらく「野生」で、「田舎者」「粗野な生まれ」の意。「あくしゅつ」は出典のままだが、未詳。

野暮を承知で解説を加えれば、「昼早々より辻々にて踊りを催し」以下「大道にて餅をつく」云々まではユスリカ類（無吸血性）の蚊柱（『虫の掟』注釈参照）を描写している。吸血性の蚊が蚊柱をつくることはなく、ユスリカ類と吸血性の蚊を混同している。その吸血性の蚊にも混同がありそうで、「耳元へ断りの上」は、夜、耳元で羽音をたてる蚊だが、これはアカイエカなどイエカ類の特徴である。「何の断りこれなく、音なしに足先にとま」って吸血するのはヒトスジシマカなどヤブカ類と考えるのが自然だろう。現在、都市で増えているのはヒトスジシマカなのだが、当時からそういう傾向があったのだろうか。

「ぼうふり虫の心を忘れず」は「初心を忘れず」の意。「渋団扇おが屑榧の木」はいずれも蚊の防除手段で、「おが屑」「榧の木」は燃やした煙で蚊を追い払った。

文末の奉行名「藁灰煮灰汁《わらばいにえあく》」は、現在でいえば洗濯洗剤で、当時は藁を焼いた灰に水を加え、それを煮た「煮灰汁」を洗剤に使っていた。

以上が洗濯所からの申し渡し文なのだが、これを受け取った「虫三ヶ仲間」は、手加減してくれるよう次のような願い出の口上書を差し出した。

乍恐《おそれながら》奉願上《ねがいあげたてまつり》候三ヶ仲間より口上書

一、蚤仲間の義は、昔、垂仁天皇の京相撲に召出されたる出雲の国の野見《のみ》の宿禰《すくね》の末葉にて御座候。昔、四月に相撲御叡覧これ有候。その縁により蚤の四月と御免をこうむり、それより秋の頃まで貴賤上下のへだてなく渡世仕り候えども、一切胴欲なる義は仕らず候に付き、あとあとのさわりは少しもこれ無く候。近頃、諸人、のみ取りと申す道具をこしらえ、とりもちをもって我々仲間の者共からめ取られ候段、千万嘆かわしく存じ候。この義を御差し止め下され候わば、以後は長逗留も仕らず、夏季ばかり渡世仕り候。なお又着類御振いの節、きっと立ち退き申す可く候。

一、虱仲間の義は、系図もこれ無き者のように相成り候え共、先祖は葛城の神の後胤、曙の東雲《しののめ》と申す者の末葉なり。今に夜明けごとに東しらみと唱え候事かくれ無く御座候。然れば冬ばかりの渡世に限らず、又貴賤のへだても有まじく候所、貴人はうこん染めを御召になり候ゆえ、一切立寄り申さず候。下々ばかりへ入り込む渡世仕り候所に、近頃はうせひもと申す水かねの毒薬をもって、六十日が間我々子孫の根を断ち候事、甚だ難渋に候。仰せ渡され候事、めいめいきっと相守り候間、何とぞうせひもの義、御差し留なし下され候よう御願奉り申上げ候。

一、蚊仲間の義は、在辺へ参り渡世仕り候て、町内へ参り候者は、いささかの事に御座候。何方にても蚊帳めん帳し帳などを釣り用心厳しく候えば、なかなか立寄りがたく候。蚊帳の目をくぐり候事など毛頭これ無く候。蚊帳めん帳のほとりを往来の節、ぬいめふくろび御座候えば、それよりしのび入り候事は、喰わねが悲しさの出来心にて御座候。又病人子供衆などは介抱人うちわをもって征討致され候えば、たやすく立寄候儀なりがたく、介抱人の眠りの油断ゆえ出来心にてせせり候事も御座候。又辻々にて踊りを仕候事、お叱りに預り候。これは私共下組仲間にて、藪にて渡世仕候処、近頃所々に藪にしねんこうと申す病はやり、住家なきゆえ白昼にも小暗き所を考え、飢をしのぎ候。又たそがれに餅をつき候事は、近来御城下町々にては榧の木おが屑等をあまた売あるき候。専《もっぱら》これを求め家々にくすべ候ゆえ、一向家の内へ立寄り候事相成りがたく候に付、犬さえ喰わぬ夏の餅をつき身命をつなぎ申候。三ヶ仲間の者共仰せわたさられ候趣、かたく相守り申候間、何とぞ蚊いぶし売、取りもち、うせひも、右三品を御差し留め仰せつけ下さり候わば、やりがのため蚊がしら千本、しらみの皮五百枚、のみのきん玉百五十斤、並びに割斧二丁毎年遅滞なく差上げ奉り候間、右の段後聞届けなし下され候わば、ありがたく存じ奉り候。以上。

蚤取元年蚊五月

たたみや町筋ほこり町　蚤仲間総代

一足屋飛助　判

せすじ町千じゅかんのんまえ

虱仲間総代　麦つぶや清九郎　判

ため水町　蚊仲間総代　棒ふりや虫之助　判

幼少に付　大どぶのはた代理

倉かりや文右衛門　判

御洗濯所様

以上が「虫三ヶ仲間」から差し出しの、手加減を願った「口上書」である。わかりにくい言葉や表現について、ノミ、シラミ、蚊に分けて注釈を加えておく。

ノミの条で、「野見の宿禰」は力士の祖。「野見」に「蚤」を掛け、宿禰の末裔だと主張している。「のみ取りと申す道具」は図のような道具で、細長

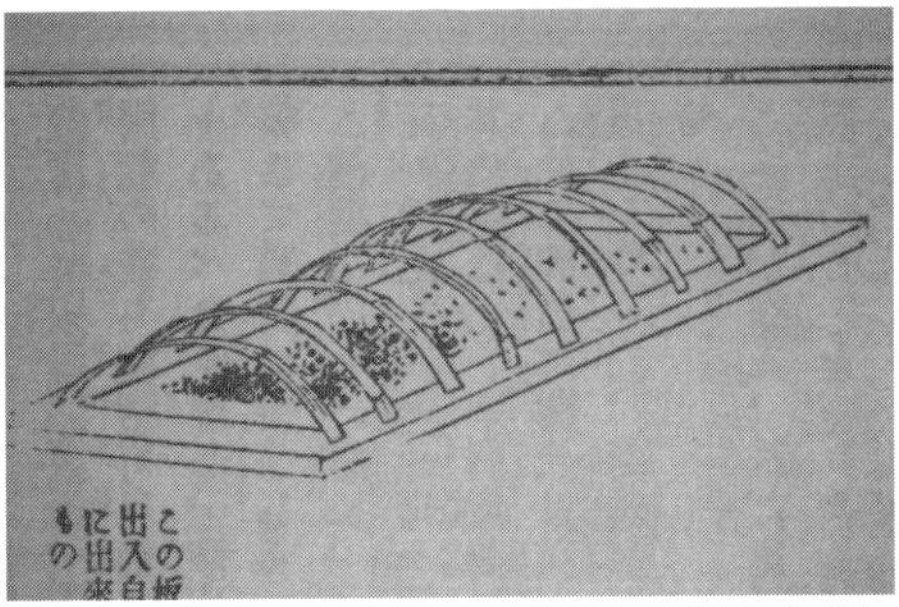
蚤取りの道具（「風俗画報」346号、1906年から転載）

い板の上に半円状に竹ひごを並べ、板にはトリモチが塗ってある。これを寝具の中に入れておくとノミがモチに捕らえられるという、江戸版のナントカホイホイである。明治時代まで使われており、かなり効果があったらしい。「着類」は「着物」の意、着物をふるってもらえば必ず立ち退くと約束している。

　シラミの口上はちょっとややこしい。先祖の先祖は「葛城の神」で、その血を引く者だと主張している。「葛城の神」は一言主神《ひとことぬしのかみ》で、この神は容貌が醜いのを恥じ、山と山の間に橋を架けるのに夜だけ仕事をしたという伝説がある。それで江戸時代には、昼間や明るいところを恥じたりするたとえに「葛城の神」が使われており、シラミが肌着の内側（暗いところ）で仕事をするのになぞらえている。「曙の東雲」は作者の創作で、これに続く「夜明けごとに東しらみと唱え候」につなげるための架空の名。つまり「先祖が曙の東雲なのだから、今でも毎朝〝東の空が白み〟というではないか」という屁理屈である。

　「うせひも」は「虱失せ紐」のことで、シラミ駆除に広く使われた。木綿の紐に「軽粉《けいふん》」が糊づけしてあり、それを素肌に巻いて用いた。軽粉の主成分は塩化第一水銀（甘汞《かんこう》）であり、毒性が強いだけに卓効があった。芝金杉の「鍋屋」と小伝馬町の「幸手《さって》屋」の製品が有名で、後者は明治後年まで売っていたらしいが、毒性が強いので後に販売禁止になったという。「六十日が間我々子孫の根を断ち」とは「うせひも」の有効期間が60日程度だったことに由来する。余談だが、古い「うせひも」をそのまま締めていたら紐にシラミが産卵したという、明治の薬学者の懐旧談がある。なお、軽粉ではなくビャクブ（百部：薬用植物）を用いた「うせひも」もあったらしい。
蚊の条は難しいヒネリはない。「在辺」は「田舎」、「いささか」は「たまたま」。「蚊帳めん帳し帳」の「蚊帳」は麻布で、「めん帳」は木綿（「綿帳」）、「し帳」は紙の蚊帳（「紙帳」）。「ふくろび」は「ほころび」。

「藪にしねんこうと申す病はやり」の「しねんこう」は「自然粳《じねんこう》」のことで、本来はタケになる実をいう。実のなったタケは枯れるため、竹藪がなくなってしまい、困ったヤブカが「住家なきゆえ白昼にも小暗き所を考え」、外で踊りを踊っていたという言い訳である。確かに竹藪はヤブカ類の昼のひそみ場所だが、踊りを踊ったり餅をついたりするのはユスリカ類である。

文末の部分で、「やりが」は不詳、「蚊がしら」は鮎釣り用の疑似餌（毛針）のこと、「しらみの皮」は当時の慣用句で金銭に細かく貪欲なことをいう。「のみのきん玉」は「ノミの心臓」と同じく小さなことのたとえだろう。「割斧二丁」は何か意味があると思うのだが、調べがつかない。当時、小さなことの処理を大袈裟にやることを「しらみの皮を鉈《なた》で剝く」と表現した由なので、それを踏まえての「斧」かもしれない。

口上書は連名で出されているが、「千じゅかんのん」は「千手観音」でコロモジラミの異称、その姿（106頁・写真左上）が千手観音に似ているのが由来である。「棒ふり」は「ボウフラ」のことで、当時は「棒振り虫」とも呼んだ。

害虫の防除技術史の面では、この作品から「蚊いぶし、取りもち、うせひも」が虫の大敵、つまり代表的・効果的な防除方法だったことがわかる。いずれも史的には知られた方法だが、どの程度に一般的だったのかはこのような作品がなければ読み取れない。資料性という点では他にもあるが、煩瑣になるので省略する。

この作品は相当に流布したらしく、江崎[2]は「四種の刊本異本と古写本を所持」していたという。書誌の定番、『（補訂版）国書総目録』[9]にも複数が載っているし、写本は古書展にもときどき出現する。本文には異同が多いはずで、いずれどなたか校訂版をつくっていただけないものかと身勝手ながら考えている。

なお、どうやらこの作品は古い上方の落し噺に起源があるらしい。たぶん、噺（あるいは噺本）の方が古く、この作品はその後の版行ではないかと思うのだが、いずれ調べてみたいことのひとつである。

明治の少年文学

前に紹介した『虫の掟』は幕政に対する庶民の風刺だが、明治前半期にも政治に対する意見などを虫に仮託した作品がいくつかある。江崎[2]の表現を借りれば「政治等に関する慷慨的議論を叙述」したもので、服部応賀『虫類大議論』（1874年）、笹の家すずめ『変窟《へんくつ》蟻之世界』（1890年：**写真**）などの作品である。

『変窟蟻之世界』は明治23年（1890年）の国会開設、第1回帝国議会開会を背景にしており、アリが「蟻院」を開設してさまざまな議案を審議する場面から始まっている。その「議案第一類　法律の部」では、

第一項　凡《およそ》人類の棲息なす所に這込たる者は終身外界禁足罪に処す。特に富貴権門を撰んで之を為したる者は一等を加え、仙境長夜一期以上外界放逐罪に処す。

という法案が審議されている。閉会後に退場する議員の心の内が「己《おのれ》は何にしろ九尺二間斗《ばか》りの城郭の主より茲《ここ》に到て忽《たちまち》集蟻院議員と成済《なりすま》したることなれば、なんだか無暗《むやみ》に嬉くて……」という調子で描写される。これは国会議員の心情をアリに託した

『変窟蟻之世界』表紙

風刺だろう。ちなみに「九尺二間斗りの城郭」とはアリの巣のことである。

これらの作品は、人間以外の生き物に託して政治などを戯画化、風刺するという点で江戸時代の手法を踏襲しており、その流れは現代にまで及んでいる。たとえば北杜夫『高みの見物』(1965年)が好例であり、ゴキブリの目を通して人間社会を風刺している。このような作品は昆虫文学の正統派ともいえるだろう。

しかし、人と虫との関係を史的にとらえる資料として考えると、明治以降の「正統派昆虫文学」には資料性が薄いように感じられる。とりわけ明治という学問黎明期の時代にあっては、これまでほとんど注目されていない少年(少女)向きの読み物に、むしろその重要性があるのではないだろうか。

この「重要性」は文化史というより昆虫学史の資料としての重要性なのだが、昆虫に関わる知識の普及、また昆虫に対する興味の喚起に果たした少年向き読み物の役割には注目すべきものがあると思う。昆虫少年が長じてのち、プロの研究者になった例は枚挙にいとまがないが、その昆虫少年を育成するのに大きな役割を果たしたのが、当時の少年向き読み物ではないかと思えるのである。プロになるか否かは別としても、昆虫知識や昆虫趣味の普及にあずかった役割は十分に評価すべきだろう。

そのような作品のひとつに、雑誌「小国民」(1889~1895年:以後「少国民」と改題)に連載された、「虫国議会」(作者不詳)がある。これは明治24年(1891年)から翌25年にかけて25回連載されており、虫が議会を開くという趣向は従前の作品と同じだが、目的は昆虫に関わる知識を学ばせることにあった。

内容の一例を紹介すれば、第20回虫国議会(第4年16号掲載)ではカマキリの卵嚢の正体が議題になるのだが、質問提出者は「豹脚縞夫《やぶかしまお》」、以下のように議論が進む。

「吾々、原野を散歩いたしますと、樹の小枝に、海綿のやうな、焼麩のやうなもので、蚕の繭位の物が付てをるのを見かけますが、これは何物なるか研究いたしたく存じます」。田亀《たがめ》泥哉《どろや》、大剪刀《おおはさみ》を揮《ふる》いながら、「其研究は何の仔細が入りませう。彼は猿の麺麭《パン》でござります」。鼠螽《いなご》健脚《けんきゃく》、これを駁《ばく》し、「田亀君は水の中の動物丈《だ》け、原野のことについては御存じがござりません。本虫は、蛇の泡の固まつたものと思ひます」。赤蚤《あかのみ》飛吉《とびきち》、ヒョンヒョン飛び出し、「本虫、嘗《かつ》て動物学士の宅に寄宿するとき、主人の説を聞いてをりました。只今諸君の議せらるるは、蟷螂《かまきり》の巣とぞんじます。此塊を、指のさきにて一層づつ剝いでみれば、其中に、菖蒲の実を破つて種子を見る時のやうに、小粒のものがあります。これが蟷螂の卵でありまして、此卵が孵れば、小蟷螂がゾロゾロ列を作つて出かけます」。

明治の昆虫少年、「甲虫博士」と「胡蝶狂生」（『理科春秋』1890年より）

その後、蝗虫《いなむし》如雲《じょうん》、蛉蜊《こおろぎ》閻魔《えんま》などという議員が登壇して議論をたたかわせ、最後は起立で採決をとり、結局は「カマキリの卵」という結論になる。他の回では、「へひり虫（ミイデラゴミムシ）の凶器撤去の件」、「このはかまきり（コノハムシ）が木の葉と間違へさせる非行」などが議題になったりしている。これはいま読んでもおもしろいが、当時の虫好き少年も夢中で読んだのではないだろうか。

また、文学の範疇ではないが、当時（明治20年代）の少年雑誌は、この「小国民」をはじめ、「少年文武」「少年園」などが昆虫の解説記事や昆虫採集を勧める記事を盛んに掲載している。[10]

最後に、昆虫採集という営為が「おもしろくて為になる趣味」「勉強の一環」と初めて社会的に認知された、古き良き時代の昆虫少年の姿を紹介しておこう（119頁・図）。これは中川重麗『理科春秋』（張弛館、1890年）という少年読み物にある挿絵である。

〈注釈〉

（1）昆虫文学のアンソロジーには、他に串田孫一編『日本の名随筆・35、虫』（作品社、1985年）がある。

（2）『鶉衣』の活字版は岩波文庫版をはじめ多数ある。ここでは「日本名著全集」の『俳文俳句集』（日本名著全集刊行会、1928年）を用いた。

（3）井上ひさし『東慶寺花だより』（文春文庫、2013年）に、ほぼ全文が井上流解釈で使われている。また似た作品が次の報文に紹介されている。若林喜三郎「三虫御縮《おしま》りの書」、「日本歴史」437号、1984。この報文では歴史学者の立場から興味深い解説がなされている。

〈参考・引用文献〉

［1］田中誠「文学や昔話と昆虫」、「遺伝」54巻2号、2000

［2］江崎悌三「日本の昆虫文学」、『江崎悌三著作集（第2巻）』所収、思索社、1984

［3］小西正泰「文学」、三橋淳編『昆虫学大事典』、朝倉書店、2003　小西正泰『虫の文化史』、朝日新聞社（朝日選書）、1992　ほか

［4］奥本大三郎『百虫譜』、平凡社（平凡社ライブラリー）、1994

［5］児玉幸多・大石慎三郎編『近世農政史料集（二）、江戸幕府法令・下』、吉川弘文館、1968

［6］植村茂「河内国道明寺版「虫の掟」」、「虫塚」創刊号、1962

［7］田中誠「江戸時代の昆虫飼育法」、「インセクタリゥム」24巻9号、1987

［8］石井研堂編『（校訂）万物滑稽合戦記』（続帝国文庫）、博文館、1901。この文献では作品名が編者仮称で「蚤虱蚊狂言」となっているが、ここでは本文見出し（内題）を作品名にした。

［9］岩波書店『（補訂版）国書総目録、第五巻』、1990。異名本が他の巻にもある。

［10］田中誠「明治の子供と昆虫採集」、「インセクタリゥム」29巻1号、1992

第５章

昆虫鑑賞

～鳴く虫を楽しむ～

加納康嗣

鳴く虫を飼って声を楽しむ

美しい虫の声を聞いて、身近に置いて鳴き声を楽しみたいという心情は人類共通のものであろう。「鳴く虫文化」が発達した中国や日本、ドイツ以外でもいくつかの国で記録が残っている。

ラフカディオ・ハーンは随筆「虫の音楽家」（『小泉八雲文集第四編』、北星堂書店）の末尾で、日本人と古代ギリシャ人とは自然に対する感性が現代西洋人よりはるかに優れていると述べている。ギリシャ語圏の詩人、シチリア島シュラクサイのテオクリトスは紀元前282年頃に書いた『牧歌』（古澤ゆう子訳、京都大学学術出版会）の「第一歌　テュルシス」の中で「少年はツルボランと藺草《いぐさ》を組みあわせみごとな虫籠を編んで」と詠っている。

2~3世紀の作家ロンゴスの『ダフニスとクロエー』（松平千秋訳、岩波書店）や他のギリシャ詩人のエピグラム（寸鉄詩：鋭い機知と風刺を込めた短い詩のこと）にもクリケット（コオロギ）やブッシュクリケット（コオロギ）をペットとして捕まえて飼うことが語られている。古代ギリシャの虫を飼う風習はエピグラムから紀元前400年まで遡ることができる。

ギリシャのペロポネソスで1975年に使われていた虫籠が、ドイツ・ハンブルク大学動物博物館に蒐集されている。日本の麦藁の蛍籠によく似た円錐形のねじれた網籠で、大麦の茎を平たくして編んである。はじめセミを入れるものと思われていたが、今ではコオロギやキリギリス類を入れるものと確信されている。ヨーロッパの子どもたちは、古くからコオロギやキリギリスを籠や袋に飼い、その鳴き声を楽しんだようだ。

イタリアのフィレンツェのコオロギフェスタは歴史があって有名である。毎年のように、キリスト昇天祭（復活祭の後40日目）には、カスチィーネ公園でフタホシコオロギとノハラコオロギ Gryllus campestris が売られている。木や針金など様々な材料でできた容器に入れられたコオロギは、春や収穫のシンボルとして幸せを運んでくると信じられ、子どもだけでなく大人まで買ってきて、虫籠を窓につるす。暖かい夜にはたくさんのコオロギのさえずる声が聞こえてくる。北部ヴェローナでも1968年まで売られていたが、籠は簡単なプラスチックで作られていた。[1]

スペインでは、19世紀後半に「流行に敏感な人々が—現地の言葉でグリリヨ（Gryllo）をグリラリアと呼ばれる籠に入れ歌を楽しんでいた。カナリアと同様、ミサの間に歌わせるように教会でも飼われていた。」という。グリリヨは名前から明らかにコオロギである。[2,3]

ヨーロッパ以外の証例もいくつかある。

トマス・ムーフェットの「昆虫の劇場」（もとはルネッサンス期にラテン語で書かれた。）によれば、アフリカではコオロギは高価な値段で取引されたという。鳴き声を眠る際のバックグラウンドミュージック替わりに用いたのである。[4]

H.W.ベイツは『アマゾン河の博物学者』（長澤純夫・大曾根静香訳、平凡社）の中で、原住民がキリギリス類を柳のような樹の小枝で編んだ虫籠に入れて、鳴き声を楽しむために飼うと述べている。場所はマナオスの東オビドス近郊である。非常に甲高い、村の隅々まで響きわたるような声で、ターナーナー、ターナーナーと、ちょっと間をおいて繰り返される。先住民はこの鳴き声をそのままこの虫の名前にしてタナナと呼んでいるという。ヒラタツユムシ科の一種 Thliboscelus hypericifolius であろう。

H.E.エヴァンズは『虫の惑星』（日高敏隆訳、早川書房）の中で、「アフリカのある地方で、コオロギはいつくしまれていて、その歌には魔力があると信じられている。ジャマイカ島が発見された時、多数のインディアンがコオロギの籠を持ち歩いているのが見られたという。」と述べている。

『南方昆虫紀行』（石井悌著、大和書店）にはフィリピンのトロルカンの話がある。トロルカンはクツワムシよりずっと雄大な感じの黄緑色で、羽が著しく膨れあがっているキリギリス類である。ジャングルの中で、コロコローンと、高い澄んだ声で夕方6時半頃から鳴き始める。声が高く、2㎞ぐらい先でも優に聞こえる。鳴くのは9月頃、紡錘形の極めて原始的な作りの竹籠に入れられて、民家の軒先に吊るされていた。ヒラタツユムシ科の Pseudophyllus teter と思われる。

タイやベトナムにも虫籠があると旅行者から聞いたことがある。

朝鮮の虫籠といわれるものを見る機会があった。一つは、吊り下げる紐のついたそろばん玉の形の堅牢な竹製で、上にシュロ繊維の蓋で塞いだ出入り口がある。もう一つは普通の四角い形の竹ヒゴ製であった。三つ目は京都の朝鮮古美術商の売り物で、ソフトボールを一回り大きくしたような丸いオンギ（素焼きの陶製）の虫入れといわれるものだった。全体が編み目になっている。入り口は底に四角く空けられている。三つとも李朝朝鮮のものと言うが、由来が明らかでない。韓国のバッタ目学者金泰佑《キムティウー》氏に韓国・朝鮮の鳴く虫籠について問い合わせた。

「韓国の鳴く虫を飼うことについてはわずかに実証があるだけである。鳥や昆虫籠の品質に関心がある同僚に問い合わせたところ、一致した意見は、一番目のそろばん型のものは最も朝鮮スタイルに似ているが、しかし今中国雑貨として売られているものに同様のものがある。2番目のものも中国製と思われ、朝鮮スタイルの可能性は少ない。最後のものは陶磁器で虫を背景に持った実例を知らない。昔の朝鮮では竹は一般的でなく、普通に使うには難しい材料だったという認識に至っている。」ということだった。彼は田舎村 Yongin で撮った麦わらで作られた籠の写真を送ってきた。「夏の間我々のご先祖は虫かごに入れられたハネナガキリギリスの情熱的な鳴き声を好んだ。子どもだって簡単に作れるものであった。」と言っている。

この手紙から推測すると朝鮮スタイルの籠は、麦わら製のキリギリス籠であったようだ。麦わらで作られた日本のホタル籠によく似ている。入り口がなく、底のストロー編みをこじ開けて虫を入れる構造になっている。『韓国の手仕事』（田代俊一郎著、晩聲社）には「キリギリスの家」としてこの籠のことが載っている。

「ソウルの大学路の近くにある草藁生活史博物館に

ヨチチブとして展示されている。そこでは作り方講習会も開かれ、指導者である26歳の鄭又永《チョンウヨン》氏の記憶では小学校の校門の前でキリギリスを入れたものを売っていた」と述べている。鳴く虫文化が盛んな中国・日本に挟まれた韓国・朝鮮で「鳴く虫文化」が発達しなかったのはなぜだろうか。検証する価値がある課題である。

ドイツの鳴く虫文化

ドイツの鳴く虫文化の発祥は古く、東洋の影響を受けたのか独自に発達したのかは明らかでないが、ギリシャから虫の声を楽しむ文化が伝わったと考えるのが順当であろう。

オーストリア・ザルツブルクの「コオロギの家」を、日本玩具博物館で見る機会があった。10cm足らずのカラフルな花模様が彩色された木製家形の小函だった。正面の白壁に縦2cmぐらいの小窓があって、取っ手の広い羽子板状の薄板が上から差し込み式にはめ込まれ、窓を塞いでいた。白壁の背面と側面には花模様で縁取られた換気のための丸い穴がいくつか開けられている。コオロギの姿は見えないが、木製で入り口が小さい。ドイツ南部、オーストリア国境地帯は山と湖の多い地方であり、ベルヒテスガーデンやオーバーアマガウなどの都市は木製玩具の生産地として有名である。またチェコ国境地帯のザクセン州エルツゲビルゲ（エルツ山地）も木製玩具産地であるという。「コオロギの家」は子ども玩具の一つとして今も作り続けられている。玩具の材料は、ドイツトウヒ、シナノキ、カエデなどで、各部材に適したものを組み合わせて使っている。

H.W.スメッタンの「家庭音楽家としてのコオロギ・キリギリス類[1]」に基づいてドイツの鳴く虫文化を紹介しよう。

コオロギの家

ノハラコオロギ（ヨーロッパクロコオロギ）は南部に生息し、幼虫越冬で、成熟幼虫や成虫は穴の中で生活する。夏の夜、雄は50m離れたところまで聞こえる声で、ツリッ、ツリッと鳴く。1746年、

ベルヒテスガーデンで販売されているコオロギの家

ヨハン・レーゼル・フォン・ローゼンホフが著書の中でノハラコオロギの声は銀の鈴のようだと述べている。

18世紀末のバイエルン州では市場で、木の切れ端で作った入れ物で売っていた。多くの町にはコオロギの家を売る商人がいた。大人が買ってきて、籠を家の窓際に吊り下げて鳴き声を楽しんだ。この地方の子どもたちは、巣穴に草の茎を突っ込んで追い出して捕まえていた。

18世紀中頃レーゲンスブルクではヨーロッパミヤマクワガタ Lucanus cervus が販売されていた唯一の昆虫だったが、同じバイエルン州ミュンヘンなどいくつかの地方ではコオロギの飼育が確立していた。

最も古いコオロギ飼育の証拠は、ベルヒテスガーデンの木工芸取扱業者による１６５５年の販売品カタログである。このカタログに「コオロギの家」の項目がある。19世紀中頃にバイエルン王国の森林組合事務所は、コオロギの家の簡単な製造法を解説している。5種類の小板で組み立てるが、大きな家では三つか四つの部屋を持ったものもあり、カルテットを開けるように作られているものもある。この製造法をもとに木工師は1日で１８０組を作った。この組み立て法に一致した家は、20世紀前半からベルヒテスガーデンの民俗博物館（アーデルスハイム城）で展示され、販売もされている。ベルヒテスガーデンのコオロギの家はザルツブルグのものより色彩は単純だった（**写真**）。

ヤブキリの家

北部にはノハラコオロギは生息していないためか、声を楽しむためにヨーロッパヤブキリ Tettigonia viridissima が飼われていた。ハンブルクのヤブキリ飼育の古い記録には18世紀末にハンゼシュタットで、緑のヨーロッパヤブキリ（ドイツ語で〝緑の干し草馬〟）が厚紙製の箱で飼育されているとある。

1808年に画家クリストファー・ズーアが描いた両手にヤブキリの家をぶら下げて振り売り声を上げている少年の絵（写真）がある。2本の水平に持った棒に半ダースずつの紙製の箱をぶら下げていた。確実に儲かる商売でないので片手間にやっていたようだ。1880～1890年代頃までハンブルクに売り手がいた。少年は低地ドイツ語の訛りのある韻を踏んだ振り売り声を上げて往来を行き来していた。ハンブルクの小箱はトランプ用の厚紙や模型作り用の紙で作られた。ハンブルクの紙製品商会が製作販売していた見本品の図がある（写真）。これは、約15㎝の高さで、底辺は10㎝四方である。外観は家を模していて、前に上に開く扉があり、横窓はしばしば雲母でできていた。換気のため、横に窓かあるいは屋根に穴を開けた。最後に屋根に紐をつけて、吊り下げるようにした。19世紀中頃ハンブルクでは型紙を買って来て自分で組み立てた。これもコオロギの家のように虫の姿は見えなかった。

ヤブキリを長く鳴かせて飼うために餌に黄色いニ

ハンブルクのヤブキリ売り（19世紀初め）
（H.W.Smettan.2009より）

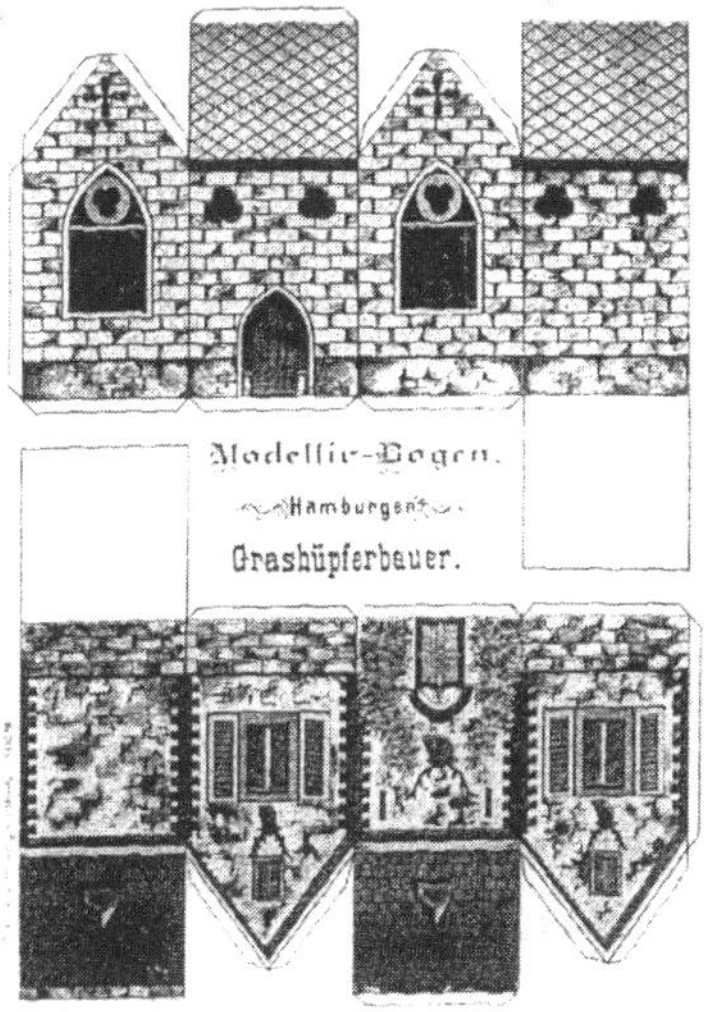

ハンブルクで販売されたヤブキリの家模型用板紙（H.W.Smettan.2009より）

ンジンを削ったものや汁気の多いナシをやった。その方法で人々はクリスマスまで鳴き声を聞くことができた。ヤブキリは7月中旬から10月末まで見られるが、クリスマスまでとは相当長い期間である。

20世紀になる頃、急速にヤブキリ趣味は消滅していった。しかし第一次世界大戦後1930年頃までいくつかの八百屋（野菜屋）で売られていた。発祥の歴史が古いドイツの「鳴く虫文化」ではあるが、現在本国ではすっかり忘れられているようだ。

中国の鳴く虫文化

中国の虫売りの歴史は古い。宋の陶穀（903〜970）は「唐（618〜907）の時代には長安でセミが売られ、女性や子どもがそれを買って虫籠に入れ、窓辺に吊るして鳴き声を楽しんだ。またセミを持ち寄って声の長短を鳴き競わせる競技が発達した。」と「清異録」巻三に書いている。[5]子ども向けにセミ、トンボ、チョウ、糞虫《フンチュウ》を売っていたこともあった。[6]

鳴く虫文化は今も健在である。大都市の花魚鳥市場では多種多様な容器と共にコオロギやキリギリス類が売られている。日本の旅行者が電車やバスの中で虫入れを持つ人々に遭遇し、鳴き声を聞いて驚く機会も多い。

日本の飼育容器と大きく違う点の一つは、保温ができる携帯容器が開発されていることである。北京など寒い北の地方の人々が考えついたものであろう。闘蟋《とうしつ》用に懐に入れて持ち運ぶための小さな壺もあるが、鳴き声を楽しむための携帯用具は、材質やデザインに凝ったものが多く、熱伝導がよい銅や、骨、角、マホガニー、竹筒、ヒョウタン、プラスチック、紙などが使われている。上海など華中で人気の高いクサヒバリ、キンヒバリ、ヤマトヒバリなど小型のヒバリ類用の容器は虫盒《ちゅうごう》と呼ばれ、扁平で上着の胸ポケットにしまえるだけでなくすべてのパーツが分解できる精巧なものまである。

日本の飼育容器と違うもう一点は、形や材質が多様で驚くほど変化に富んでいることである。安松京三は、『昆虫物語』（新思潮社）の中で華北などの農民が作った虫籠を「素朴な農民芸術品」と称えている。それは素材と形に見ることができる。清末、農民たちはコウリャン、柳条、ヨモギ茎、麻茎、ドロ、ヒョウタン、麦藁、竹ヒゴ、竹筒、陶土などを使い、バラエティーに富んだ形のものを作り出した[7]。文革以後、形から「小饅頭」と呼ばれ高粱ガラを薄く裂いたものを編んだ出入り口のない閉じ込め式の籠に、キリギリス類を入れて売る農村出身の虫売りが出ていた。虫はカホクコバネギス（マンシュウキリギリス）Gampsocleis gratiosaやシャントンコバネギス（フクレバネキリギリス）Uvarovites inflatusだった。籠は河北省が大生産地で、北京や上海、蘭州、長沙、昆明などで自転車や天秤棒にそれぞれに虫を入れた数百個の籠を満載して売っていた[6,8]。

闘蟋

蟋蟀《こおろぎ》という言葉が現れるもっとも古い記録は1500年ぐらい前に書かれた「詩経」である。鳴き声を楽しむ風習は8世紀中頃、唐の玄宗の時世〈開元・天宝年間〉に宮廷で始まった。しかし中国の鳴く虫文化を特徴づけるのは何と言っても闘蟋である。中国のコオロギ文化の真髄と言える。闘蟋は天宝年間に貴族の遊びとして始まったとするのが定説となっているが、農民が豊作を祈願して土に穴を掘り、その中でコオロギを闘わせた農業儀礼が起源とする説もある。戦いには一枚の餅が賭けられ、これが月餅の始まりだとも言う。しかしこの農業儀礼説の詳細はわからない。宋代には民間にも広がり、南宋の宰相賈似道《かじどう》はコオロギマニアのバイブルとも呼ばれる「促織経《しょくしょくきょう》」（1265）を著した。唐以来の知識を集大成し、自己の研究成果を合わせて体系的科学的にまとめた世界初めてのコオロギの百科事典である。現物は残っていない。後世いろいろのコオロギ本が発行されるが、どれもこの本を越えることができないと言われている。闘蟋は古典文学や文人の記録にも多く、最近の映画にも登場する。

戦士は雄のツヅレサセコオロギで、賭博にしたこともあって飼い主たちは強い戦士を得るため産地を探索し、戦士の身体的特徴の研究を続けた。また、食事法、入浴法、便秘や冷え症などの病気治療法、減量やトレーニング法、交尾のさせ方、闘い方などの技術の向上に努め、飼育や闘争の用具開発を行い、強いコオロギを得るためにあらゆる知恵と情熱をつぎ込んでいる。現在出版されている飼育や闘争テクニックに関する多数の書籍の中に[6、7、8、9、10、11、12、及び「昆虫物語」前出]、100頭のコオロギ将軍のプロフィール図鑑や108手の絶妙な技図鑑などまである。

闘蟋は台湾、インドネシアにもあり、飼育方法や用具類は中国と違っている。戦士にフタホシコオロギが使われている[13、14]。イギリスにも伝搬したというが確かなことはわからない。

コオロギを闘わせる遊びは日本にもわずかながら伝聞記録がある。

三重県志摩の波切と山口県にコオロギを闘わせる遊びがあった。波切では雨戸の敷居の溝で勝負させたという。波切は8月末頃からツヅレサセコオロギを、山口は麦の黄ばむ頃、タンボコオロギを使って遊んだという[15]。筆者も1971年（昭和46年）頃、志摩の布施田で子どもがやっていた同じような遊びについて詳しく聴いたことがある。丸い底の深い弁当箱のような曲げ物に、2頭のエンマコオロギを放り込んで闘わせる。2頭の雄の「キリキリ」をおにぎりを握るように掌《てのひら》を十字に組んだ中に入れ、カラカラと振ってから素早く容器に放り込む。驚いた2頭は興奮し、バタバタとはいずり回り、鉢合わせをするとすぐに喧嘩を始める。勝ったものはキリキリと勝ちどきを上げる。子どもたちは強い「キリキリ」を捕まえようと、田圃のボウシ（稲藁積み）をひっくり返す。アカシャを求めて必死になる。アカシャは体全体が赤っぽいのが特徴である。昔は賭博に使ったこともあるようで、大町文衛は1952年（昭和27年）現在中止されているという。エンマコオロギは大型で、どこでも数は多く、目立つので捕まえやすい。その上喧嘩をすると派手で面白い。子どもが遊ぶには最適な種類である。赤っぽくなる傾向のあるのはタイワンエンマコオロギであり、波切のコオロギはこの種類だったかも知れない。いつから始まり、どれだけの広がりがあったのかまったくわからないまま、すでに消滅してしまった子どもの遊びである。

日本の鳴く虫文化

贈答・献上された鳴く虫

万葉集にはコオロギの歌が7首ある。種類を特定した歌ではなくコオロギ類の総称と思われる。平安時代の殿上人は嵯峨野などで鳴く虫を採り宮中に献上した。この行事を「虫撰《むしえらみ》」と呼んだが、これがのちに虫の声を比べたり（虫合《むしあわせ》）、虫の歌を詠んで競ったり（歌合《うたあわせ》）するため虫を採る意味にも使われるようになった。[16]

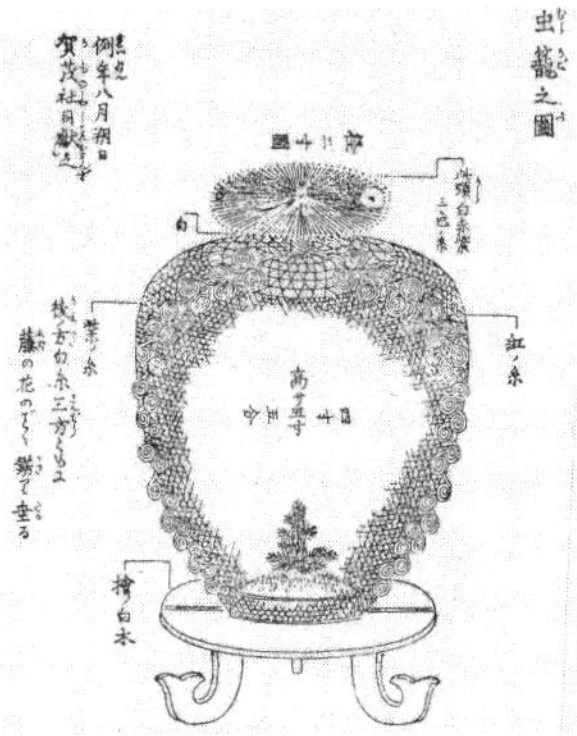

賀茂社家献上の虫籠図（蒹葭堂雑録より）

宮中への献上は、11世紀末ごろから始まったようだ。人々は野外から採ってきたスズムシやマツムシを飼ったり前栽に放したりして、鳴く声を楽しんだ。源氏物語の「鈴虫巻」「野分巻」などでその情況を偲ぶことができる。

勝負のつく碁などの遊びや歌合の折には負けたほうが後日「負けわざ」「負けもの」としてスズムシ・マツムシを虫の籠に入れて献上するという習慣があった。愛人にも贈っている。[17,18]

虫を入れる籠は、古くは虫屋と呼んでいた。当時どのような虫屋が使われたかわからないが、萩・女郎花《おみなえし》で飾られた赤朽葉《あかくちば》、黄朽葉《きくちば》に染められた村濃《むらご》の糸（同じ色をところどころ濃淡にぼかして染め上げた糸）を懸けられた檜破子《ひわりご》という檜で作った高級な破子の容器の虫屋が使われた。[17,19]

大坂の町人学者木村蒹葭堂の遺稿を集めた「蒹葭堂雑録」（１８６５）（『日本随筆大成七巻』吉川弘文館）には例年8月朔日《ついたち》に賀茂社家から内裏に虫を入れた籠を献上する古い慣例があるのは、松虫・鈴虫を内裏に献上した虫撰びの旧例によるものだという。

鈴虫籠（神宮徴古館所蔵）

黒川道祐が著した「雍州府志《ようしゅうふし》」（1684）（『続々群書類従第八地理部』、国書刊行会）によると、下賀茂の社司の婦人がこの虫籠を作ったという。「その式繊細《ほそく》竹をさきて、籠を造る。内に一つの小筒を安《お》き土を盛り、苔を織き露草少しばかり種《う》う。紫白の糸を以て藤花の形を作り、籠の上より下に垂る。その様観るに堪へたり。秋に至つて虫を入れ、檐《のき》の下に掲《か》く。或いは簾外に掛く。昼はこれを見て目を悦ばしめ、夜はこれを聴きて耳を娯《たの》しましむ。」この鈴虫・松虫の籠を「賀茂籠」と言った。

「蒹葭堂雑録」にもこの籠の記述と図がある（131頁・図）。「檜の台の上に曲げ物を置き、苔を盛り、檜葉を立て、上より壺に似た籠を覆ひたる。」壺型の竹籠には白、赤、紫の色糸で造った藤花を垂らすと書かれている。

・神宮徴古館の鈴虫籠

伊勢神宮の神宮徴古館に鈴虫籠が収蔵されている（**写真**）。この籠は、「蒹葭堂雑録」の図の構造とほとんど変わらない。むしろこれによって「蒹葭堂雑録」の図の台座と籠の接続方法が理解できる。徴古館の解説はこうである。

室町末期の応仁の乱等の戦乱で伊勢神宮の遷宮が途絶えたとき、伊勢の尼僧慶光院上人がその復興に尽力した。初代守悦は流失した宇治橋を造営、3代清順は外宮の遷宮を、4代周養は内、外宮の式年遷宮に尽力し、遷宮上人と呼ばれた。

慶光院の院号は1551年（天文20年）に清順が後奈良天皇の綸旨を賜り、江戸末期の14代周昌まで継承された。徳川家康は、1603年（慶長8年）正遷宮執行の朱印状を5代周清に送り、以後遷宮の数年前には朱印状が幕府から発給され、1666年(寛文6年)まで続いた。

金網籠は、「鈴虫籠」とされ、「東福門院より慶光院5世周清上人拝領品」と説明されている。東福門院、徳川和子《まさこ》は、秀忠の5女(1607~1678)で、後水尾天皇の中宮、明正天皇(女性)の生母で女院となる。院から同性に下賜したいかにも女性らしい贈り物といえる。

台が付いている。木製猫足の蒔絵の褐色丸形台で、真ん中に餌や草花が盛れるように曲げ物が取り付けてある。その上に銀の金網の籠が被せてある。籠はやや縦長の丸籠で、編み目は極細い針金で六角形に編んだ亀甲編みである。金網の織りが精巧である。金網が台と外れないように細いがしっかりした銀の棒が、中央の曲げ物と、金網の裾を貫いて取り付けられている。曲げ物を貫く穴は、金具でガードされ、しっかりした細工がされている。金網の頂上中央は丸く盛り上がり、針金を密に編み込んで取手状にして、そこに2本の吊り紐が通してある。1本は短いよく練られたやや太い飾り紐、もう1本は長く、籠を吊り下げるための紐のようだ。高さ270㎜、幅180㎜という。

贈与されたのは5世周清なので、慶長年間(1596~1615)に生存していたことは解説からも明らかである。日本の虫籠の最も古い実物資料であろう。また、雍州府志の「銅鉄の針金で作った籠」の記述を実証する資料でもあり、京都の伝統工芸としての金網細工がすでにこの時代に高い水準にあったことを示すものであろう。

●徳川将軍家への献上・上納

江戸時代には大名家から将軍家に国元の特産品が献上された。生きものではタカやその獲ものであるツルが早飛脚で江戸表に送られている。鳴く虫もそれにたがわない。虫の名所「宮城野」を持つ仙台藩は1849年(嘉永2年)、「仙臺年中行事大意」に「宮城野鈴虫江戸表へ献上この日迄鈴虫をかふ事を禁ず」と記し、八朔までスズムシの採取禁止期間を設けるほど贈答資源を確保することに努めている。[20,21]

江戸城周辺の農村地帯から大奥などに鳴く虫が上納されていた。江戸周辺の農村は将軍家の鷹狩りの猟場としての特別な鷹場負担を負わされていた。生類憐みの令以後いったん禁止されていた鷹狩りは、八代将軍吉宗の時代に復活された。将軍御鷹場は江戸城周囲おおむね5里までが指定され、御拳場《おこぶしば》と呼ばれた。その中は筋と呼ばれた六つの地域に分けられた。江戸城を中心に、東から西へ、葛西筋・岩淵筋・戸田筋・中野筋・品川筋が配置された。筋にはさらに領という地域的枠組みがあり、それぞれに「触次役《ふれつぎやく》」が置かれ、鷹場負担の差配をしている。

鷹場負担は、鷹場に指定された村々に課せられた固有で特殊な負担であった。鷹場整備や役人の世話などの土木作業や運送作業、饗膳のほか、主に飼鳥の餌のための昆虫の供給や江戸城内各部署から要求された上げものの上納である。上納品は、鷹や小鳥の餌であるケラ・イナゴ・エビヅル虫・袋蜘蛛、蚊遣り用の杉葉・枝木、薬用のヨモギ・アカガエル・ガマガエル、観賞用の蛍・松虫・鈴虫などである。蛍は1726年（享保11年）頃から、鳴く虫は遅くても寛保年間（1740年代初め）には納入が始まっていた。

鳴く虫は、現物で納めるか、購入現金で納めるか、どちらを選ぶかは割り当てられた各村にまかされた。

天保年間（1830〜1844）の8月下旬、中野筋には、鈴虫・松虫各154匹の割り当てがあり、触次役中野村名主卯右衛門は9村に振り分けている。現在の三鷹市、武蔵野市、杉並区など御拳場の周辺地域の村々である。多くて各33匹、少なくて7匹の割り当てである。請負人に頼んで買納する場合は、籠代含みで松虫1匹48文、鈴虫32文を持ってくるように指示している。但し書きで、現物の場合は、肢落ちや翅の破損がないように選んで、一匹当たり籠代12文を添えて納入するよう書き添えている。人海戦術で採集するにしても、完品を要求され、死んだり痛んだりするものの代わりも納めなければならなかったので、この倍ぐらい獲る必要があっただろう。農民たちの労苦がしのばれる。

東京都大田区下丸子に伝わる1749年（寛延2年）8月下旬の平川家文書は、はじめから村々に金銭を割り当てる買納の記録である。品川筋6カ村

（鷹場の周辺地域である現大田区南西部）の合計で1043文（匹数不明）だった。こまごまとした物納の手間をかけるより買納が楽だったのであろう。[22,23,24,25,26,27]

江戸・東京の鳴く虫文化

17世紀中頃から後半にかけて京、大坂に虫売りが現れ庶民が鳴く虫を飼い始める。また、京では虫聞きも始まっている。「雍州府志」に「蛩《こおろぎ》松虫鈴虫の類、飼うに堪えるものを籠に入れ、そしてこれを売る。京の風俗として、秋にはいると、灯火をともして藪の中に入り、飛来した松虫鈴虫を、紗籠《さろう》に受け入れる。これを虫吹きという。洛北蓮台野（紫野辺り）、小栗栖野（伏見区醍醐附近）、相国寺（御所北側）、建仁寺の附近の野には多くの人が集まってその声を聴き、これを執って吹く。」と書いている。雍州とは山城の国の別称である。

喜多村信節《のぶよ》の随筆、『嬉遊笑覧』（1830）（日本随筆大成編輯部編、成光館書店出版部）に抄録された貞徳文集に「虫吹とは今も虫を取りに、竹筒のかた方に、紗のきれを冒《は》り、これをもって虫を覆えば、虫は上のかたに飛びのぼるを籠また袋などに、筒先をむけて、冒《はり》たる紗のうえより、息して虫を吹き込むなり」と述べている。虫吹きの原理は、現在の鳴く虫採集用具にもよく使われている。

1687年（貞享4年）に書かれた小冊、「色里夢想鏡」は大坂新町付近花街店巡りガイドブックのようだが、香具師《やし》や盛り売りそばなどの飲食店、好色本などの草紙物屋などの間に「夏は蛍の集め売、鈴むし・松虫声あるむしの商い」が出ていたと述べている。これは江戸以降現在でもよく見かける縁日の夜店風景である。[28]

同じ1687年には生類憐みの令が出されて、江戸で虫屋が投獄された記録が出てくる。同年同月にはキリギリス、鈴虫、松虫の飼育を禁止するお触れが出されている。江戸にも虫売りが現れていた証例である。[29,30]

18世紀中頃になると江戸文化が上方文化をしのぎ、独自性を持って発展する時期に至る。

江戸庶民の行動文化、行楽や趣味文化が花開く。1749年（寛延2年）には虫聞や蛍狩が盛んになり、多くの名所に人が集まるようになった。[31] 江戸後期から明治期にかけて真崎《まつさき》、隅田川東岸、王子辺、道灌山、飛鳥山辺、三河島辺、御茶の水、広尾の原、関口、根岸、浅草反圃《たんぼ》、巣鴨庚申塚、西ヶ原、戸山の原などが名所に挙げられていく。やがて寛政以降園芸や動物、鳥、金魚など生き物趣味の爆発的な興隆の中で鳴く虫ブームが巻き起こっていくのも不思議ではない。[32,33,34]

江戸の虫売りは元禄以後細々と続いていたと思われるが、寛政年間（１７８９～１８０１）頃より本格的に活動を始め、文化文政期（１８０４～１８３０）を通して発展していった。はじめは零細な町人が郊外より野の虫を採ってきて売り始めたが、やがて御家人たちが手内職の一つとして養殖を始め、画期的な促成法が開発されるだけでなく鳥籠に似た精巧な竹ヒゴの虫籠が作られるようになると大ブームを呼ぶようになったと思われる。その過程で養殖や籠作りの下級武士、供給者である近郊の零細農民、小売を担う都市の棒手振り階層、仲買・問屋を営む差配人（地主や家持ちに替わり店賃や地代を取り立て、店子を監督し、町役人の一翼を担っていた人）など町方の中産層といった分業体制が確立し、中核的な顧客である上級武士階層や商家・高級料亭などとの商行為の市場システムが成立していったと思われる。虫売りは季節商売で際物と呼ばれた。計算高い虫売りの中には、端境期には玩具屋・飴屋などを営んで口を糊していたが、江戸後期になると植木職が虫づくりを兼業するようにもなった。[35,36,37]

「促成飼育」と「籠作り」の確立には時間差があったと思われるが、ブームになった頃、虫売りは市松格子の屋形に虫籠を満載し、「虫や虫！」と面白く大声で呼び売りしながら、時に2～3人の下男に荷を担がせ、当人は数寄屋の帷子《かたびら》（透綾《すきや》という絹の単衣）に献上博多（博多帯地に独鈷《とっこ》型の模様を織りだしたもの）の帯を締め、甲掛《こうかけ》足袋脚絆といった粋な旅姿で人目についた。また、新型の染浴衣に茶献上の帯を締め、売り出しの人気役者の手拭いを四折りにして頭にいただき、役者の紋がついた団扇を持って、ゆったりと市中を歩いたとも記録されている。[38,39,40]

虫屋の盛運は、時代の動きに大きく左右された。

明治以降では、1914～1916年（大正3～5年）が盛運期であったが、1918～1920年（大正7～9年）には演歌師の人気に押されたことやマラリアが流行し感染ルートに虫が介在しているとうわさされてまったく商売にならず下火になったが、関東大震災後の復興と安定とともに1930～1935年（昭和5～10年）には未曾有の大盛況を迎えた。しかし、戦後は衰退をたどり、現在に至っている。[37, 41]

●虫の屋台と商品

虫売りの初めは、市中を棒手振りで売り歩いた。一文商と言われる元手のない当時の多くの貧しい小売商は、天秤棒1本で商売を始めた。文政期（1818～1830）に入って、市松模様が使われ、前後の荷が屋根で繋がれた。この当時すでに棒手振りで売り歩くものが少なくなり、固定式の屋台が主流となっていた。繁忙期は6月下旬から7月中旬の盆前後である。

商品の虫は虫屋が開発したものが多いが、売られていたものは時代によって少しずつ変わってくる。スズムシ、マツムシ、クツワムシ、キリギリス、ウマオイ、カンタン、クサヒバリ、ヤマトヒバリ、カネタタキ、エンマコオロギなどが昭和初期の主な商品である。

16～17世紀にかけてスズムシ、マツムシの累代飼育の記録が見られるようになる。促成飼育は文政期に確立したと想定されている。[27, 42, 43, 44]

促成法は虫屋が「アブリ」と呼ぶ技法で、押入れの中で冬季より人工的に卵を加熱し孵化させ、5月半ばまでに成虫をとる方法である。飼育はスズムシが最も簡単で、マツムシは病気になりやすく、大きなクツワムシは場所をとった。キリギリス、ウマオイ、カンタンは共食いが激しく、エンマコオロギは大食で齧ってよく容器を壊す。クサヒバリ、ヤマトヒバリは小さすぎて管理が面倒と、スズムシ以外はそれぞれ手間がかかってもそれに見合う人気がなく、利益が上がらなかった。[40, 45]

虫籠は形に変化があるもの、工芸品である螺鈿細工や蒔絵を施した大名虫籠や御殿虫籠など高級品、象牙など高価な材質のものなどが作られたほか、クサ

きりもじ（桐綟、赤松の郷昆虫文化館所蔵、昭和初期）

ヒバリ、カンタン、カネタタキ専用の桐綟《きりもじ》と呼ぶ籠やエンマコオロギ専用として脱出できないように桐箱に金網を張った籠が開発されている（**写真**）。「守貞謾稿《もりさだまんこう》」（1837〜1867）[46]では、「虫籠の製、京坂麁《そ》なり。江戸精製なり。」と述べているが、幕末でもまだ江戸の精巧な虫籠は関西に普及せず、荒いものが一般的であったのだろう。

・蛍と玉虫

平安時代の貴族たちは蛍を楽しみ文芸作品に残している。17世紀末になると蛍名所に蛍売りや蛍狩りの人々が現れるようになった。黒川道祐の「日次《ひなみ》紀事」（1685）（『新修京都叢書第四巻』、臨川書店）には京に瀬田の蛍売りが紗籠を持って売り歩き、人々は蚊帳の中や庭に放して楽しんだとある。同じく黒川道祐の「近畿歴覧記」（成立年不詳）（『新修京都叢書第十二巻』、臨川書店）にも1683年（天和3年）に滋賀の石山寺で月影のもと数人の子どもが紙袋に入れた蛍を売り歩くのを見たという記述がある。瀬田川は蛍の名所である。石山や宇治に見物客を乗せた「蛍船」が出た。清の揚州では蛍が入った虫灯が売られていたという記述がある[47]が、貝原益軒の「大和本草巻十四」（1708）（京都、永田調兵衛）には蛍売りは「和漢めずらし」と述べている。

蛍は鈴虫と並んで江戸の虫売りの主力商品だった。大きな丸型の蛍籠は虫屋の看板のような役割をしている[48]。蛍入れには薄い紙袋や、紗、蚊帳地、絽の羽織の古切れなどを張った籠等が作られている。麦わらを編み上げた小さな民具的な籠もある。浮世絵にはよく蛍籠が描かれているが、普通は長方形で、黒く塗りつぶされている。外側に黒い紗などの布地を張っているものと思われる。菊やススキなどの草花を刺繍した高級品もあった反面、水がかかると青い染料が溶けてくる粗悪品もあった。1829

年（文政12年）に書かれた大西椿年の「絵本あづまの手ぶり」（大坂屋源兵衛他一名）には、蛍だけを売る男の絵がある（図）。弁慶と呼ばれる竹ぼうきのような藁包《わらづと》に細く長く割った竹をさし、その先に丸い蛍籠をぶら下げている。布を張った四角い箱型籠も下げている。明治以後には竹製だけでなく金網製も作られたが、木製布張りはしだいに廃れた。代表的な形は円筒形、角錘塔、長方形、丸型、舟形、灯籠型、提灯型、屋形、屋形船などであるが、いろいろ年ごとに工夫された。[47,49,50]

文政頃の蛍の振り売り（国立国会図書館所蔵「あづまの手ぶり」より）

商品は源氏蛍で、東京では甲州、小田原、埼玉県見沼（現さいたま市）、大宮公園近辺（現さいたま市）、鳩ヶ谷（現川口市）、妻沼（現熊谷市）、秩父、王子手前や千葉等から運ばれてきた。

日本各地には人気の蛍名所は多いが、江戸東京の名所は、落合姿見橋辺り（新宿区から豊島区にかけて旧神田上水にかかる橋。今は面影橋）、王子下通り、谷中蛍沢（宗林寺や妙林寺の池や付近を流れる藍沢川辺り）、目白下、江戸川の小日向《こびなた》竜慶橋、麻布付近古川、本所柳島辺り、目黒、広尾、玉川、府中の深大寺であった。王子辺りが早く出るが、谷中蛍沢や深大寺は光が他に勝っていた。多くはゲンジボタルの産地であろう。[31,35,51,52]

玉虫は虫屋の商品の一つだった。おそらく生きたものでなく死体や鞘翅であろう。玉虫はおしろいの小箱に入れておくと、思う男性に愛されるとか、未婚の女性が身につけると良縁があるという俗信がある。惚れ薬としての玉虫の俗信は中国伝来のものであるが、そのルーツは中世ヨーロッパまで辿れるという。ヨーロッパ原産のスペインゲンセイとタマムシとが中国で混同され、伝わったのである。ツチハンミョウ科のスペインゲンセイ Lytta vesicatoria は、金緑色の美しい甲虫で、乾燥虫体からカンタリジンを主成分とするカンタリスが作られる。この粉末が媚薬として広く愛用されていた。これを少量服用すると、生殖器の粘膜が充血するという。イタリアで〈ナポリの水〉、フランスで〈愛の丸薬〉、イギリスで〈恋愛散〉と呼ばれ広く使用されている。媚薬の俗信は伝鴨長明の「四季物語」（1400年頃）や「大和本草」、「和漢三才図会」[53]（1713）にも記述されている。[54]

このほかに、玉虫を簞笥に入れておくと「衣類に不自由しない」という俗信がある。それが後に、「着物が増える」「着物に虫が付かない」という具体的な効能に変わっていった。

玉虫が売られていた実例がある。姫路城の裏鬼門に当たる未申《ひつじさる》の方角に作られた十二所神社では、播州皿屋敷の話で有名な縛られたお菊の姿に模したジャコウアゲハの蛹を蒸し殺し、乾燥させ、マッチ箱のような小箱に入れ「御守り」として販売されていたという。同じ箱には玉虫も一緒に入れて売られていた時期があったという。[55]

• 岩沼虫

江戸末期以後、天然モノの鳴く虫を担った振り売りが市中に流入するようになる。主にキリギリスで、「日本社会事彙」[35]（1891）によると「板橋近辺より地続きの戸田川・仁井曾辺（現在の埼玉県戸田市荒川付近、新曾辺り）が『本場』で値が高く、上総九十九里浜や多摩川辺は『場違い』と言って安い。」という。しかし時代が進むにつれ多摩や中山道に沿った荒川氾濫原の産地より、九十九里浜平野産のものが優勢になる。「岩沼虫」と呼ばれ、籠とともに粗雑だが安いのが売りだった。気が強くすぐ喧嘩し、色が気持ち悪くそのうえ弱々しい鳴き声だという悪評があったが、地域個体群の変異の一つだろう。[38、56]

供給地岩沼は、千葉県長生《ちょうせい》村八積《やつみ》地区のＪＲ線の北側に位置している。虫籠作りと虫の採集販売は農家の副業として行われた。始まりは幕末1861年（文久元年）ごろで、1986年（昭和61年）に終焉した。

東京の虫売りは必ず虫籠に入れて売り歩いた。クツワムシやキリギリス用の虫籠は岩沼の特産品で、轡《くつわ》の紋様は丸に十と書くので、「丸十の六兵衛籠」と呼ばれ、岩沼だけで20軒ほど、村では40～50軒ほどが作っていた（写真）。最盛期には56万個を製造した。「採りこ」は地元を中心に採取したが、乱獲もあって少なくなると、多産地の房州方面まで出かけていくものが多くなった。6月下旬から8月の盆前までが勝負時であったが、東京の問屋が7月15日までは養成した虫を、それ以後に野虫を扱うことにしていたからでもある。

仲買がまとめて問屋に卸したが、直接自分で東京の下町を振り売りするものも現れた。昭和初期まで見られたが数は多くなかった。東京行きの虫売り人は、縦横60㎝で、高さ150㎝くらいもある長い箱二つを手荷物としていた。これは棒手振りで売り歩く虫の箱で、中段よりやや上部は市松模様の障子になっており、ここに多数の虫を放し飼いにしていた。下部の板張りの中には虫の入った虫籠がいっぱい詰まっていた（図）。昭和初期まで、八積駅上り一番列車は、虫売りや仲買人で賑わい、車内は虫の鳴き声が聞こえ情緒豊かであった[37、57、58、59]。

キリギリス・クツワムシの虫籠（長生村中央公民館所蔵）

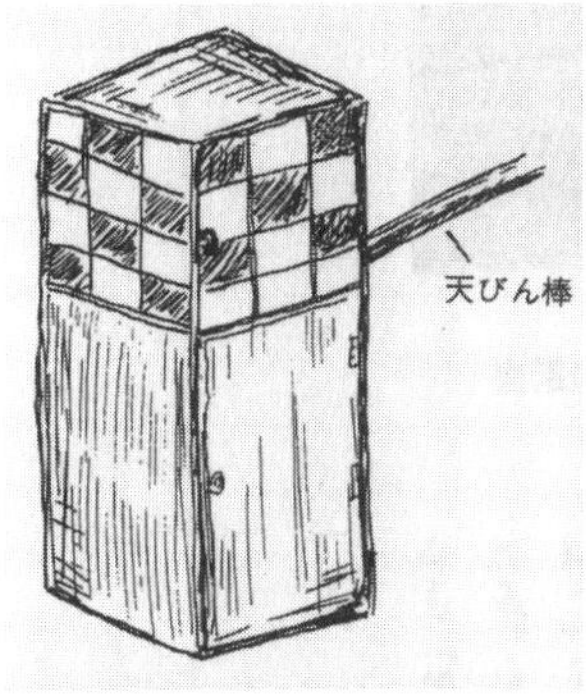

岩沼虫の振り売り担架＝片方（「長生村風土記」より）

上方の虫売り

江戸で鳴く虫文化が興隆を極めていた頃から以後の上方の記録は見当たらないが、ようやく1849年（嘉永2年）の「浪花十二月畫譜」[60]に虫売りの絵がある。それ以後については『ゴードン・スミスのニッポン仰天日記』（荒俣宏翻訳・解説大橋悦子共訳、小学館）、『浪花風俗図絵』（長谷川貞信著、千秀堂杉本書店、142頁・図）、『町かどの芸能（上）』（長田純著、文化出版局）で、大坂や神戸の

大阪の虫売り（長谷川貞信「浪花風俗図絵」より）

大阪縁日の蛍売り（長谷川貞信「浪花風俗図絵」より）

虫屋屋台の姿が分かるようになった。屋根等に江戸と同様市松模様が使われている。吊行灯の下に籠を3段に並べ、吊行灯には、鈴虫、松虫、朝鈴（クサヒバリのこと。関西ではこの名が使われていた。）、轡虫、玉虫と、絵文字で書かれている。看板になる屋台と対になっている低い屋台は、物入れで、腰かけにもなっている。

1925年（大正14年）の雑誌「昆蟲世界」（名和昆虫研究所編）に、大阪市立動物園長の林佐市からの聞き取り談話が掲載されているが、「大阪では一方に虫を入れたさまざまの籠を飾り、一方の吊行灯には光琳風の松の絵や、轡の絵を描き、風俗も東京とはまったく違ったところがあります。」と書いている。阪神間の虫売りの姿は、江戸末期から変わらない姿で続いてきたようである[61]。

1898年（明治31年）の8月9日付「大阪朝日新聞」に次のような記事が掲載された。

「浪華の町々に売る松虫鈴虫轡虫の類は多く泉州岸和田の士族が内職に飼い養いつるものにて……当月の末にもならば野の虫を飼い慣らして鬻《ひさ》ぐもの多く出れども、今は卵を孵化して人工に育てたるも……しかれども摂津は池田、和州は奈良、紀州は和歌山より野生の虫を輸入する期も近ければ……東京の人は松虫、鈴虫、蟋蟀、轡虫のみに満足せず閻魔蟋蟀、草雲雀、金雲雀、邯鄲なんどの声を添えて…。」[62, 39]

動物園長の1925年の話は虫売りの時期や問屋等についても言及している。

「東京では5月末には虫売りが現れるが、大阪は少し遅れて7月1日に千日前の竹林寺角（難波1丁目

3）にまず虫の荷が下ろされ、それから町のあちこちに出て行く。売り子は一軒の問屋から出ていたが、今は自由になっている。昔から虫の大問屋は、……東京から仕入れて卸していたが、現在は養殖を専門にやっている。虫籠は大阪では住吉村で葭や竹のいろいろな型の物が作られる。[61]」江戸時代に垣外《かいと》のあった千日前を出発点にし、竹細工の住吉村で作られた籠を商うところなど、虫売りの担い手は零細な市民層であったことがうかがえる。

京都は、大阪・神戸とは違った風情があり、虫売りの姿も独特のものがあったと思われるが十分渉猟できていない。明らかになったわずかな記録で見てみよう。明治時代の流し売りは大きな四角い虫籠に虫を入れていたが、舟形や火の見櫓型の精巧な籠は江戸の影響であろう。江戸時代はもっと粗末で、虫売りは6月終わり頃から現れた。[63]

1907年（明治40年）の大阪毎日新聞では、「京都の鈴虫養殖家は3軒、賀茂の鴨脚、大徳寺前の木村、新高倉の正行寺で、それに仲買の商人もあり、年々各地に輸出する鈴虫は実に何10万と数えられ、……」と書いている。[64]

・大阪の蛍売り

平安時代末期、「難波の堀江」が最も古い蛍名所として歌に詠まれている。江戸末期には「浪花十二月畫譜」に「玉造・桑津の堤」と書かれている。大坂三郷の東を北流し、大川に入る平野川の堤のことであろう。

蛍売りの商品はゲンジボタルだった。滋賀県守山の問屋が集めたものが出荷された。守山の蛍が売り出されたのは1892年（明治25年）のことである。京阪神地方や東京だけでなく遠くは北海道・朝鮮・旧満州まで販路を広げ、昭和初期には140〜150万匹を出荷したという。蛍だけで商売ができたのはそれだけ需要があったからだろう。縁日の夜、蛍籠に数匹入れて10銭前後で売っていたのは1935年（昭和10年）頃までである。その頃、鉄道の駅構内や電車、バスの車内に蛍狩りの宣伝ポスターが架けられていた。守山の問屋のお得意先は電鉄会社だったことは明らかである。行楽地や料亭などに蛍を飛ばし、採集させて人を集めていた。定例的に行われたのは１９４０年（昭和15年）頃までである。明治以後は全国各地に蛍売りが出たが、どれだけの蛍が乱獲されたか計り知れない[47、50、及び「浪速風俗図会」前出]。

金沢の虫売り

石川県金沢市北郊の神谷内《かみやち》地区が、明治後期から昭和初期にかけての「虫を特産品とした集落」だったことが大門哲（２００９）氏の研究で明らかにされた[21]。地方新聞記事の探索を端緒として地方の虫売り文化の一つが解明されたわけである。昭和初期の記録によると戸数93軒のうち行商は50軒、残りは虫の捕獲を手伝った。

金沢の松虫売り少年（北國新聞、大正14年8月22日、国立国会図書館所蔵）

金沢の虫籠（金沢市東長江・最勝寺所蔵、大門哲撮影）

8月下旬よりスズムシ、9月初旬よりマツムシが売り出され、9月末まで取り扱う。スズムシの採集地は神谷内周辺の山間部や富山県境の二股奥山まで広がっていた。マツムシは羽咋《はくい》郡の海岸近くで採集された。養殖に熱心でなかった理由として、マツムシは飼いにくいことと、スズムシが多く容易に採集できたことがあげられる。筆者は新潟の下越《かえつ》地方で草丈の低い車道の斜面にスズムシが多産するのを観察した経験があるが、北陸地方ではそんな産地が多くみられたのであろう。

振り売りの場合、行商の範囲は、金沢市内だけでなく西は京都、東は富山、南は高山で、得意先は料亭や御茶屋、裕福な商家だった。金沢ではスズムシよりマツムシが高く売れたのは、採りにくかったことやスズムシは自宅養殖できるからであり、江戸・東京とは様子が違っている。

クツワムシは犀川の傍の大

豆田で採集されたが、夜の客引き用の「おとり」だったという。大正後期には子どもまで金沢市内の振り売りを手伝うようになった[65,66](写真)。虫は籠とセットで販売されたので、籠の供給地がなければ虫売りは成立しない。金沢の町端に北国街道沿いに細長く発展した上口、下口の集落があるが、双方とも籠屋が多く、特に神谷内の近くには竹細工屋が集中している下口の春日町があった。江戸のような精巧な竹ヒゴ細工ではなく、ザルなどに使う網代編みの筒籠型の籠が多かった(写真)。戦後の1950～51年(昭和25～26年)には東京と取引を持つようになったという。

この時期東京の虫屋の「関東だけでなく東北、北海道にも虫を卸していた」という談話があるが、大阪の虫屋も東京と取引していたということもあり、虫や籠の全国的な物流があったことがうかがえる[21]。

虫売りの季節は盆が来ると終わる。盆以後は殺生を戒める慣習から虫を逃がしてやることが庶民の慣例になっていた。現在本州のキリギリスはヒガシキリギリスとニシキリギリスの2種に分類されている。ところが近畿地方や関東の一部ではどちらとも分類しがたい個体が多い。

江戸時代にも鳴く虫の人為的移動はあったが、特に明治以後各地の虫たちが流通網にのって移動し、盆になるとその地で放されたと思われる。キリギリスの分類的混乱は、人為的な分布攪乱が背景にあるのではないかと想像される。

〈参考・引用文献〉

［1］
Smettan,H, 2009. Heuschrecken als Hausmusikanten. ARTICULATA. 24 (1/2) :131-139. (Deutsche Gesellschaft für Orthopterologie)
［2］
Cowan,F.1865.Curious Facts in the History of Insects. Philadelphia:J.B.Lippincott.
［3］『虫と文明』ギルバート・ワルドバウアー著・屋代通子訳（築地書館）
［4］『世界大博物図鑑①［虫類］』荒俣宏著（平凡社）
［5］『中国古代の年中行事　第3冊』中村裕一著（汲古書院）
［6］『民族動物学―アジアのフィールドから―』周達生著

（東京大学出版会）
［7］「満州及び北支蒙疆地方の蟲籠」森為三・趙福成著 採集と飼育2号 248頁 1940年（内田老鶴圃新社）
［8］「フィールドノート・中国の鳴く虫」周達生著『鳥かご・虫かご 風流と美のかたち』住友和子編集室・村松寿満子編（INAX出版）
［9］『民族動物学ノート』周達生著（福武書店）
［10］『北京風俗図譜2』内田道夫編著（平凡社）
［11］『闘蟋』瀬川千秋著（大修館書店）
［12］『コオロギと革命の中国』竹内実著（PHP研究所）
［13］『賭博Ⅲ』増川宏一著（法政大学出版局）
［14］『鳴く虫の博物誌』松浦一郎著（文一総合出版）
［15］「コオロギをたずねて」大町文衛著『生活の本5・自然との対話』臼井吉見・河盛好蔵編（文藝春秋）
［16］「鳴く虫の文化誌」小西正泰著『鳥かご・虫かご 風流と美のかたち』住友和子編集室・村松寿満子編（INAX出版）
［17］『鳥獣虫魚の文学史（日本古典の自然観③虫の巻）』鈴木健一編（三弥井書店）
［18］『日本古典博物事典 動物篇』小林祥次郎著（勉誠出版）
［19］『清原元輔集全釈―私家集全釈叢書8』藤本一恵著（風間書房）
［20］「仙臺年中行事大意 奥羽一覧道中膝栗毛4編下巻」十返舎一九著『十返舎一九全集4巻』（日本図書センター）
［21］「虫売るむら―金沢の虫聞き文化」大門哲著 民具研究140号 104頁 2009年（日本民具学会）
［22］『中野区史上巻』東京都中野区役所
［23］『大田区史（資料編）平川家文書Ⅰ』東京都大田区史編さん委員会
［24］『大田区史（中巻）』大田区史編さん委員会
［25］「江戸谷中のホタルは光甚だしく」田中誠著 現代農業1991年9月号臨時増刊 180頁 1991年 ㈳農山漁村文化協会
［26］「江戸城に納められた虫たち」田中誠著 インセクタリゥム33巻1号10頁 1996年 ㈶東京動物園協会
［27］「娯楽や音楽と昆虫」田中誠著 遺伝54巻2号 226頁 2000年（裳華房）
［28］「浪華文庫」浜松歌国著『浪花文庫・1981・大阪市史史料第3輯』（大阪市史編纂所）
［29］『御当代記―将軍綱吉の時代』戸田茂睡著・塚本学校註（平凡社）
［30］『生類憐みの世界』根崎光男著（同成社）
［31］『江戸の園芸』青木宏一郎著（筑摩書房）
［32］『東都歳事記2』斎藤月岑著・朝倉治彦校注（平凡社）
［33］『鳶魚江戸文庫15・江戸の春秋』三田村鳶魚著・朝倉治彦編（中央公論社）
［34］『大江戸花鳥風月名所めぐり』松田道生著（平凡社）

［35］『日本社会事彙（下）』田口卯吉著（経済雑誌社）
［36］『鳴く虫文化誌―虫聴き名所と虫売り―』加納康嗣著（エッチエスケイ）
［37］「岩沼の虫籠と虫売り」小林稔著　民具マンスリー24巻8号1頁　１９９１年（神奈川大学日本常民文化研究所）
［38］『東京年中行事１』若月紫蘭著・朝倉治彦校注（平凡社）
［39］『趣味の昆蟲界』荒川重理著（警醒社書店）
［40］『鳴く虫の飼い方』白木正光著（文化生活研究会）
［41］「東京の蟲売り」小西正泰著　新昆虫１巻10号８頁　１９４８年（北隆館）
［42］「世のすがた（百拙老人序）」作者不詳『未刊随筆百種第10巻』三田村鳶魚校訂・随筆同好会編（米山堂）
［43］「籠蟲」京山人百樹著　江戸會誌２冊７号66頁　１８９０年（博文館）
［44］「５文化昆虫学５－５娯楽・遊戯」田中誠著『昆虫学大事典』三橋淳総編集（朝倉書店）
［45］「江戸時代の昆虫飼育法―鳴く虫を中心に」田中誠著　インセクタリゥム24巻９号18頁　１９８７年㈶東京動物園協会）
［46］『近世風俗志（守貞謾稿）（一）』喜田川守貞著・宇佐美英機校訂（岩波書店）
［47］『ホタル』神田左京著（日本発光生物研究会）
［48］「日本昆虫学史話江戸時代編」江崎悌三著　新昆虫５巻８号27頁　９号21頁　１９５２年（北隆館）
［49］『江戸商売図絵』三谷一馬著（中央公論社）
［50］『ホタルの研究』南喜一郎著（滋賀県守山市ホタル研究所）
［51］『江戸名所花暦』岡山鳥著・長谷川雪旦画・今井金吾校注（八坂書房）
［52］「螢は江戸の風物詩」小西正泰著　週刊日本の天然記念物・動物篇45号22頁　２００３年（小学館）
［53］『和漢三才図会７』寺島良安著・島田勇雄・竹島淳夫・樋口元巳訳注（平凡社）
［54］『資料　日本動物史』梶島孝雄著（八坂書房）
［55］『ジャコウアゲハ（お菊虫）と播州皿屋敷の民俗文化誌』相坂耕作著（姫路城下町街づくり協議会・お菊楽会）
［56］『絵本江戸風俗往来』菊池貴一郎著・鈴木棠三編（平凡社）
［57］『長生村風土記（明治・大正編）』長生村風土記編纂委員会
［58］『長生村の文化財』長生村教育委員会
［59］『長生村50年史』長生村史編纂委員会
［60］「浪花十二月畫譜」狂言堂春のや織月著『浪速叢書第14巻　風俗』船越政一郎編纂校訂（浪速叢書刊行会）
［61］雑報「鳴く虫」大阪市立動物園長林佐市談話　昆蟲世界29巻３３５号35頁　１９２５年（名和昆蟲研究所編）

[62] 雑録「鈴蟲の音や僂き物を荷ひ賣」大阪朝日新聞 1898年8月9日記事　昆蟲世界2巻13号336頁（名和昆蟲研究所編）
[63]『明治物売図聚』三谷一馬著（立風書房）
[64] 雑報「鈴蟲の話」大阪毎日新聞記事　昆蟲世界11巻122号42頁 1907年（名和昆虫研究所編）
[65]「路上巡禮（5）、松虫賣りの彌一君」北國新聞 1925（大正14）年8月22日
[66]「秋を流す虫賣の聲」北國新聞　1930（昭和5）年8月22日

第６章

ホタルの文化誌

小西正泰

本書の共同企画者であり予定執筆者であった小西正泰氏は、２０１３年8月、企画途中で逝去された。本章はこの分野の第一人者であった同氏の追悼の意を込めて、同氏が２０１１年に「生き物文化誌学会」の定期刊行物「ビオストーリー15巻」に書かれた『蛍の文化誌』を同学会及びご遺族の許可を得て転載するものである。

はじめに

日本人は虫好きな民族として古くから知られているが、特に鳴く虫、トンボ、そしてホタルがそのベスト・スリーであろう。ホタルは螢（蛍）、火垂る、星垂るなどの漢字表記にみられるように、暗夜に青白い光を放つことで人びとの注意をひき、さらには初夏の風物詩として愛でられてきたのである。

ホタル類は世界におよそ２０００種、日本からは約50種が知られている。一般に南方のほうが種類が多く、陸生のものがほとんどであり、幼虫は肉食性（主に貝類）である。

日本のゲンジボタルやヘイケボタルのように幼虫が水生（えら脚をもつ）なのは、近年発見された沖縄の久米島のクメジマボタルとともに邦産は3種のみである。幼虫が水生の種類は、世界で10種ほどしか知られていない。

ゲンジボタルとヘイケボタルの幼虫は淡水生巻貝を主食とし、水辺で成虫が羽化し涼しげに飛びまわるので、人びと（老若とも）に愛好されている。そういうわけで、一般の人がホタルというと、ゲンジかヘイケを指す場合が多い。

ホタルの文学

古代から中世へ

最古の歌集『万葉集』は、動植物を詠んだ歌が多いことで知られるが、意外にもホタルについては「蛍なす」が「ほのかに」の枕詞《まくらことば》として用いられているのが一首あるだけである。これはホタルの光に神秘的な畏《おそ》れを抱いたか、あるいは怪異として恐れたのかもしれない。

続く平安時代になると、まず清少納言の『枕草子』では、好ましい虫の名を九つ挙げたなかに「蛍」も選ばれている。そして「夏はよる。月の頃はさらなり、やみもなほ、ほたるの多く飛びちがひたる。また、ただひとつふたつなど、ほのかにうちひかりて行くもをかし。」と賛美している。

平安中期の歌人、和泉式部は「男に忘れられて侍《はべ》りけるころ」、貴船（京都）の御手洗川《みたらい》でホタルの飛ぶのを見て、「物おもへば沢の蛍もわが身よりあくがれいづる魂《たま》かとぞ見る」と切ない恋心を絶唱している。また、『新古今和歌集』や『金槐《きんかい》和歌集』などにもホタルの歌が見られる。

平安物語文学にホタルは脇役や小道具として登場する。紫式部の『源氏物語』の「蛍」の巻にも出てくる。作中の主人公、光源氏が兵部卿《ひょうぶきょう》の宮に、求婚の相手の玉鬘《たまかずら》の顔を見せようと、たくさんのホタルを御簾《みす》の中に放した。そのときの卿と彼女が交わした恋歌がもとになって、「鳴く蝉よりも鳴かぬ蛍が身を焦がす」という江戸時代の俗謡が生まれたという。

江戸時代

江戸時代になると世情もようやく安定し、各地で蛍狩りなども行われるようになり、それに連れてホタルを題材にした俳句もさかんに詠まれた。こころみに『奥の細道』などでも知られる松尾芭蕉（1644〜1694）の句を紹介する。「草の葉を落《お》つるより飛蛍哉《とぶほたるかな》」、「ほたる見や船頭酔《よう》ておぼつかな」——これは瀬田（琵琶湖の南端）では蛍船で飲食しながら蛍見物をするので、船頭まで酔っぱらったという句。「昼見れば首筋赤きほたるかな」は有名で、よく引用される。

江戸中期の与謝蕪村《よさぶそん》（1716〜1783）は、浪漫的な作風で知られる。「ほたる飛ぶや家路に帰る蜆売《しじみ》り」、「淀船の棹の雫もほたるかな」——淀船とは淀川（大阪）をかよう乗合船のことで、その夜舟がホタルの飛び交うなかをこいでゆく情景を描いたもの。

ほぼ同時代の俳人、横井也有（1702〜1783）の『鶉衣《うずらごろも》』前編（1787）の「百虫譜」に

「蛍狩」（３枚続き）喜多川歌麿

は、つぎの文がある。「ほたるはたぐふべきものもなく、景物の最上なるべし。水にとびかひ草にすだく、五月の闇は

『画本虫撰』（1788）（ホタルの狂歌、画）喜多川歌麿

たゞこの物の為にやとまでぞ覚ゆる。」

江戸後期を代表する俳人、小林一茶（1763〜1827）は、洒脱《しゃだつ》で直截《ちょくせつ》な作風が特徴で、ホタルを詠んだ句が200以上にものぼる。「呼ぶ声の張合《はりあい》によぶ蛍」、「わんぱくや縛られながら飛ぶ蛍かな」、「大蛍ゆらりゆらりと通りけり」——「大蛍」はゲンジボタルであろう。

ここでホタルの狂歌を2首、紹介する。まず歌人木下長嘯子《ちょうしょうし》（1569〜1649）の『虫のうた合《あわせ》』の「しのびぢの　やみにかしらはかくせども　あとのひかりそ〔ぞ〕人やとがめん」——「頭かくして尻かくさず」の意。

次に浮世絵師、喜多川歌麿が絵を描いた『画本虫撰《えらみ》』（1788）にもホタルの狂歌がある（**写真**）。「佐保川の水も汲みます身は蛍　中よしのはのくされゐんとて　酒楽斎滝麿」——佐保川は奈良を流れる蛍の名所、「中よしのは」は仲良しと葦《よし》の葉をかけている。

ところで江戸時代後半には日本独特の「昆虫文

学」が発達した。これは『ファーブル昆虫記』のような観察記ではなく、虫に仮託して世相を風刺・批判したものあるいは虫を主役にした恋の合戦もので、主として勧善懲悪を説いたものなどが主体となっている。

まず、前者の2著について述べる。漢学者江邨北海《えむらほっかい》の『虫の諌《いさめ》』三巻1（1762）は、十余種の虫をえらび、和漢の故事を引照して善悪をただした教訓本である。そのなかで、ホタルは文学者、蟬は志高く、玉虫は好色、コオロギは諸虫の王という見立てになっている。また、馬谷堂の『三虫論』二巻（1796）では、蚊とノミがたがいに、自分の同類をほめてゆずらず、議論し合っているところへホタルが現れる。そして、われわれ虫どもはしょせん人間にはおよばない存在だから庵主の教化を受けにいこうとさとした。つまり、ホタルは宗教の上からも〝いい子〟になっているのである。

次に江戸歌舞伎の盛行とともに流行した役者評判記になぞらえて、諸虫の評判記が2点書かれている。まず八万舎自虫《はちまんしゃじむし》の『評判千種声《ちぐさの》』（1778）では、ホタルは立役之部三番目の「上上吉　ホタル」として出ている。この本は、市川白猿《いちかわはくえん》・談洲楼焉馬《だんしゅうろうえんば》の『五百崎《いおざき》虫の評判』の原型をなすものである。後者では、ホタルは若洲形之部一番目の「真上上吉　蛍」となっている。ちなみに「五百崎」は墨田川・向島の異称、市川白猿とは名優、五代目団十郎の俳名である。

つぎは虫の合戦ものについて述べる。これは美しい玉虫姫（甲虫のタマムシに由来）をめぐる恋の争いごとで、最後にはホタルがめでたく勝者になるという筋書きのものが多くみられる。たとえば安勝子の『虫合戦物語一名御伽夜話』三巻（1746）（改題版『浅茅草』1798）、松有慶の『武蔵野虫合戦』（1807自筆稿本、大田南畝旧蔵本を小西蔵）、『虫合戦獣鳥《けちょう》の助太刀』（作者、刊年不詳。『虫がつせん……』という異版あり）などがある。

以上のようにホタルは色男（色虫？）として描かれており、得《とく》な役回りである。これも美男の「光源氏」（ひかる君）からの連想であろうか。

近代から現代へ

明治維新をむかえ世情は急激に変わった。けれども、昆虫文学では江戸期後半の流れを継承し、小原正太郎の『蜻蛉洲本草《あきつしまほんぞう》　虫硒雙紙《むしのそうし》』（1887）という大冊（311頁）が刊行されている。これも玉虫姫とホタルが主役の合戦ものである。

さて、虫好きなことで知られる小泉八雲（ラフカディオ・ハーン）は、いろいろな昆虫にかかわる作品を書いている。ホタルについては『骨董』（1902）の「ホタル」に計40点の俳句を集め、原作（ローマ字で表記）とともに英訳して紹介している。

正岡子規（1862〜1902）の句のなかから2句を挙げておく。「露よりもさきにこぼるる蛍哉」、「名どころの蛍大きな光かな」。後者は名所のホタルはゲンジボタルということで、後出の神田左京（1935）は生物学上からこれを「空前の名句」と激賞している。

また、医者で歌人の斎藤茂吉はホタルの短歌を多数詠んでいる。「草づたふ朝の蛍よみじかゝる　われのいのちを死なしむなゆめ」は名作として知られる。茂吉はホタルの生命のはかなさを、しばしばわが身に投影している。

最後に現代文学を数点紹介することにしたい。まず谷崎潤一郎の『細雪《ささめゆき》』三巻（1946〜1948）には、大阪の船場《せんば》生まれの美しい4人姉妹の生活が描かれており、（大写実小説）、そのなかに蛍狩りの情景がある。「……両側の叢から蛍がすいすいと、すすきと同じような低い弧を描きつつ真ん中の川の縁に沿うてどこまでもどこまでも、果てしなく両岸から飛び交わすのが見えた。……それが今まで見えなかったのは、草が丈高く伸びていたのと、その間から飛び立つ蛍が、上の方に舞い上がらずに、水を慕って低く揺曳《ようえい》するせいであった。……」と、次姉の「幸子」にその夜の蛍狩りの情景を回想させている。さすがに臨場感あふれる名文であると思う。

つぎに「焼け跡闇市派」を自称する野坂昭如《のさかあきゆき》の作品「火垂《ほた》るの墓」（1967）は、「アメリカひじき」（1967）とともに1968年、直木賞を受賞した。作者は1945年の神戸大空襲で、養父母を失い、当時15歳の昭如は妹・恵子とともに戦災孤児として焼け跡をさまよい、8月22日恵子は1歳3カ月で行き倒れた。この時の体験にフィクションも交えて「火垂るの墓」が生まれた。この小説では、戦災孤児「清太」と妹「節子」の栄養失調死を独特の〝長い〟文体で描いたもので、文中には乱舞する「火垂る」(ヘイケボタル)がひんぱんに出てくる。清太は妹の遺体をひとりで焼き「蛍と一緒に天国にいき。」と話しかけ、まもなく自分も野垂れ死にしたという悲劇的な結末になっている。この作品はアニメ化されてテレビでもよく放映され、私も何回か視聴したことがある。

宮本輝《てる》の「蛍川」(1977)は富山県を舞台にした幻想的な小説(翌年単行本化)で、芥川賞を受賞した。その終段から引用する。

「蛍の大群はざあざあと音を立てて波打った。それが蛍なのかせせらぎの音なのか竜夫にはもう区別がつかなかった。このどこから雲集して来たのか見当もつかない何万何十万もの蛍たちは、じつは英子の体の奥深くから絶え間なく生み出されているもののように思われてくるのだった。……風がやみ、再び静寂の戻った窪地の底に、蛍の綾《あや》なす妖光が人間の形で立っていた。」(大尾)

最後にもう一編。村上春樹の「蛍」(1983)は、『蛍・納屋を焼く・その他の短編』(1984)に再録されている。この作品は、上京した大学生の「僕」が、寮の同居人からもらった1匹のホタルを屋上の給水塔の縁で放すという情景をモチーフにしている。ホタルはしばらく静止していたが「何か思いついたようにふと羽を拡げ、その次の瞬間には手すりを越えて淡い闇の中に浮かんでいた。……やがて東に向けて飛び去っていった。……僕は何度もそんな闇の中にそっと手を伸ばしてみた。指は何にも触れなかった。その小さな光は、いつも僕の指のほんの少し先にあつた。」――これは、はかなく消えた恋の想い出を、ホタルの光のはかなさと重ね合わせた小品である。

以上のように、多様かつ多彩なホタルにかかわる古今の文芸作品は、日本独自の誇るべき文化であり、それは現代の国民的なホタルの保護運動の基盤にもなっているのではなかろうか。

ホタルの本の古典

前章に続いて、明治から昭和前半までに出版されたホタルの単行本４点について述べることにしたい。これらの「古典」は、今日でもホタルに関心を抱く人たちに参考になる事柄が書かれていると思う。その刊年順に紹介する。

渡瀬庄三郎『学芸叢談　蛍の話』（１９０２）、98頁、東京／大阪・開成館

渡瀬庄三郎

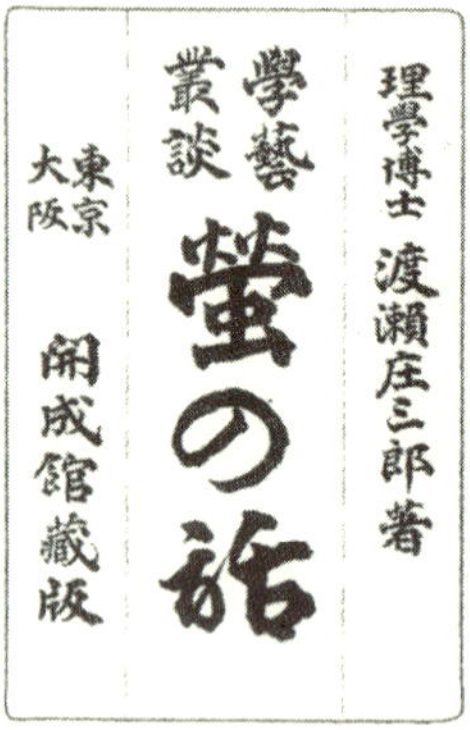

『蛍の話』表紙

渡瀬（１８６２〜１９２９）は東京帝大理科大学教授、理学博士（写真）。日本最初のホタルの本で、ホタルに関する古今東西の話題を平明に述べたもの。当時の読者層に好評を博したという。渡瀬はその刊行前後に、「動物学雑誌」、「昆虫世界」、「理学会」などにも、ホタル関連の啓蒙的な記事を書いている。ちなみに、渡瀬は在米10年の間、細胞組織学に専念したが、帰国後は動物の生活と人生との関係の研究に転じて、熱心にその材料の収集に努めた。

神田左京『ホタル』（１９３５）、４９６頁、東京・日本発光生物研究会（自刊）

神田（１８７４〜１９３９）は１９０７〜１９１５年、アメリカに留学し、ミネソタ大学で「巻貝類の走地性に関する研究」でPh. D.（理学博士）の学位を取得した（写真）。１９１５年に帰国したが定職が得られないままに京都帝大医学部生理学教室、九州帝大医学部臨海実験所および東京の理化学研究所と移りながらほとんど無給の嘱託などの身分でウミホタル（甲殻類）やホタルなど、発光動物の研究に没頭した。

　神田が不安定な身分で転々としたのは、人づきあいのまずさと、日本の学閥に属さないことなどによるものであろう。その一方、彼の人物と才能を見込んで、経済的な援助をした篤志家もいた。

　神田は、およそ「光るもの」になら何でも興味をもって研究の対象にした。その成果が『光る生物』（1923）、『不知火・人魂・狐火』（1931）、主著の『ホタル』などになっている。神田は生化学が専門であり、ホタルについても、一口にいうとその生活史と、発光のメカニズムが主題であった。

神田左京

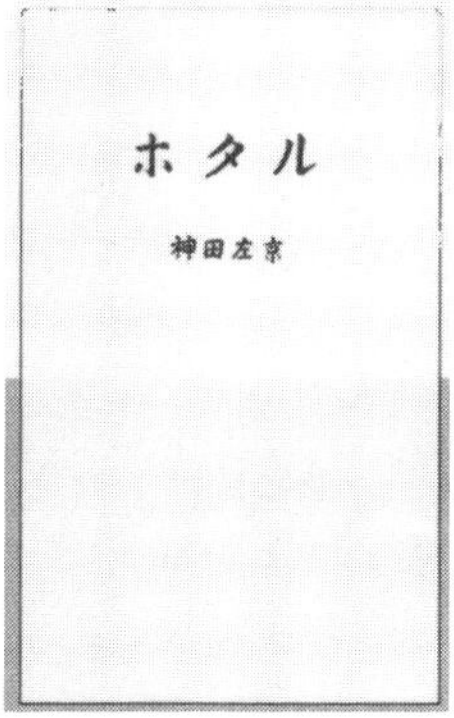

『ホタル』表紙

　さて『ホタル』は、みずから「心中の墓碑」と称しただけあって、神田が自身で研究したことだけではなく、ホタルにまつわる故事や民俗にいたるまで集大成したもので、『ホタル百科全書』といってよい。この大著に精魂を投入して書いたためか、持病の慢性肺結核が悪化して、刊行の4年後に死去した。一生独身で通したため遺族はおらず、遺骨の所在も不明である。

『ホタル』の最大の価値は「生きた形態」の章にある。これには、ゲンジボタル、ヘイケボタル、ヒメボタルなど6種の生活史ないし卵・幼虫・さなぎ・成虫の形態が精細に記載されている。

　本書には、ゲンジボタルの発光間隔は地域によって4秒型（甲府市外）と2秒型（岐阜市外）のあることが記されている。この発光間隔の問題は、近年、大場信義の精査により、2秒型（西日本型）、4秒型（東日本型）、が確認され［Ohba 1984、大場 1988］、さらにこれらは二つの生態型であるとされている。また、鈴木浩文ほかのミトコンドリアDNAの研究により、その地域の区分も明らかにされつつあり、神田の観察は最近の研究により、近年のゲンジボタルの人為による移動（移殖）の自制運動などにも影響を与えている。

原志免太郎《しめたろう》『蛍』（1940）、216頁、東京・実業之日本社

原（1882〜1991）は、「お灸のお医者さん」（医博）で日本一の男性長寿者として有名であった。彼は京都府立医学専門学校を卒業後、九州帝大医学部で研究生活をしていたが、その当時、宮入慶之助（1865〜1946）の知遇を得た。宮入は日本住血吸虫の中間宿主が淡水生巻貝ミヤイリガイ（カタヤマガイ）であることを発見した（1913）。それで、北里研究所の宮島幹之助は『蛍と住血吸虫病―人生に益ある蛍の生涯』（1918）という小冊子をつくり、スライドを映写して遊説したりした。けれども、神田は『ホタル』で「ホタル天敵説」に反対を唱えた。

『蛍』表紙

　そこで、宮入や宮島を信奉する原は、みずからこれに反論するため、詳細な研究を行って発表した（1940）。これを論拠として『蛍』（写真）を刊行したが、世はすでに「非常時」一色で、ホタルどころではなかったのである。

南喜市郎『ホタルの研究』（1961）、321頁、彦根市・太田書店（発売）、自刊

南（1886〜1971）は、ゲンジボタルの多発生地として有名な滋賀県守山町（現・守山市）で醤油醸造業の家に生まれ、長じて家業を継いだ（写真）。青年時代に岐阜市の名和昆虫研究所長・名和靖《やすし》の指導を受けながら、地元で「守山蛍」の研究にとりくむようになった（1919年6月より）。1920年1月6日の夜、ゲンジボタルの幼虫がカワニナを食べるのを観察した。こうして、南は同地のゲンジボタルの保護と飼育研究に傾倒していった。後年、それらの研究結果を一般向けにまとめたのが『ホタルの研究』である（実質上は自費出版）。その主要な内容は、ゲンジボタルとヘイケボタルの生活史、ホタルの室内飼育などである。「益虫としてのホタル」の章では、先述のミヤイリガイの天敵としてヘイケボタルの幼虫が有益であることを述べ、ゲンジボタルの幼虫によるミヤイリガイの根絶は不可能であると述べている。すなわち、この後者は先述の神田の説と同意見である。

　1968年、第一回全国ホタル研究同好会（1976年「全国ホタル研究会」と改称）が守山町公民館で開催され、日本中から40名が参加し、そのあと南が初代会長に選出された。その後、この会は今日まで発展を続けている。ちなみに、米軍は本書を英訳している（1961）。ハワイなどの吸血虫類の中間宿主対策の参考資料であろう。

南喜市郎

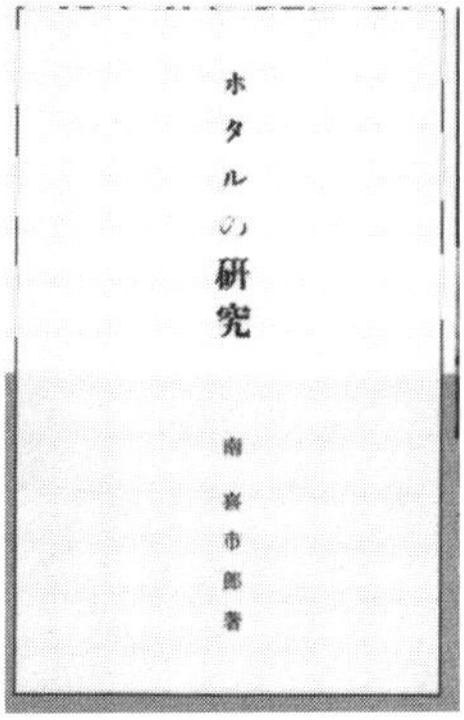

『ホタルの研究』表紙

ホタル狩りからホタル保護へ

　ホタルは、古い時代から花鳥風月を愛する日本人には広く親しまれてきた。それで、「蛍狩り、蛍籠、蛍売り、蛍見、蛍船、蛍茶屋、蛍合戦、蛍火」など、季語もたくさんある（死語になったものもみられる）。これらのうち、最もよく周知され

「蛍狩」鈴木春信

ているのは「蛍狩り」であろう。

ホタルを捕るときは、葉をつけた竹や笹、うちわ、せんす、さで網、漁網や虫捕り網などが適宜使われる。捕ったホタルの入れものは、わら製の蛍籠、虫籠、紙袋、カイコのまゆ、クスサンの繭（すかしだわら）、ホタルブクロの花（名前ほどには実用されない）など多様である。

また地方色ゆたかな蛍狩り専用のわらべ唄がたくさん（1000点以上［三石 2002］）残されている。最も普遍的な〝正調〟は「ホーホーホータルこい、あっちの水は苦いぞ、こっちの水は甘いぞ」であろうか。このわらべ唄には、暗闇のこわさ、仲間からはぐれることなどを避ける目的もあったと思う。

日本の国土には水田とその用水路が広く存在したからそこに住む巻貝類を食するホタル類は、里山昆虫といってよい。それで、蛍狩りや蛍見物の名所は、かつては都会にも数多く知られており、人びとが集まった。江戸市中のホタルの名所は、斎藤月岑《げっしん》（1838）の『東都歳時記』に「王子辺、谷中蛍沢、高田落合姿見橋辺、目白下通り、目黒辺田畑、吾妻森辺、墨田川堤」などとある。王子や谷中のものはゲンジボタルであろう。

このように、都市でも山村でも普遍的に見られた人里昆虫のホタル類も、1960年代の高度経済成長期には、河川の改修、岸辺のコンクリート工事、水質の汚染、土地開発による池沼の消滅、その他などにより、急激に減少した。

近年は「かけがえのない地球」を守ろうということで、グローバルな自然保護活動が展開されるようになった。日本では、ゆたかな自然環境のシンボルとして、ホタル（とくにゲンジボタル）が掲げられ、その発生地の保護・保全・復活・創生などがあり、その地域の広がりと住民のパワーの強さとからは国民的運動の感がある。

そして、他地域からゲンジボタルを移殖する場合には、DNAレベルで東日本型か西日本型かのチェックと、移殖の可否などについて検討され、議論が交わされることが多い。このように一般市民の間でDNAを考慮した討論がなされるのは、日本の特殊な社会現象ではなかろうか。

私見では、日本民族の〝純血主義〟がその底流にあるのではないかとひそかに思っている。あるいは、今様にカッコよく言えば、「生物多様性を護るため」ということになるのかもしれない。

かくして、日本人のホタルとのかかわり合いも、ホタル狩り→ホタル見物→ホタル観察→ホタル保護→ホタル観賞（ときに鑑賞！）と変遷し、今やホタルは豊かな自然のシンボルにまで昇華されている。

以上述べてきたことどもを総合すると、日本独特の「ホタル文化」が醸成されてきたように思えるのである。

（本文中、神田左京の顔写真および原志免太郎（1940）の論文は、大野正男氏のご厚意によるもので感謝いたします）

〈主な参考文献〉

江崎悌三1931「虫を題材にした教訓本（随筆虫道楽の一）」「虫」3（3）：197～204頁。上野益三・長谷川仁・小西正泰編集『江崎悌三著作集』思索社、第2巻：307～313頁に再録
江崎悌三1931「虫を題材にした教訓本（随筆虫道楽の二）」「虫」3（4）：279～284頁。上野益三・長谷川仁・小西正泰編集『江崎悌三著作集』思索社、第2巻：314～318頁に再録
江崎悌三1942「日本の昆虫文学」『あきつ』3（2／3）：51～75頁。上野益三・長谷川仁・小西正泰編集1984『江崎悌三著作集』思索社、第2巻：227～305頁に再録
原志免太郎1940「ホタルの人工的飼育実験特に其幼虫の日本住血吸虫中間宿主宮入貝に対する衛生学的価値に就いて」『九大医報』14（5）：1～10頁
小西正泰1979「ホタルに憑かれた人・神田左京」『ア

ニマ』７（2）：40～44頁
小西正泰１９９２「神田左京外伝―ホタルと「心中」した異才」『学燈』89（70）：10～14頁
小西正泰１９９５「ホタルの文化史」『学士会会報』No.８０７：１１１～１１６頁
小西正泰１９９７「日本のホタル文学」『インセクタリウム』34（5）：34～39頁
小西正泰２００７「虫の文化史」日仏共同企画「ファーブルにまなぶ」展委員会『ファーブルにまなぶ』：94～98頁
国松俊英１９９０『ゲンジボタルと生きる―ホタルの研究に命を燃やした南喜市郎』くもん出版
三石暉也２００２『ホーホーホータル来い』川辺書林
Ohba Nobuyoshi 1984 Synchronous flashing in the Japanese firefly, *Luciola cruciata* (Coleoptera: Lampyridae), Sci. Rept.Yokosuka City Mus. 32:-33, pl.8
大場信義１９８８『ゲンジボタル』文一総合出版
大場信義２００４『ホタル点滅の不思議―地球の奇跡』（特別展示解説書7）横須賀市自然・人文博物館
大場信義２００９『ホタルの不思議』どうぶつ社
小沢博也１９７２『蛍と文学』みすず発行所（自刊）
上野益三１９８８「渡瀬庄三郎」木原均・篠遠喜人・磯野直秀監修『近代日本生物学者小伝』平河出版社、１３７～１３９頁

第７章

虫のオブジェの魅力

～カマキリの場合を例に～

梅谷献二

殺生を伴わない昆虫グッズの収集

昆虫少年の「前歴」を持つ、俗に「虫屋」といわれるぼくの仲間には、物を集める習癖を持つ人が多く、ぼくにもそのケがある。ぼくは仕事の関係上、無数の虫たちを殺してきたが、その反動で、趣味で虫を殺すのが嫌になり、もうずいぶん前に趣味の昆虫採集を卒業した。そしてその代わりに収集癖を満たしているのが、虫をモチーフにした玩具や工芸品など、いわば殺生を伴わない昆虫収集である。

発端は昭和57年（１９８２）の春、ある害虫の調査で初めて中国大陸を縦断した折に各地のみやげ物店で見た多彩な玉で作ったセミであった。以来、三十余年、国の内外を問わず、虫のオブジェの探索が旅の楽しみに加わり、それほど熱心に集めたわけではないが、その量もかつての昆虫標本にも増して家族から白い目で見られる程度の量になった。ぼくの収集の対象はすべての昆虫オブジェだが、本章では、多くの国で作られているカマキリのオブジェを例に、コレクションの一部を紹介する。

世の中には動物グッズを収集している人は数多く、とりわけフクロウやカエルなどは、その専門店まであるほどの隆盛を窮めているが、対して既知種１００万を数える地上最大の動物群で、形や生活の多様性においても右に出るもののない昆虫類は、昨今の虫嫌い人口の急増もあって、虫のオブジェなどは見かけることも稀な状態が続いている。ただ例外は近年、降って湧いた「虫キング」ブームで、プラスチック製のカブトムシやクワガタムシのいわゆる「カブクワグッズ」が巷にあふれ、これに関するかぎりはまさに〝フクロウ状態〟になっているが、どうもこれは昆虫少年の復活とは別次元の、ロボットバトルゲームの延長線上の現象らしく、ぼくにとっては素直に喜べない部分がある。

昆虫オブジェを集めるのは、強いて理屈をつければ、それを通して世間の虫に対する関心の度合いや変遷を探るという、目的がある。そのため収集は、商品化されているものに限り、「なぜそれが創られ、なぜ購入する顧客がいるのか」の民俗誌的な興味が第一の上に、購入する場合には限度額を決めているので著名な芸術家の作品や骨董的な価値の高いものはほとんどない。

多くの場合、個人のコレクションの末路は哀れだが、このたび、ぼくの古巣でかつて昆虫標本を一括寄贈した㈲農業環境技術研究所（在つくば市）の昆虫標本館からの申し入れで、虫のオブジェについてもめでたくこの公的機関の近代的機能の完備した標本室で永久保存されることになった。

なお、本章は創森社刊の拙著『虫けら賛歌』（2009）および生き物文化誌学会の刊行物「ビオストーリー」15巻（2011）に記載したものを骨子に、一部加筆・訂正したもので、写真も多くは、㈱全国農村教育協会、㈶東京動物園協会および筆者の撮影によるものである。虫のオブジェの取集にあたって協力をいただいた多くの虫仲間や知友に厚く御礼申し上げる。

カマキリの仲間

カマキリ（カマキリ目昆虫）の仲間は、世界に2000種、日本にはオオカマキリなど9種が分布する。通常年1世代、卵越冬、すべて肉食性で蛇や小鳥を捕食した例も知られている。

フランスの社会学者ロジェ・カイヨワ（1938―久米博・訳1994）は、「カマキリのような昆虫は感情に直接作用する客観的能力を、めずらしいほど明瞭に提示している」と述べているが。カマキリをこれほど印象的な虫にしているのは、前脚が特化して鎌になり、後の4本脚だけで歩き、細い前胸に自在に動く逆三角形の頭を載せて周囲を見渡し、行動が人間を思わせるなどの特徴による。

こうしてこの虫は人間生活との関連が希薄な割には世界的に抜群の知名度を誇り、多くの民話や伝承を生んできた。また、日本では、鎌を合わせて静止する姿から「オガミムシ、オガメ」など祈りを表す呼び名を中心に、100種もの方言が記録されている（柳田１９５０）。また、英名でも praying mantis（祈り虫）と呼ばれ、科名の学名 Mantidae はギリシャ語で占い師・預言者の意味である。

一方、ほかの生き物を捉えて食う残忍性が悪い印象も呼び、この虫ほど毀誉褒貶が錯綜した虫も珍しい。さらにカマキリには、「蟷螂の夫は妻に食はれけり（鷗外）」と文豪も詠んだ悪いイメージがあり、交尾中のそうした実例もしばしば観察されているが、実際の野外での観察によると、雄の雌への接近は極めて慎重で、交尾後は速やかに退散し、53の交尾例のうち、雄が食われたのは1例だけだったという（松良１９７８）。

日本の絵入り銅鐸のカマキリ、アメンボ、(クモ?)、カエル

日本のカマキリオブジェ

弥生時代中期の銅鐸の中に、狩猟や農耕に関する原始レリーフのある「絵物語銅鐸」と称する国宝があり、昆虫では写真に例示したカマキリとアメンボ（またはクモ）のほか、トンボが登場している。これらの動物絵の解釈には多説があるが、いずれもが捕食者であることから、稲作害虫の捕食性と関連づける説が有力である。

いずれにしても祖先がカマキリの生態を認識し、２０００年の時を越えてその姿を残してくれたことに感動する。そしてこれが日本ではカマキリの最古の記録である。ちなみに、世界最古は紀元前5世紀のギリシャコインに使われたカマキリの図柄という（故・小西正泰氏―私信）。

祇園祭の蟷螂山

京都祇園祭の記念手ぬぐい（2008年、坂井道彦氏より）

京都祇園祭の蟷螂山（坂井道彦氏原図）

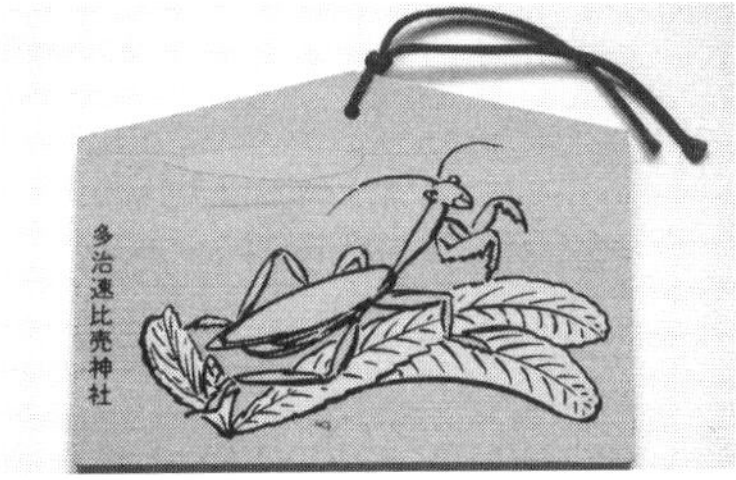

多治速比売神社（大阪府堺市）の記念絵馬（1889年、川澤哲夫氏より）左右15cm

毎年7月に開催される京都の八坂神社の祇園祭とその山鉾巡行は、大きなにぎわいを見せ、１９７９年に32基の山鉾と巡行行事が有形民俗文化財に指定されている。祇園祭の由来は素戔嗚尊《すさのおのみこと》を祭った祇園社（八坂神社の前身）で、貞観11年（８６９）に疫病退散の御霊会《ごりょうえ》を行ったのが最初で、14世紀半ばには山鉾が登場し、間もなく御所車にカマキリを載せた「蟷螂山」が加わった。カマキリの脚や御所車の車輪が動く唯一のカラクリ山鉾で、中世の「洛中洛外屏風」にもその雄姿が描かれている。「蟷螂山」は元治元年（１８６４）の禁門の変で焼失し、再建はされたが巡行に再び加わったのは昭和56年（１９８１）以降である。このとき「蟷螂山」（**写真上右**）は7代目・玉屋庄兵衛によって新調され、装飾織物は人間国宝・羽田登喜男作の友禅染めで統一された（坂井2008）。

南北朝時代に、南朝の公家出身の武将・四条隆資《たかすけ》が北朝の大軍を相手に奮闘して戦死したが、それによって後村上天皇が吉野に落ちる時間が稼げた。隆資の屋敷のあった現在の蟷螂山町の人びとがその武勇を「蟷螂の斧」になぞらえ、永和2年（1376）に「蟷螂山」を創ったと伝えられる。

ただ日本で「蟷螂の斧」の解釈は、「自分の微弱な力量をかえりみずに強敵に立ち向かう、はかない抵抗のたとえ（広辞苑）」で、「匹夫の勇」と同義で使われる。しかし、その語源は中国の春秋時代に、斉の君主荘公が馬車の車輪の前で威嚇するカマキリを見て、これが人ならば天下の勇者になるであろうと、カマキリを避けて馬車を迂回させて通ったという故事による。つまり、「蟷螂の斧」は本来褒め言葉で「蟷螂山」の解釈こそが正しい。また、祇園祭の折には毎年、蟷螂をあしらった手ぬぐい（**167頁・写真左上**）や絵馬などの記念品が販売される。「蟷螂山」の流れは、静岡県森町にも残る。この地の飛鳥時代創建の山名神社でも、毎年7月に祇園祭で奉納される舞楽（重要無形民俗文化財）のなかに、室町時代以来の「蟷螂の舞」がある。筆者はまだ鑑賞の機会がないが、子供がカマキリの形のカツラをかぶり、背中に4枚の翅を付けた衣裳で踊る、ほかに例のない珍しい舞楽として知られている。

167頁左下の写真は大阪府堺市にある・多治速《たじはや》比売《ひめ》神社の絵馬で、虫仲間の川澤哲夫氏よりいただいたものである。大阪のこの神社は6世紀ころの創建で、室町時代の再建と言われる本殿は、多くの珍しい彫刻で装飾され、国の重要文化財に指定されている。本殿の向拝には芭蕉とカマキリを組み合わせた色鮮やかな透し彫りがあり、これが絵馬の図柄の由来になっている。このカマキリの彫刻はほかに例がなくこれを目的の参拝（予約制）客も多いという。祭神の多治速比売命（弟橘姫とする説がある）は、厄除け・安産・縁結び神として信仰を集めているが、カマキリの由来は定かではない。

日本の竹細工のカマキリ

島根県の竹細工師・勝部誠次作（1989年、島根空港売店で採集）体高4㎝

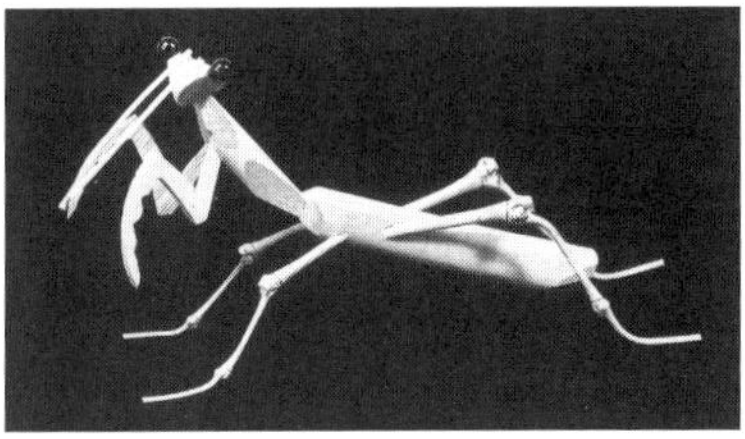

高知県の竹細工師・釣井常徳作（1988年、小山重郎氏より）体高9㎝

高知県の竹細工師・西村竹創斉作（1991年、採集）体高9㎝

筆者が収集した、カマキリの工芸品は、地の利もあって日本のものが数多く、素材も金属、木、紙、ガラス、布、プラスチックなど多岐にわたる。ここではそれらを代表して日本のお家芸の竹細工のカマキリの一部を紹介しておく。竹細工師にとって、竹の節が昆虫の環節を連想させるらしく、笊や籠などを作る一方で虫の製作を試みるケースが多い。

右上の写真は、島根県の勝部誠次氏の作品。竹の直截的な線や節の面白さに魅せられて、さまざまな竹人形を製作しているという。島根空港の売店で販売中のその作品の中にこのカマキリがいた。翅を広げて威嚇する見事な作品である。

右下の写真は、高知県大豊町在住の釣井常徳氏の作品。高知県のさる民芸品店で「大豊町に竹で素晴らしい虫を作る人がいる」という話を聞いた。それが釣井氏で、偶然、友人の小山重郎氏からいただいたこの作品がその釣井氏の店での購入品であった。一見素朴だが、夜徘徊しそうな雰囲気がある。

左の写真は、同じく高知市在住の西村竹創斉氏の作品。氏は竹の内側の薄皮と極微の竹ヒゴを用いて虫の翅の質感を表現する手法を開発して『昆虫図鑑』と見まがう多彩な虫を創り、しばしばマスコミにも登場している。このカマキリは20年ほど前、水戸のデパートで開催された高知物産展に氏を訪ね、ほかに数点の虫とともに破格の廉価で譲り受けたものである。各環節が動き、一体製作に3日間を要するという。虫の竹細工中の白眉の一品である。

日本のガラス細工のカマキリ

多彩な着色ガラスを使用し、デリケートな触角や脚を自在に表現できることが作者の創作意欲をかきたてるのか、ガラス細工の虫はけっこう数が多い。ただ、すべて手作りで一般的に高価なことと、きわめて壊れやすいことが欠点で、見かけても買えなかった作品や破損して捨ててしまった作品も多く、ぼくのコレクションに占めるその数は少ない。また、原産地は大部分がガラス工芸で有名なベネチアか、こうした繊細な技術をお家芸とする日本または日本のメーカーが発注した台湾製である。

今回はそれらのうち、カマキリの逸品を紹介したい。2000年の春、東京丸善の民芸品売り場で発見したものである（**12頁・写真**）。虫のオブジェは作者不明のものがほとんどだが、これは好んで昆虫などの小動物をモチーフにしているというガラス工芸家の松田尚子氏の作品。破損を恐れて門外不出にしていたので、撮影のための移動のさいは娘を嫁に出す父親の心境であった。体長は約5cm。

外国のカマキリオブジェ

台湾の餅製のカマキリ

虫仲間の北村實彬氏が、1987年に台湾を旅し、中部西海岸の鹿港《ルーカン》民族博物館で、餅で作った本体に紙や針金で翅や脚を取り付け、彩色した小動物の玩具を発見した。昆虫は**12頁の写真**のカマキリのほかチョウ、カミキリムシ、コオロギがあり、かつては正月に子供たちがこれで遊ぶ風習があったという。北村氏はこの粗朴な玩具の最後の作者が、台中市に住む許安田老であることを聞き出し、早速老を自宅に訪ねた。自分が集めているわけでもないのにこの執念は、さすがに虫屋の血である。老は高齢ですでに製作をやめていたが、記念に保管していたこの４種４点の「現物限り」の虫を「無理」に譲り受け、帰国後それを４人の虫屋の好事家に土産として分配した。その結果ぼくの所にはこのカマキリが到来したが、この貴重品の散逸を惜しむ判断から残りの３点もぼくが「無理に」再回収した。いずれも独創的な形態と色彩を施してあるが、中でも、カマキリは抜群のデフォルメである。おそらくこの餅の玩具の発詳は中国南部と思われる。

中国の玉製のカマキリ

　蟷螂の斧の故事はもちろん発祥の地の中国でもよく知られ、「蟷螂」も「車に当たる男（当たり屋）」の意味である。そしてその姿は、中国の歴史的な古美術品のなかにもしばしば登場する。**12頁の写真**の２個の玉製カマキリは北京の瑠璃廠の歴史的な骨董街で採集した、19世紀初頭のものである。時代証明兼国外持ち出し許可証の政府の封蠟ラベルがついていたが、もっと古い時代のものかもしれない。中国で玉製の虫といえばもっぱら蟬で、ぼくのコレクションにもそれが数百個あるが、カマキリは珍しくこの２個のみである。玉製品は骨董品こそ高価であるが、通常最近のレプリカの玉蟬《ぎょくぜん》などは１個１０００円内外と手ごろな土産物で、たくさんの虫友がぼくからもらった玉蟬を持っているはずである。ただし、玉製品の新旧判別はプロでも難しく、玉蟬もニセ骨董品は無数にある。

　これまでぼくの中国訪問は、健康上海外調査を自粛するようになった２００５年頃までに15回ほどに及ぶ。そして、その間もっぱら通訳を務めていただいたのが当時中国農務省の昆虫部の劉建軍君（京都大学農学博士）で、それが転機となって劉君は日本向け農産加工物の輸出事業を立ち上げ、大成功を収めている。劉君との交流は今も続き、商用で来日のたびにつくばまでぼくに会いに来てくれる。そして、その劉社長の昨秋（２０１３年）の情報によれば、２００８年の北京オリンピックを契機に、玉の人気が高まり、今や玉蟬などはぼくが盛んに買い集めたたった10年ほど前の10倍以上に高騰しているという。ぼくからかつて玉蟬をもらった諸兄姉、大事にしてください。

中国のメノウ（瑪瑙）製一体彫りのカマキリ

メノウ製カマキリ（12頁・写真）は、メノウの石塊の上部を削って、3体のカマキリを浮き彫りにして、その部分だけ磨きをかけた美しい作品。メノウもまた広義の玉の一種といえる。野外でカマキリの成虫が3匹も密集していることが実際にあるかどうかは微妙だが、見事な職人技といえよう。中国ではこうした虫の大型玉製品をたまに見かけるが、値切る前に欲しさが顔に出て、たいていはかなり高価で買わされる羽目になることが多い。そのため、あとでつくづく眺めたら、やわらかい蠟石製で、それにうまく着色した文字通り「まっ赤なニセモノ」だったこともしばしばある。ただしこれは本物。

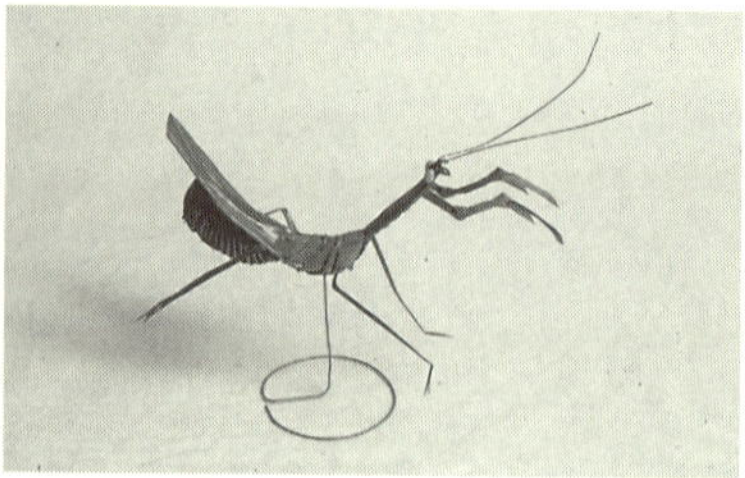
草編みのカマキリ（1988年、矢島稔氏採集）
体長12cm

中国の草編みのカマキリ

上の写真は、虫仲間の矢島稔氏の1988年の北京土産。説明書によると、作者は中国のラスト・エンペラーゆかりの愛新覚羅穫裕庸氏で、「この伝統工芸の唯一の継承者」とある。複眼や大腮《えら》が種子片である以外はイネ科雑草の茎葉で作られ、緑色に塗られている。脚に安定感がなく、針金の架台に載せてある。とくに腹部の繊細な編み方が見事で、日本の竹細工と双璧の技術と言える。

中国の黄銅透かし彫りのカマキリ

黄銅透かし彫りのカマキリ（12頁・写真）は1998年の北京の瑠璃廠での採集品。骨董品として高値が付けられていたが、他店にも同じものがあり、明らかに近代のレプリカである。おそらくオリジナルは台湾の故宮博物館に所蔵されている清代の装飾品であろう。古色を付けて?くすんでいるが、細工は繊細で実物の豪華さを彷彿させる。

ジンバブエの銅細工のカマキリ

写真左はぼくのコレクションの最大の協力者である東京農大の河合省三氏（現名誉教授）のジンバブエみやげ。この国は１９６４年に英国の支配から独立した旧南ローデシアで、銅の主産地のひとつとして知られる。首都ハラレのみやげ物店では、多様な銅細工の動物が売られていたが、虫はこれらのカマキリだけだった由である。構造は単純ながら造形は実に見事である。

銅細工のカマキリ（1985年、ジンバブエで河合省三氏採集）体長左8㎝、右8.5㎝

アフリカはアニミズムの世界で、多くの自然物には精霊が宿り、複雑に錯綜した人種のそれぞれに無数の神話や民話がある。とくにカマキリは形やしぐさが人間を連想させ、関連の神話や民話が多い。ジンバブエの国民の70％を占めるバントゥー族にも、カマキリを祖神とする神話があり、昔はこの虫が小屋に入ってくると先祖の神が子孫を訪ねて来たと丁重に扱かったという。数多い昆虫の中から銅細工のモチーフとして唯一カマキリが選ばれたのも、こうした背景によるものであろう。

アフリカの大地にこんなすてきなオブジェを生んでくれた精霊たちと、忘れずにぼくの分まで採集してくれた河合氏に感謝したい。

バナナスキンのカマキリ（1985年、ケニアで大竹昭郎氏採集）体長18㎝

ケニアのバナナスキンのカマキリ

ケニアのナイロビの観光土産に、バナナの幹の皮（バナナスキン）と針金で作ったいろいろな動物のミニチュアがある。**写真**はそのうちの一つで、虫仲間の大竹昭郎氏採集。素朴な造形だが形態的には正しく、作者にとってカマキリはよほどなじみの虫だったのであろう。

なお、ナイロビの国立博物館にはタンザニア郊外の岩肌に残る2000年前の「ブッシュマン美術」と称される壁画のコピーがある。ノンフィクションライターの新妻香織氏は、その現物を見るために現地に赴き、不思議な格好の人物画を数カ所で発見する。「それは、顔が縦に細長い四角形でざんばら髪で覆われて、体は細く、なんとしっぽが付いている。おまけに頭の上にカタツムリの目のような突起物があるものもある。別のサイトのものは、手やしっぽの先がブラシのように毛羽立っていた」。そして氏は「もしかしたらこの不思議な生き物のモデルは神格化されたカマキリかもしれない」という興味深い仮説を立てている（新妻 1999）。

また、カイヨワ（前掲）によれば、「一般的にいって、アフリカ大陸全土にわたって、カマキリ文明と言うほどでなくても、カマキリ信仰の痕跡を認めることは可能であろう」と述べている。

タイの木製色ガラス装飾のカマキリ

タイには金箔を貼り、色ガラスの破片をちりばめた絢爛豪華な寺院が多い。これは過去の様式を近代に集成した「バンコク美術様式」と言い、木彫品や細工物などにもこの手法が用いられている。そのひとつによく見かける「蝶」があるが、きらびやかなだけで安手な感じは免れない。ガラス装飾のカマキリ（**12頁・写真**）のカマキリはチェンマイの骨董店で採集したもので、実物とはかけ離れた造形ながら古色もついてそれなりの味がある。そう古いものではなく、商品としては一般性のある蝶に蹴落とされた敗残の工芸品で、売れずにほこりにまみれた結果の古色ともいえる。針金で作った前脚の形でカマキリとわかるが、これを含めると脚が8本ある。作者にとって鎌は手で、脚とは別の印象だったのであろう。

タイの威嚇するカマキリ

河合省三氏（前掲）がバンコクの民芸品店で採集

木製威嚇すカマキリ（2004年、バンコクで河合省三氏採集）体長31㎝

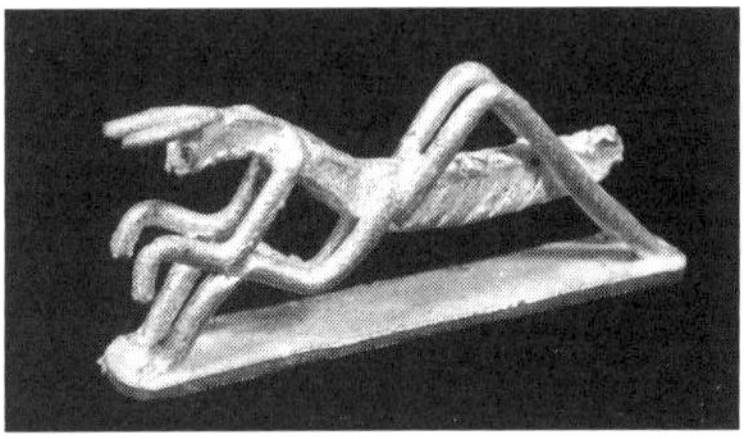

鋳物のカマキリ（1986年、フィリピンで安藤幸夫氏採集）体長9㎝

木製のカマキリの大型立像（1987年、バリ島で鈴木芳人氏採集）体長37㎝

したもの。同じものが3体あり、北タイの無名作者の持ち込み品を店が引き取った由である。胴と脚が組み立て式になっていて木製。かなりデフォルメされているが、迫力のある作品である（**写真右上**）。作者の製作意図は不明だが、河合氏の購入価格から推定すると作者の手取りはあまりに少なく、気の毒な気がする。

フィリピンの鉄製鋳物のカマキリ

虫仲間の安藤幸夫氏のマニラ土産。南部ミンダナオ島に住むチボリ族の民芸品を売る店で採集した由で、同材質の人形や動物が数多くあったが虫はこの1種1個体だけだった由である。粗雑な作りの胴体に、太い針金を曲げて作った触角と脚が溶接してあり、全体が金色に塗装してある（**写真右下**）。とても商品になるとは思えないすこぶる稚拙な作品である。周知のようにフィリピンのなかでも、ミンダナオの南部だけは根強いイスラム圏にあり、最近和解が成立した由であるが、長年政府軍との対立が続いてきた場所である。イスラム圏においてもカマキリの脚はいつも聖地メッカの方を向いて祈りをささげているという伝承があり、これがこの作品の由来に関与している可能性が高い。おそらく装飾品ではなく、護符として作られたものであろう。

バリ島の特異なカマキリ群像

インドネシアのバリ島の伝統的な木彫は、題材の多くを古典の「ラーマーヤナ物語」などから採用しているが、その中になぜかほかではみられない特異な形状のカマキリが散見される。ここにその主なものを紹介するが、しかし、ぼくは寡聞にしてカマキリの登場する東南アジアの古典を知らず、これらのカマキリの由来はまだナゾである。

大型立像は高さ37cmの硬木製（**175頁・写真左**）。比較的写実的な作品である。1987年、当時バリ島に駐在していた虫仲間の鈴木芳人氏のみやげ。翅端をくわえた立ち姿に色っぽい雰囲気があり、ある女性の友人は「おいらんカマキリ」と命名した。

カマキリ型灰皿（**12頁・写真**）は、1989年の冬、ジャカルタのみやげもの店の一隅で、ホコリまみれでぼくに発見され、「ぼくが買わなければ永久に売れない」という当方の言い分を店主が認め、タダ同然で入手したものである。店主の話ではやはりバリ島で製作されたものという。脚が8本もあるが、それが気にならないほど作者の力量を感じさせる見事なできである。白木の軟木製。

黒檀製カマキリ立像（**写真**）は、1980年、東京農業大学の、山本出氏がバリ島で求め、ぼくにくださったものである。当時、バリ島ではただ1軒の

黒檀製カマキリの立像（1980年、バリ島で山本出氏採集）体長28cm

みやげもの店ながら、同形のものを数多く見かけた由で、氏はこれと同じ白木製のものも所蔵しておられる。高さ28㎝。その後ぼくもこの地で再三にわたって探索したが、ついに発見できず、いまでは幻のオブジェである。びっくりするほど洗練された独創的な造形といえよう。

山本氏は虫のオブジェの隠れた同好の士で、ぼくとの間にはお互いに協力し合うという〝協定〟が成立している。この立像も協定の第1号としていただいたものである。

彩色木製立像（12頁・写真）は、前記の山本氏が1980年にバリ島で採集し、最近ぼくにくださったものである。表徴的なバリ島の極彩色の擬人化された立像で、台座を含めて高さ21㎝。

なお、こうしたバリ島の特異な、〝カマキリたち〟は、たまたま作家の興味だけで作られたとは到底考えにくい。そこで友人の紹介でバリ島で東洋一のバタフライ・ガーデン（蝶園）を経営する、出谷裕見氏に調査を乞うた。出谷氏は早速ジャワ出身の婦人に標本を見せたところ、「ワランカドンという珍しい虫で、これを捕えて『踊っておくれ私の運を占って』と歌うと、踊りだし、「顔や手足を上に向けたら運がよく、下に向けたら運が悪くなる」とのことであった。ついで、現地の従業員にも聞いたところ、ワランカドンのほかにワランケケだという者もいて、両方が出てくる昔の歌の存在や中部ジャワの王国が舞台の悲恋物語が存在することなどがわかった。「王様が王子に嫁を娶らせようとしたが、王子には恋人がいて悲嘆のあまり、ワランに変わってしまった」と。婦人によれば、「たぶん王子がワランカドンで、恋人がワランケケになった」とのことで、さらに婦人のジャワ在住の父君に問い合わせたところ、「ワランケケは灰色で、胴も手も長く、ワランカドンはずっと小さく、緑色と黄色のものがある」という返事だった由である。

こうして見るとワランカドンがカマキリのように思えるという出谷氏と筆者も同意見であるが、確たる証拠はまだない。引き続きご協力くださるという、出谷氏に期待したい。

まだ資料不足ながら、あえて仮説を立てれば遠くアフリカに端を発したカマキリ神話が、アラビア半島で発祥したイスラム教で「メッカを向いて祈る聖なる虫」になり、イスラム圏の拡大とともにカマキリ伝説もまた、形を変えて西から東へと伝承していった。そして、その「カマキリロード」のいくつかの場所で、それを具象化したカマキリの工芸品を残し、バリ島を終着駅とする緩やかで壮大なカマキリ文化圏を形成していったものかもしれない。

おわりに

以上のほか筆者のコレクションには、少ないながら欧米のカマキリの工芸品があるが、筆者の収集品に関する限り、プラスチック製の理科の教育用模型だったり、完全な玩具だったりして、筆者の好みからは面白みに欠けるものばかりなので省略する。

〈参考文献〉


『昆虫大全』メイ・R・ベーレンバウム著、小西正泰・監訳、白揚社、1998。

『死亡を賭けた恋の真偽』松平俊明著、「アニマ」63号、1978。

『誤解は旅の始まり―タンザニアのブッシュマン絵画を求めて』新妻香織著、「Tabit」10号。インターネット版、1999。

『神話と世界　1. カマキリ』ロジェ・カイヨワ著、久米博訳「神話と人間」、せりか書房、1994。

『京都祇園祭の虫』坂井道彦著、「アグロ虫」12号。2008。

『蟷螂の斧―創られたカマキリたち』梅谷献二著、「インセクタリウム」26巻1号、1989。

『Myths about Mantis』梅谷献二著、「Farming Japan」、36巻5号、2002。

『虫を食べる文化誌』梅谷献二著、創森社、2004。

『虫けら賛歌』梅谷献二著、創森社、2009。

『祈り虫―創られたカマキリたち』梅谷献二著、「ビオストーリー」15号、2011。

『蟷螂考』柳田国男著、「西はどっち―国語変遷の一つの例」、甲文社、1950。

第8章

昆虫切手収集の楽しみ

～昆虫切手収集案内～

正野俊夫

はじめに

私の子供の頃から青年期（１９７０年頃）まではゼネラルかトピカルかに分けられていた。ゼネラルは切手という切手、世界中の切手を全部集めようという集め方である。一方トピカルとは特定の範囲の切手を集めることを目指している。ところが世界の切手発行数が１００万に近づきつつあるのでゼネラルの収集はほぼ不可能になってしまった。現在では特定の国の切手を集める国別収集とトピカル収集に分けるのが当を得ている。トピカル収集は次の三つに分けられる。

1．図案別
2．発行目的別
3．テーマティク

図案別は昆虫、花、鉄道など切手の図案によって切手を集める方法である。発行目的別では最近の英国皇太子の結婚（Royal Wedding）とかダイアナ妃追悼、オリンピックなどが挙げられる。テーマティク（奇妙な和製英語だが郵趣界では定着している。Thematic）は切手の図案に執着せず自分の考えたテーマで切手を集める方法。自然保護、世界平和、里山保全などやや抽象的な主題で好きな切手を集める方法で、最近では図案別を中心に他の切手も集めて主題を作っていくのが流行っている。昆虫切手収集家の中にも図案別に全昆虫切手を集めるだけでなく昆虫が描かれていない切手も集めてテーマを作ろうという人も増えつつある。

昆虫切手収集は当然ながら図案別収集になる。昆虫切手は大きく2種類に分けられる。純昆虫切手と準昆虫切手である。発音が同じジュンであるので大変まぎらわしいのだが、他によい言葉がないので正式にこの言葉を使っている。仲間内では準昆虫切手のほうを便宜上セミ（Semi）などと言っている。純昆虫切手とは切手に描かれた図案から昆虫の種または属が同定できる切手を指している。それ以外に、昆虫は描かれているもののそれが小さいとか象徴的だとかで種の同定できない切手とか、昆虫に関係している事柄が描かれている切手、例えば生糸、絹織物などを準昆虫切手に分類している。ここでは種、属の同定ができる純昆虫切手のみに絞って話を進めることにする。

世界の昆虫切手

昆虫切手の数

世界中で発行された純昆虫切手の数はどのくらいあるのだろうか。２０１０年までの数は「世界の昆虫切手」種別リスト１、２（２０５～２０６頁の参考書を参照）から数えることができる。１９８９年までの種別リスト１には２８６５種類と記されている。続編に当たる種別リスト２では切手と小型シート（後述）やシートレット（後述）の耳紙に印刷された昆虫も同定されているので数えるのが少し面倒である。それを区分けして数えてみると切手がほぼ９８００種類、耳紙に印刷された昆虫が約１２００種類になる。２８６５種類プラス９８００種類であるから２０１０年までに約１万２６００種類の純昆虫切手が世界中で発行されたことになる。このように昆虫切手が増えてしまった原因の一つは切手の発行権譲渡による切手の乱発行であろう。多くの新興国が切手業者に切手の発行権を譲渡したり、切手の印刷、発行を委託したりしている。切手業者は収集家が買いそうな切手を印刷、販売する。その一つとして狙われるのが昆虫切手というわけである。現在では新昆虫切手の半数以上は切手業者が作った怪しげな切手である。印刷された切手が発行国に送られ郵便に使われれば問題はないが、発行国へは送られず、卸売業者を経て小売切手商から収集家に売られるものが多い。その切手が郵便に使われるのか否かを見極めるのは非常に困難で、収集家は目の前に出される切手につい手を出してしまう。この問題は解決困難でとても厄介である。

昆虫切手の昆虫分類学

純昆虫切手に描かれた昆虫を昆虫分類学的に数えてみよう。すべての純昆虫切手についてその分類学的位置を数えればいいのであるが、これが大変面倒なので、概略の傾向を知るために種別リスト２の目《もく》別のページ数を数えて、目別の割合を調べた。
　その結果を表に示す。チョウ目が全昆虫切手の4分の3を占めていることは予想どおりである。チョウ目を蝶と蛾に分けると蝶が65・8%、蛾が10・0%で、全純昆虫切手の実に3分の2が蝶切手であることが判明する。蝶が昆虫の中で最も愛され、また身近にある昆虫であることは世界共通のようである。蛾の切手は10・0%で全昆虫切手の1割を占めて、甲虫切手より多いのは意外である。欧米人が蝶と蛾をあまり区別せず、チョウ目切手を発行するときに題材として蝶と蛾を混ぜてしまうことに原因があるようだ。日本人は蝶と蛾を峻別するのでやや理解できないことである。

表　昆虫切手の目（%）

チョウ目	75.9
コウチュウ目	8.7
トンボ目	2.8
ハチ目	5.5
バッタ目	2.3
カメムシ目	2.1
ハエ目	0.9
カマキリ目	0.6
アミメカゲロウ目	0.3

注、種別リスト2より推定

　コウチュウ目が第2位であるのは昆虫の中での人気を考えれば当然かもしれない。ハチ目が3位で5%強を占めるのはミツバチの貢献によるもので、ミツバチと人間との関係は有史以前から緊密であり、アラーニャ（スペイン）の蜂蜜採りの洞窟画も切手になっている。切手の発行数が20以下の目は11あり、切手が1枚も発行されていない目が12ある。

人気の昆虫切手

　世界各国から発行された昆虫切手の中から美しいもの、人気のあるものを選んで紹介する。これらの切手は公益財団法人日本郵趣協会が刊行する月刊誌「郵趣」２０１１年12月号に掲載されたＪＰＳ昆虫切手部会（後述）が選ぶ「昆虫切手」ベスト50（以下ベスト50）の上位に選ばれたものを中心とする。

・**最初の昆虫切手**　世界最初の純昆虫切手はレバノンで１９３０年2月11日に蚕業会議を記念して発行された蚕の切手である（**図1**①）。蚕の幼虫、繭、成虫を描いた同じ図案の6額面の切手が発行された。額面ごとに刷色を変えた凸版印刷の切手で、今見ても気品のある美しい切手である。ベスト50でも5位に選ばれている。なぜ、ベイルートで蚕業会議

③ ① ④ ②

図１　世界の昆虫切手
①レバノン（1930年）、②サラワク（1950年）、③④マダガスカル（1960年）

が開かれたのか、不思議に思った。１９７０年頃、私の属していた害虫学研究室の隣が養蚕学研究室なので、そこの先輩に尋ねたところ、この会議に関する文献の存在を教えられた。その記事はＪＰＳ昆虫切手部会報の創刊号に私が書いた「レバノンの蚕切手について」で引用している。会議開催の事情、なぜ中東で開かれたのかが判るので再引用してみる。

ベイルート蚕業大会開催（二月十五日附在ポートサイド黒木領事代理報告）

シリアは古くより養蚕国として世に知られ、遠く羅馬全盛時代にも此地方より絹布の供給を受けしものなり、然るに長日月に亘る地方的政治上の混乱と大戦に依り本産業振はず、現に大戦前に於いてすら百五十の製糸工場を有せしが、今や僅に三十を算するのみ。而も其中五、六を除きては皆旧式のものなりと、シリア政府も仏本国の援助を得、本月十一日よりベイルートに養蚕者大会を開き埃及、パレスタインよりも代表者を招致し、英、仏、チエッコ領事其他多数代表者出席し居れり。本会の目的は勿論シリア同業の回復を主とするものなり。（蚕糸界報

昭和五年六月より引用）

この切手がシリアやレバノンの養蚕業や製糸業の復興を目的とした国際会議の記念切手であったとは驚きだった。この頃、日本は養蚕業の最盛期で、生糸の最大輸出国であったからである。

・最初の蝶切手　最初の蝶切手は英領サラワクから1950年1月3日に発行された（**183頁・図1②**）。15種からなるジョージ6世の肖像が描かれた通常切手シリーズの最低額1セントの切手である。アカエリトリバネアゲハが凹版1色刷で描かれた美しい切手である。ベスト50でも第4位に選ばれているように今でも人気の高い切手である。切手の印面にTROIDES BROOKIANAと学名が書かれているのも最初の蝶切手としては興味深い。なお、アカエリトリバネアゲハの属名は現在Trogonopteraに変更されている。

・スイス児童福祉切手　1950年から1957年にかけて発行されたスイス児童福祉切手はその印刷の美しさで世界中の切手収集家を驚かせた。クールボアジェ社が作った多色グラビア印刷の切手はそれまでの切手印刷の常識を覆すものであった。この切手を見て切手収集を始めたという人も多く、この切手によって昆虫切手収集に取りつかれた収集家も多数いる。このシリーズは年1回発行される児童福祉のための寄付金付切手である。寄付金付切手は切手の額面料金に寄付金の額を加えて印刷され販売される。最近、わが国でも東日本大震災に際し寄付金付切手が発行された。スイスの児童福祉切手は数年ごとにテーマを変えて発行されているが、1950年から1957年までの8年間はテーマとして昆虫が取り上げられた。毎年4種（1953年は3種）、計31種が発行された。ベスト50にも1950年発行のヨーロッパアカタテハ（**図2①**）が第1位に、1952年のナナホシテントウ（**図2②**）が9位にと上位に選ばれている。

・旧仏領独立国の昆虫切手　旧フランス領の独立国はフランスの印刷局に切手の印刷を依頼していた。初期の凹版多色刷で印刷されたものには魅力的な昆虫切手がある。1960年発行のマダガスカル通常切手のうち航空用高額面の切手、キマダラフタ

図2　世界の昆虫切手
①スイス（1950年）、②同（1952年）、③④チリ（1948年）、⑤ナミビア（2003年）

オチョウ（ベスト50、第6位、**183頁・図1③**）ニシキオオツバメガ（ベスト50、第3位、**183頁・図1④**）。カメルーン1962年発行のベニイロタテハ（ベスト50、第11位、**198頁・図5①**）などすばらしい蝶と蛾の切手である。トーゴ、1955年発行のゴライアスオオツノハナムグリ（**199頁・図6**）の切手も大変人気がある。

・チリ自然史発行100年記念　チリの博物学者クラウディオ・ガイが書いたチリの自然史第1巻出版100年を記念してチリの動植物を描いた凸版1色刷の切手が1948年に発行された。縦横各5枚、計25種の連刷で通常郵便用2額面（刷色、青と緑）、航空郵便用1額面（刷色赤）、合計75種の大セットである。昆虫はカストニアガ（**図2③**）、クワガタ、カマキリ（**図2④**）の3種が含まれ、3額面で9種の昆虫切手となる。昔はかなり高価な切手で、私も大学卒業数年後に3カ月分の月給をはたいて買った記憶がある。今はとても安くなっている。赤のカストニアガはベスト50の7位にランクされている。

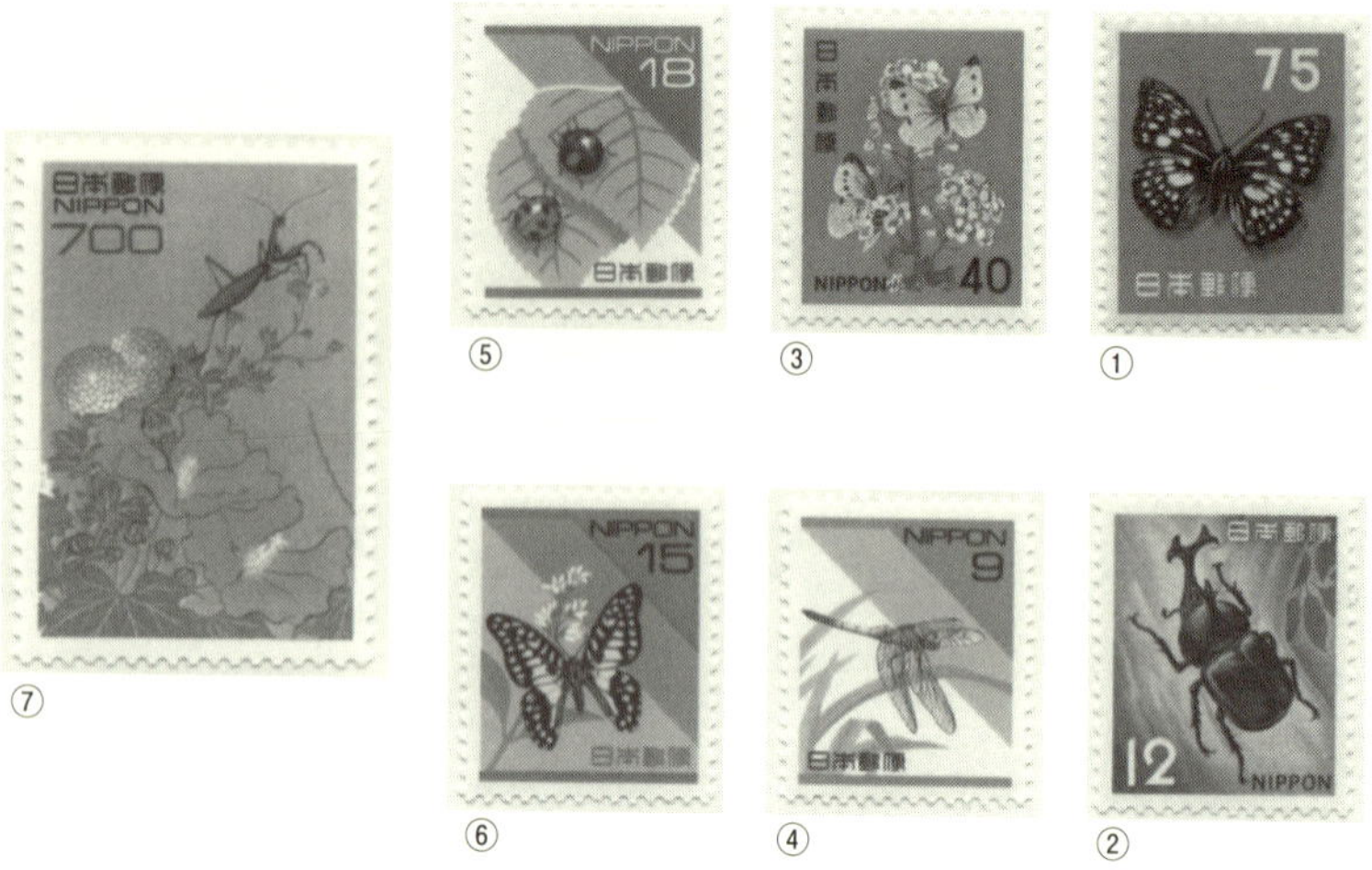

図３　日本の通常昆虫切手
①－③昭和切手、④－⑦平成切手

・**新目マントファスマ目**　昆虫綱の新しい目としてマントファスマ目（カカトアルキ目）が２００２年に記載された。分布地のナミビアから２００３年に「ナミビアの新発見生物」５種の１枚としてカカトアルキの切手が発行された（１８５頁・図２⑤）。なかなか迫力のある描き方をしている。

日本の昆虫切手

通常切手

日常的に郵便局で売られている切手で発行枚数や発売期間が限定されていない切手を通常切手と呼んでいる。普通切手ともいわれている。２０１４年４月１日より消費税値上げのため、封書用82円にはウメ、葉書用52円にはソメイヨシノの図案の通常切手が発行された。残念ながら今回の料金改正で発行される新通常切手には昆虫は登場しなかった。日本の通常切手の中にも昆虫切手が昭和に4種、平成に7種、計11種あるので発行日順に紹介する。

・オオムラサキ　75円（１９５６年６月20日）

括弧内は発行日。日本の純昆虫切手第1号で国蝶オオムラサキの雄が多色グラビア印刷で美しく描かれている（図３①）。背景の色はだいだい味赤とカタログには記されているが朱色でよいのかと思う。ルーペで拡大して見るとますますその繊細な美しさを増す。私としては数ある昆虫切手の中で最も好きな切手である。ベスト50でも第2位にこの切手が選ばれている。日本人である昆虫部会員が選んだので日本切手に対する贔屓目はあるにしても、この切手が世界の昆虫切手のなかで屈指のものであることには疑いがない。オオムラキが日本の国蝶であることは今では誰でも異論はないと思うが、それが決まった経緯について、日本の昆虫学の泰斗、九州大学教授の故江崎悌三先生の随筆集に「国蝶オオムラサキ」として書かれており、大変興味深い。国蝶を決める様子が詳しく示されている内容なので引用させていただく。

「来る20日に75円の新切手が発行される。それにオオムラサキという美しい蝶が自然の色彩のまま描かれるのである。こん虫好きの人にはうれしい話である。この蝶が日本の『国蝶』といわれていることが、この機会にクローズ・アップされて来たので、その由来を紹介しておきたい。（中略）

一つ日本の国蝶をきめようではないかということを昭和八年四月一二日に東京で開かれた蝶類同好会の会合でいい出したのは、実は私なのである。

その席ではみなそれに大賛成でまず中原和郎博士（現在ガン研究所長）が、国蝶にはオオムラサキが一番適当であると提案した。これには大多数の出席者が共鳴したのであったが、山階芳麿侯爵はミカドアゲハはどうかといわれた。その後オオムラサキは蝶を愛好する非常に多くの人の支持を受けたが一方では国蝶である以上万人が知っていなければ不都合だから、どこにでもいる普通の蝶でなければならない。それにはアゲハチョウが適当だという議論が出て、誌上で一年以上も花やかな大論争が続けられ、遂に昭和一一年になって会員の記名投票できめることになり、投票の結果七五対三四でオオムラサキが圧倒的な勝利を得たのである。

しかし当時会員が四百名あったのに、投票総数が思ったより少なかったので、会で正式に国蝶に指定するまでに至らなかった。それにもかかわらず、その後一般の蝶愛好家はこの蝶を国蝶として扱い外国にも紹介され、実質的には、この蝶が国蝶になってしまったのである。」（『江崎悌三随筆集』１９５８年、北隆館）

江崎先生が書いておられるように、切手発行時の１９５６年にはオオムラサキが国蝶であることは昆虫に関係する人たちの間では共通の認識であったようである。江崎先生は著名な切手収集家としても知られ、随筆集にも昆虫切手に関するもの13編を含む20編の切手に関する随筆が収められている。また、オオムラサキ切手の初日カバー（後述）に江崎先生が幼虫、蛹、成虫の絵を描かれたものがある（２００頁・図７）。

・オオムラサキ　75円（１９６６年９月１日）

通常切手にＮＩＰＰＯＮの文字を入れることになり改版、改色された通常切手が発行された。75円切手も改版、改色され、背景の色が朱色からぼやっとした赤になりあまり魅力のない切手になってしまった。

・カブトムシ　12円（１９７１年７月15日）

甲虫切手収集家が待っていた切手が発行された（１８６頁・図３②）。低額切手であるので単色刷のように見えるが明るい茶、暗い茶の2色刷である。デザインも悪くなく昆虫切手収集家の間では評判が良かった。

・モンシロチョウ　40円（１９８０年10月１日）

モンシロチョウとアブラナを描いた切手で蝶は2頭描かれている（１８６頁・図３③）。一般によく親しまれている蝶が切手になったという点で意義はある。童謡でも菜の花に止まれと歌われているが菜の花（アブラナ）にとっては迷惑な話で、モンシロチョウはアブラナ科野菜の大害虫である。虫の食痕が少しでもあると商品価値がまったくなくなってしまうという現在の流通構造では農家泣かせの害虫である。菜の花の上をモンシロチョウの雌雄が戯れあっているのは大変のどかな景色ではあるが、その裏には厳しい現実も存在しているのである。

・シオカラトンボ　9円（1994年1月13日）
ナナホシテントウとナミテントウ　18円（同右）

2種の昆虫図案の通常切手が同時に発行された（186頁・図3④⑤）。同年1月24日より郵便料金が値上げになり、封書が62円から80円に、葉書が41円から50円になるため、差額の加貼用に発行された。平成切手と呼ばれる通常切手シリーズである。これまでの通常切手の図案には統一されたテーマがなく、その時々でばらばらの図案が使われてきた。日本切手カタログでは動植物国宝図案切手などという妙な命名をしている。平成切手では30円以下の額面には昆虫を、50円から160円までは鳥を、180円から430円までは花を主題にすることになった。700円と1000円の大型切手には花鳥の名画が用いられた。そんな次第で平成切手では7種の昆虫切手が登場し、シオカラトンボとテントウムシがその魁《さきがけ》となった。この2種の切手は加貼用であるため最初から長い間の使用は期待されなかった。

・ミカドアゲハ　15円（1994年4月25日）

ミカドアゲハは1977年の自然保護シリーズ第4集以来2度目の登場である。低額の通常切手ということで比較的平凡な図柄である（186頁・図3⑥）。

・オオカマキリ　700円（1995年7月4日）

この切手は突然発行された（186頁・図3⑦）。適正料金のため700円切手が特別に必要なわけがないのになぜか。巷間の噂では7並び消印のためではないかと言われている。平成に入ってから数字並び消印の収集が流行った。平成2年2月2日の消印は2・2・2になる。1年に1日だけ同じ数字が並ぶ日があり、各地の郵便局にこの日の消印を記念消印してもらおうと郵趣家が押し掛けてくる。そこで郵政省が一計を案じて、700円切手に7並び消印を押させようとして700円切手を発行したのだという。記念押印をしてもらうには50円以上の切手を貼るか、50円の葉書が必要である。同じ手間でも50円と700円では収入が違うというわけである。記念押印は輸送も配達もしないのでポンと押印するだけで切手を使用済にできるので郵政省は丸儲けである。50円でも高いと常々思われているのに700円

図4　日本の昆虫を描いた記念・特殊切手

は阿漕すぎるのではというぼやきも聞こえた。

　郵政省の作戦が功を奏したか否かは定かではないが、とばっちりを受けたのが我々昆虫切手収集家である。新切手が発行されると初日カバー、マキシマムカード、実逓便など（後述）を作らねばならない。用意した封筒や絵葉書に新切手を貼り、発行初日の消印を押すことになる。その度に700円が必要だ。一人で図案の異なった封筒や絵葉書を使い何枚も作るのでかなりの出費になった。しかし、高い高いとぼやきながら、顔は嬉しそうに700円ずつどんどん浪費しているのだから切手収集家の心理は常人には理解できない。切手としての評判はかなり良かった。と言うのも原図が東京国立博物館所蔵の酒井抱一が描いた「四季花鳥図巻」から採られているからである。

・コアオハナムグリ　10円（1997年11月28日）
ニホンミツバチ　20円（同右）
ベニシジミ　30円（同右）

　身近に見られる昆虫を題材にしている。現在も郵便局で購入できる切手である。

記念・特殊切手

何かの行事を記念するために発行されるのが記念切手。昆虫シリーズとか、自然保護シリーズとか、国宝シリーズのように何かの主題で複数回に分けて発行されるのが特殊切手。この二つをまとめて記念・特殊切手というジャンルにしている。日本の記念・特殊切手の中の昆虫切手を紹介する。

・自然保護シリーズ第4集（1977年）

哺乳類、鳥、ハ虫類・両生類に続いて昆虫が取り上げられ4種の昆虫切手が発行された。

ゲンジボタル（5月18日）

ミカドアゲハ（7月22日、図4①）

ヒメハルゼミ（8月15日）

シマアカネ（9月14日）

種の選び方も順当だし切手の出来ばえもまあまあといったところで無難な昆虫切手といえる。特殊切手の発売日には絵入りの消印が全国の主要郵便局で使われる。特殊切手の場合、消印に小さなハトのマークが入っているのでハト印（略称、203頁・図10④）とも呼ばれる。

・第16回国際昆虫学会議（1980年8月2日）

京都で開かれた第16回国際昆虫学会議を記念してギフチョウの切手が発行された（198頁・図5③）。なかなか美しい切手である。この切手の発行に合わせて使われた記念日付印（略称特印）のデザインはトンボであった（203頁・図10③）。秋津島に因んで選ばれたようであるが、私たちの多数を占める蝶切手収集家の間では評判はあまり良くなかった。国際昆虫学会議は第1回が1910年にブリュッセルで開かれて以来、戦中、戦後の混乱期を除きほぼ4年ごとに開かれ昆虫学者のオリンピックともいえる。

・第30回国際養蜂会議（1985年10月9日）

名古屋で開かれた国際養蜂会議を記念してイチゴの花にとまるセイヨウミツバチの切手が発行された（図4②）。国際養蜂（者）会議は Apimondia と呼ばれる養蜂者の国際会議で、1897年に第1回が開かれ戦中・戦後以外は隔年に開かれ多くの開催国で記念切手が発行され、記念消印が使われている。

・文化人切手・第3集（1994年11月4日）

文化人シリーズ・第3集として宮城道雄の切手と共に速水御舟の切手が発行された（190頁・図4③）。肖像画の上と右に蛾が描かれており、その蛾が同定できるので純昆虫切手として扱われている。その蛾はエゾベニシタバ、ヘリジロヨツメアオシャク、アカヒトリ、ゴマベニシタヒトリ、ベニスズメ、シロヒトリ、シロオビアオシャクである。和名は昆虫切手部会の種別リストと異なったものがあるが、その後の調査で編集者が訂正したものである。御舟の作品には昆虫を描いたものも多く、「闘虫」、「晩蟬」、「白日夢」、「化生」、「粧蛾舞戯」、「炎舞」など多数ある。中でも「炎舞」は1979年6月25日発行の近代美術シリーズ・第2集に取り上げられている。昆虫部会のリストには純昆虫切手としては記載されていないが、友人の昆虫収集家によるとコシロオビエダシャク、シロヒトリ、キベリゴマフエダシャクなどが同定可能なそうで、私は純昆虫切手の仲間に入れてもよいと思っている。山種美術館でこの絵を見たとき、解説をしてくださった高名な美術評論家の先生が「よく見て御覧なさい、蛾は一匹として炎に飛び込んだり、炎の周りを飛び回ったりしていません。蛾は写生されたとおり正面から描かれていますよ」と言われた。御舟は制作のために昆虫を数多く写生し、それらは「昆虫写生図巻」として残っている。文化人切手の昆虫もそれから採られたものと思われる。

・国際文通週間（1998年10月6日）

毎年秋に国際文通週間が催され記念切手が発行される。題材はほとんど浮世絵で、そのため収集家の間での評判はいい。この両年は3額面各2種の切手が発行された。1998年は伊藤若冲の「動植綵絵」から採られ、130円切手の1枚が芍薬群蝶図で蝶が描かれている（190頁・図4④）。ミヤマカラスアゲハと同定されている。1999年は葛飾北斎で、110円切手にハナアブが小さく載っている。130円切手の1枚に牡丹と蝶が描かれているが、この蝶は同定に至らなかった。

・九州・沖縄サミット記念（2000年6月21日）

ペアの切手の1枚にデイゴとオオゴマダラが描かれている。

・福島・うつくしま未来博（2001年4月1日）

山梨・国土緑化（2001年5月18日）

岐阜・国土緑化（2006年5月19日）

三者とも「ふるさと切手」と呼ばれるもので、各旧地方郵政局が企画してその地方の風物を題材にしている。福島のものは磐梯山を背景に飛翔するカブトムシを、山梨のものはみずがき山麓を飛ぶオオムラサキを、岐阜のものは乗鞍岳を背景にギフチョウを描いている。

・日本郵政公社設立記念（2003年4月1日）

台紙から剥がしてそのまま貼れるセルフ糊の切手。最近はシール式切手と呼ばれ、その利便性により各国の切手で用いられている。縦2段、横5列の10面シートで、右端下の切手に牡丹と蝶。またもや酒井抱一の「四季花鳥図巻」であるが、きんきら金の趣味の悪い切手。

・奄美群島復帰50周年記念（2003年11月7日）

不遇の画家、田中一村が描く「奄美の杜・ビロウとブーゲンビレア」から採られた。ツマベニチョウが描かれた美しい切手（190頁・図4⑤）。

・日本ブラジル交流年記念（2008年6月18日）

横2列、縦5段の10枚連刷シートでブラジルの風物を描いている。左最下段にメラネウスモルフォを描く切手が配置されている（190頁・図4⑥）。

少し前までは、自国産以外の昆虫切手が発行されると昆虫切手収集家はえらく憤慨したものだが、最近はごく当たり前になってしまい、誰も文句を言わなくなってしまった。今回はブラジルの風物を描くということなので、モルフォチョウが採用されたのを昆虫切手収集家はむしろ喜んでいるようだ。

・自然との共生シリーズ・第1集（2011年8月23日）

同・第3集（2013年5月13日）

絶滅が危惧される動植物5種を選び年に1回発行される。同じ切手を横ペアにして5種を縦5段に並べたシート構成。昆虫は第1集にオオルリシジミ（190頁・図4⑥）、第3集にヨナグニマルバネクワガタが選ばれた。

昆虫切手シリーズ

1986年から1987年にかけて郵政省は昆虫シリーズという一連の昆虫切手を発行した。4種ずつの昆虫を5回に分け20種、さらに5集目の発行時には蝶4種を印刷した小型シートも発行された。既発行2種の蝶に新たに2種の蝶を加えたので、発行された昆虫の数は22に達し、日本の昆虫切手にとっては画期的な大シリーズとなった。採用された昆虫はチョウ目7種（蝶6種、蛾1種）、トンボ目6種、コウチュウ目7種、カメムシ目2種である。

選ばれた種が日本の昆虫を代表するものか、種類のバランスはいかがかと昆虫切手収集家の間では大議論が巻き起こった。収集家の大部分を占める蝶切手収集家は当然のこと蝶切手が少なすぎると不平を述べる。大体トンボが多過ぎる。いや日本の古い名前は秋津島と呼ぶくらいだからと反論する人もいた。切手にする昆虫を選ぶ委員のうちにトンボ学者がおられたとの噂もまことしやかに伝えられた。

第1集は1986年7月30日に発行された。2種の昆虫が隣り合わせに印刷され（切手用語でペア）、2組が横並びになり、次の段では並び方が逆になって5段20枚で1シートになっている。縦横2組（切手用語で田型）に切り取るとそれぞれの昆虫が斜めに組み合わされ、ちょっと格好が良い。第1集ではウスバキチョウとアカスジキンモンカメムシで1シート、ルリボシカミキリとムカシトンボ（**190頁・図4⑦**）で1シート、計2シート、4種の昆虫切手が発行された。

第2集は9月26日にオオクワガタとキリシマミドリシジミ、ミヤマクワガタとマイマイカブリ。第3集としては11月21日にウスバツバメガとベッコウチョウトンボと、エゾゼミとオガサワラタマムシが登場した。

明けて1987年1月23日には第4集としてミヤマクワガタとオニヤンマ、アサギマダラとヤンバルテナガコガネが、第5集として3月12日にキバネツノトンボとヒゲコガネ、コノハチョウとミヤマカワトンボの4種の切手が発行されシリーズの終了となった。このシリーズの額面は当時の手紙の料金60円である。なお、第5集の発行と共に既発行のウスバシロチョウとアサギマダラに加えて、葉書の料金である40円の額面でクモマツマキチョウとオオムラサキの新しい切手を組み合わせた蝶の小型シートが発行されたので、このシリーズに登場した昆虫は22種になった。

当時、全般的に日本切手のデザインの評判はあまり芳しいものではなかった。フランス、スイス、イギリス、オーストリア、北欧各国の切手のデザインに較べてかなり劣っていると言われていた。昆虫切手シリーズについても昆虫切手収集家の間では昆虫切手がわが国から発行されるのは喜ばしいのだが、切手自体はもう少し昆虫を生々《いきいき》と描けないのかという不満が満ちていた。昆虫切手ベスト50に、このシリーズの切手は35位にコノハチョウの切手が1点選ばれたのみであった。日本の昆虫切手収集家が1点しか選ばなかったことで、このシリーズの不評ぶりを窺うことができる。日本切手における最初で、また多分最後になるであろう昆虫切手の大シリーズなのに、この不評ぶりは非常に残念である。

昆虫切手例会ではこのシリーズのマキシマムカードを作ろうということになり、昆虫画家遠藤俊次氏に絵葉書原画の作成をお願いし、快諾を得、切手発行時に間に合うよう絵葉書を作成した。モノクロだが繊細なタッチの美しい絵葉書が出来上がった。問題は発売当日の押印だった。１９８６年当時と言えば切手ブームがまだ燃えさかっている頃で、切手発売日は東京中央郵便局の前は5、6人が横に並んだ列が延々と連なり切手を買うのに1時間以上かかり、さらに絵葉書に切手を貼り、また押印のために列を作って待たねばならなかった。とても一人や二人でできる仕事ではなく、在京の昆虫切手例会の会員総動員で切手を買い、絵葉書に張り、押印した。今このカードを取り出して眺めてみても世界中で最も美しい昆虫切手のマキシマムカードであるとの思いを新たにする（２０１頁・図８）。

昆虫切手収集案内

昆虫切手収集家

昆虫切手を集めるのはどのような人たちだろうか。昆虫切手収集家の98から99%はムシ屋さんである。子供の頃、捕虫網を持って蝶を追いかけたり、カブトムシやクワガタを探しに森に入ったり、蝶やカブトムシ、クワガタの幼虫を飼育したりの経験を持つ人たちである。1960年から1980年頃に社会人になり、捕虫網を振り回すのがはばかられたり、昆虫採集をする時間がなくなったりする人たちが、昆虫切手収集の道に大勢入ってきたようだ。

切手収集家とムシ屋さんには物を集め、分類整理するという共通の性質があり、両者が合体して昆虫切手収集家になるのは当然の運命のようである。昆虫切手収集家はムシ屋の性格を持っているから切手を集め始めると無我夢中になり、他のことは目に入らず収集に熱中してしまう。1980年代は昆虫切手にかぎらず切手収集の黄金時代で、昆虫切手収集家も熱にうかされたように昆虫切手を集めた。この頃は今のように外国から切手を買うことが容易でなく、昆虫切手の入手は国内の切手商に頼らざるを得ない状態だった。

当時、東京には20軒ほどの切手商が店を開いていたが、毎週必ず一度は全部の切手商を回るという勤勉で熱心な人もいた。また、毎年数百万円を昆虫切手の購入に投じるという豪の者もいたが、多くが若い人たちなので乏しい資金を遣り繰りして昆虫切手を買っていた。その頃、デパートで切手の即売会がよく開かれ、たくさんの切手商が出店した。会場はたいてい7階か8階にある。こんなときは開店前から入口に並び、開店と同時に階段を駆け上がり会場を目指すのだが、エレベーターを使っていては先手がとれない。

あるとき、私は駆け上がり競争には勝ったのだが、行く店を間違えてタッチの差で昆虫切手の貼ってある貴重なカバーを買い損ねてしまった。同じカバーに出会うことなく30年が過ぎた。最近、その持主がカバーを処分することになりオークションに出品した。今度こそは入手するぞと思っていたのだが、入札値を書く瞬間に心の迷いができ、ちょっと弱気の入札値を書いてしまった。するとやはりわずかの差で二番値になり入手できず、とうとうこのカバーには一生縁がないのかとがっかりしている。

昆虫切手収集家の98%から99%はムシ屋さんだと書いたが、残り1、2%はムシ屋ではない。私はその一人で、理数系の一家に育ったため、子供の頃から蝶やセミやトンボを追いかけたことはあまりなく、大学4年生になり害虫学研究室に入るまで昆虫とはほとんど縁なく過ごしてきた。大学在学中から大学を定年退職し、米国の大学の客員教授を3年半務め、その後国立研究所の客員研究員をしている現在まで、一貫して昆虫毒理学を専門としてきた。研究手段としては生化学、生理学、遺伝学の手法を用いてきたため、ムシ屋さんが一般的に持っている形態学、分類学、生態学の知識には欠けるところがある。しかし、昆虫切手の分類、形態、生態については非常に関心があり、50年以上昆虫切手の収集を続けてきた。本書の読者のほとんどがムシ屋さんと思うので、切手に描かれた昆虫の分類、形態、生態にはあまり触れず、少し変わった昆虫切手の案内書になった。

昆虫切手収集家は何を集めているか

私は１９６３年から昆虫切手を50年以上続けて集めている。しかも今も毎日毎日熱中して集め続けている。一体何を集めているのか不思議に思われることだろう。

実は昆虫切手収集家のうち、切手そのものだけを集めている人は半数にも満たないはずだ。今はインターネットの普及によって、情報の伝達、拡散が非常に速くなり、それによって外国切手を安価にまた容易に入手することができるようになった。昆虫切手が1万種あろうとも多少のお金をかければ1、２年で99%の昆虫切手を集めることは難しくはない。10年も収集を続ければほとんどの昆虫切手収集家は未使用の昆虫切手はほぼ完全に収集している。では昆虫切手収集家が何十年もかけて一体何を一生懸命探しているのかについて述べる。

①　②　③

図5　無目打切手①と見本切手②③。
①カメルーン（1962年）、②ベトナム（2001年）、③日本（1980年）

切手類

・未使用切手　一枚一枚の切手（単片切手）を数種類セットにする以外に、1枚の切手を少し大きな紙に印刷したものや、2種以上の切手を同様に印刷したものを同時に発行する国が増えている。昆虫切手収集家のグループでは便宜的に前者を小型シート（S／S）、後者をシートレット（S／L）と呼んで区別している。これらは収集家の懐を狙った策略だが収集家は無視できず購入せざるを得ない。S／S、S／Lは切手以外の余白部分（耳紙、またはマージン）にはいろいろなものが印刷されるのだが、昆虫切手のS／S、S／Lには昆虫が印刷されることが多い。この耳紙部分に印刷された昆虫も国別リスト2（後述）では全部同定している。

・使用済切手　郵便に使用されたことが証明できるのが使用済切手。特に古い時代のものが好んで集められる。未使用切手より入手が難しいことがある。

・無目打切手　切手を一枚に切り離したとき普通周囲にぎざぎざがついている。このぎざぎざを郵趣用語で目打と呼んでいる。ところが目打がついているべきなのにこれがないものがある。フランスとフランス関係国（植民地やそれが独立した国）では収集家を目当てにしてごく少数の無目打切手を作り、高価な値段で売っている（**図5①**）。ベルギーも昔から無目打切手を収集家向けに販売しているが、その裏面に番号が振ってあり、その数が3桁なので発売数はあまり多くはない。フランス関係国以外の国でもこれを真似て無目打切手を高価に売る国が増えてきた。切手大国と言われる国（英、独、スイス、日本など）はこのようなことをしない。一方、切手製造時に検品の目を逃れて無目打の切手が郵便局の窓口で偶発的に販売されてしまうことがある。これはエラー切手として非常に高価で取り引きされる。

●見本切手　郵便局での周知のためなどの目的でspecimenなどと切手に加刷されたものがある（**図5②**）。製作枚数によって非常に高価なものから、安価なものまで国により切手により入手の難易度は大きく異なる。日本の昆虫切手で「みほん」と加刷されたものの大部分は全日本郵便切手普及協会から配布されたもので安価である（**図5③**）。しかしこれも田型以上の大きなブロックになると入手はなかなか難しい。民営化後は「みほん」切手は廃止された。

●デラックスシート　無目打と同様にフランス関

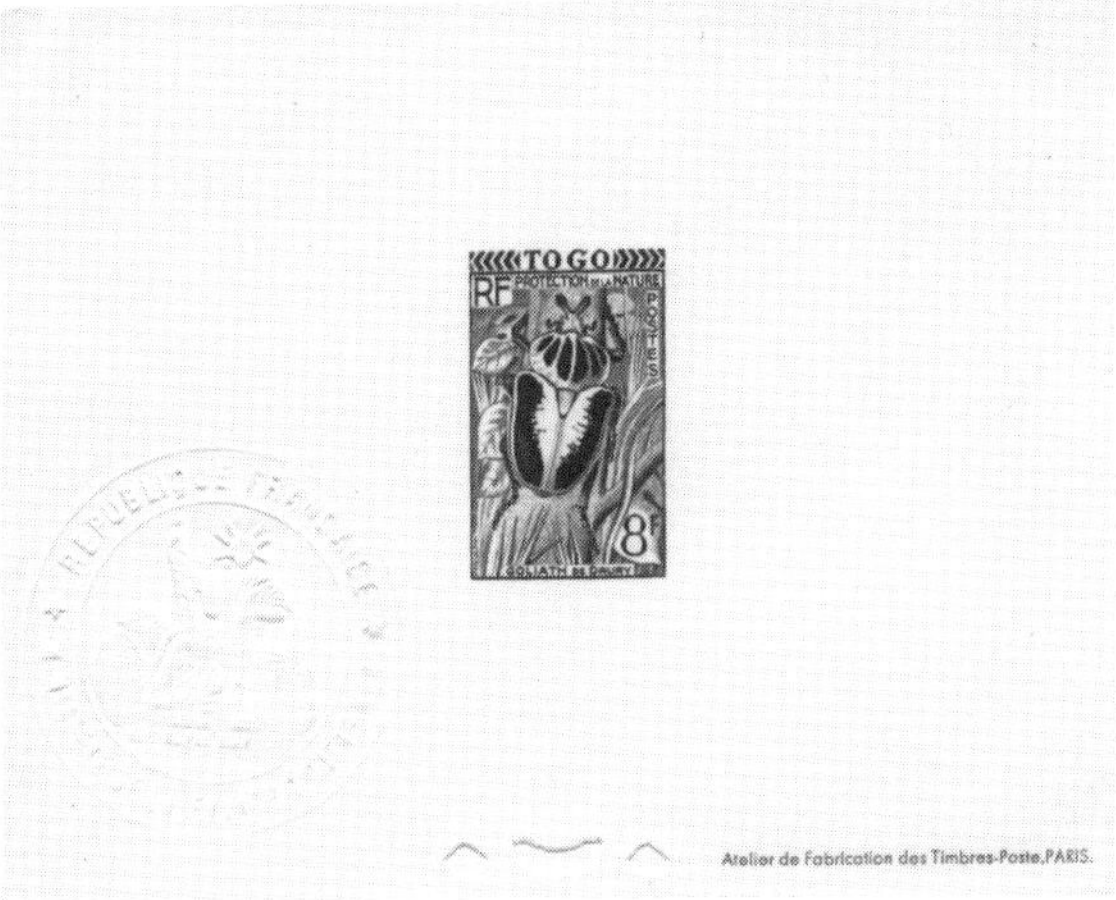

図6 デラックスシート。トーゴ（1955年）

図7　初日カバー。江崎悌三博士描画、武蔵野局風景印

係の国で発行したもので、縦約10cm。横約13cmの紙片に切手を一枚刷ったものを作っており、これをデラックスシートと呼んでいる（199頁・図6）。最初は政府関係者への贈答用に少数作られたらしいが、昆虫切手が多数発行される1950年代以降は収集家目当てに作られているようだ。発行枚数は不明であるが流通状況から見るとあまり多い数ではないようだ。

・プルーフ　切手製造の過程でいろいろな試作品（プルーフ）が作られる。これらのものは本来外部へ出てはいけないものなのだが、何らかの理由で市場に出てくることがある。フランス系の国では彫刻原版で試刷りしたダイプルーフや刷色の組み合わせのためのカラープルーフなどが作られ、市場に出てくる。高価であるが買うチャンスがあれば収集家は見逃すわけにはいかない。

・エラー切手　印刷の過程で多色刷の切手の1色が印刷されなかったり、印刷がずれてしまったり、目打の位置がずれてしまったり、本来あるべき目打がなかったりの製造上の不良品が印刷工場ではしばしばできる。これらの不良品は検品によって工場外に出ることがないことになっている。ところが稀に検品の目を逃れ郵便局で売られてしまうことがある。このような切手はエラー切手と呼ばれて収集家に珍重される。アメリカ（1999年）の自動販売機用のコイル切手でミツバチが右にずれて印刷されたもの、実逓便（後述）で示したようにミツバチがまったくいなくなってしまった切手が販売され使用されてしまった（202頁・図9）。

カバー類

・初日カバー　発行切手に関係する絵（郵趣用語でカシェ）が描かれた洋封筒に切手を貼り発行初日の消印を押印したものを初日カバー（First Day Cover, 略してＦＤＣ）と言って熱心に収集される（**図7**）。初日カバーの収集は米国で非常に盛んで、日本でも切手収集が盛んになった米国占領時代に影響を受けて初日カバーの収集は非常に人気がある。

　外国で昆虫切手が発行された場合、われわれ昆虫切手収集家はＦＤＣの入手に奔走する。切手収集家に切手を販売する郵趣局（Philatelic Bureau）や初日カバー製作業者がカバーを作って販売していれば入手は比較的簡単であるが、そのようなものがないときは大いに厄介である。

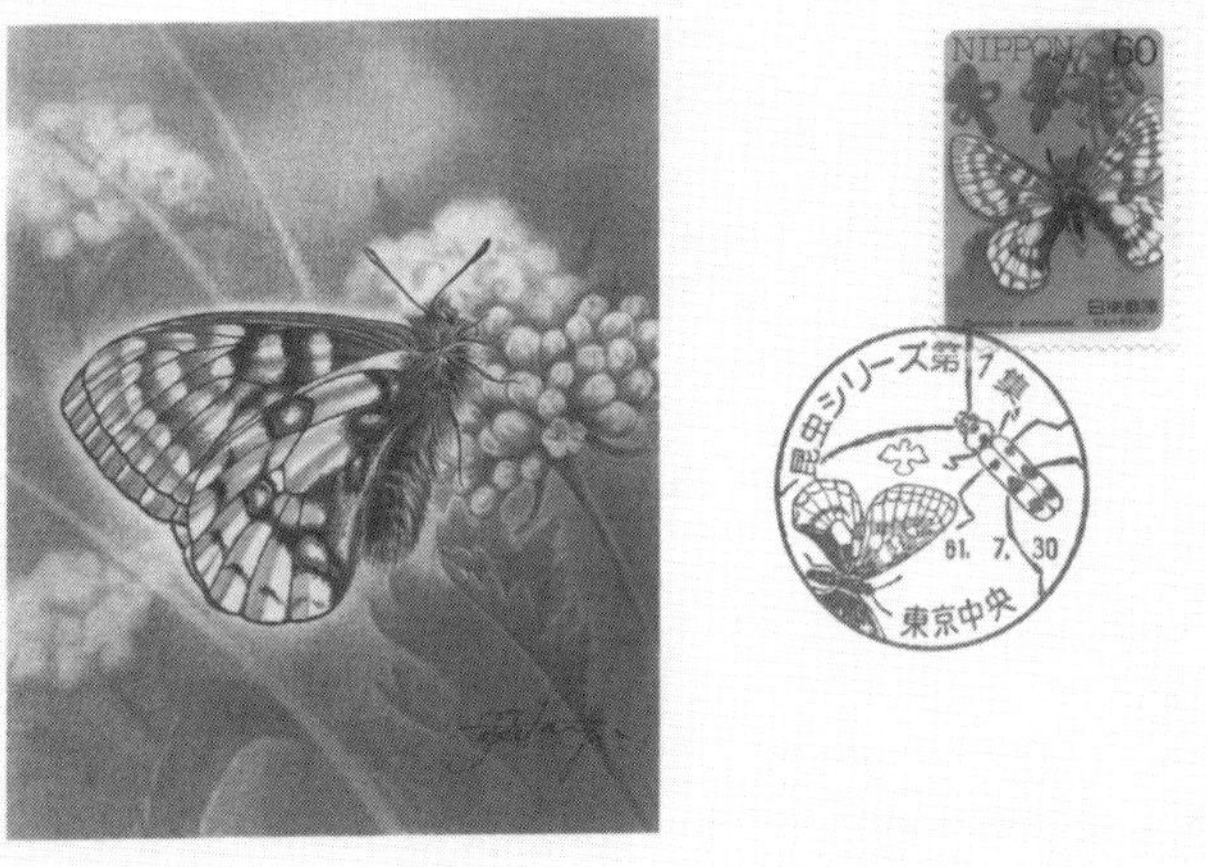

図8　マキシマムカード。JPS昆虫切手部会製作

・マキシマムカード　切手の意匠に関連した絵葉書に切手を貼り、切手に関連した消印をしたものをマキシマムカード（Maximum Card, 略してＭＣ）という（**図8**）。日本切手収集家の間ではあまり重要視されず、現在日本には切手発行に合わせて絵葉書を作る業者はいない。しかし、ヨーロッパではこれの収集が盛んで切手発行に合わせて郵趣局や業者が絵葉書を印刷してＭＣを作る国もある。

　昆虫切手収集のような図案別収集ではＭＣは重要な収集対象である。個人がパソコンで簡単に絵葉書

図９　エラー切手とその実逓便。注：左下の上は正常切手、同下はミツバチ右ずれ、実逓便の切手はミツバチ消失

を作れる現在と違って、20年くらい前までは収集家向けに作られたものを買うか、既成の絵葉書を使って自分で作るかの方法しかなかった。１９７０年代の初め頃までは日本の昆虫切手収集家が外国で発行された昆虫切手のＭＣを作るという発想はなかった。この頃のＭＣは少なく、その入手はなかなか難しい。

•実逓便　切手を貼って実際に郵便物として使われた封筒または葉書を実逓便といって収集の対象になる。現在では郵便に使用する目的で発行される昆虫切手は少なく、昆虫切手の大部分が収集家を目当てに発行されており、実際に郵便に使われているのか不明なものも多い。そのため実際に郵便に使われた実逓便は切手の正当性を示す証拠として重要である。特に、前に述べたレバノンの蚕切手やサラワクのトリバネアゲハ切手など、初期の昆虫切手の実逓便を昆虫切手収集家はぜひ自分のアルバムに収めたいと思っている。また、窓口で売られたエラー切手の実逓便はなかなか得がたい（**図９**）。

•消印　切手を使用したしるしとして消印を切手

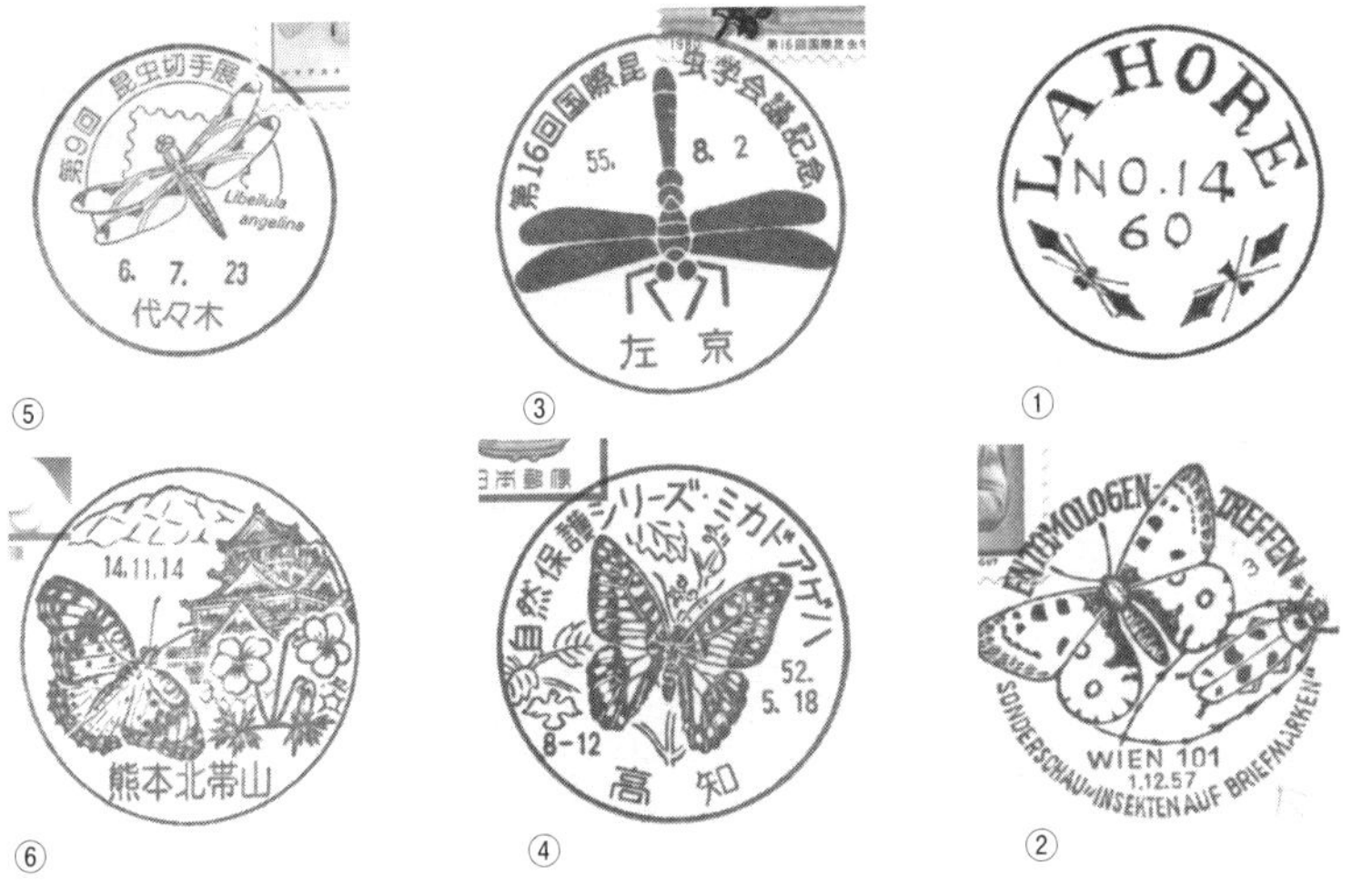

図10　昆虫の消印。①インド・ラホール（1870年　　）、②オーストリア（昆虫切手展、1957年）、③日本特印（国際昆虫学会議）、④日本ハト印（自然保護）、⑤日本小型印（昆虫切手展）、⑥日本風景印（熊本・北帯山）

の上に押す。この消印に昆虫が描かれているものがある。19世紀に使われたアメリカのファンシー・キャンセレーション（消印）とかオーストラリアのビクトリア・バタフライ・キャンセレーションなどがあるが、いずれも稀少である。インド、ムガール帝国の滅亡後、１９６０年代にラホールで昆虫らしきものを描いた消印が使われた（図10①）。

20世紀、特に第2次大戦後、いろいろな行事や切手の発行に際して昆虫を描いた消印が多く使われるようになった。昆虫が描かれた消印を熱心に集めている収集家もいる（図10②）。日本の図案付き（絵入り）の消印（日付印）は4種類ある。記念切手の発行の際などに使われる特印（略称、以下同じ、図10③）、特殊切手の発行のときに使われるハト印（図10④）。いろいろな行事に際して特定の郵便局で1日から1週間くらい使われ、特印やハト印よりやや小さい小型印（図10⑤）。全国の多数の郵便局では、その地方の風物を描いた風景印を用意している（図10⑥）。風景印は希望すれば一年中郵便物に押印してくれる。現在、約１００くらいの郵便局で昆虫を描いた風景印が使われている。現在までに昆虫が描かれた特印、ハト印は約50、小型印が１０００弱、風景印は使用中止になったものを含め３００ほどある。日本のものだけでもかなりの数であるのに外国のものまで集めようとすると相当な努力が必要になる。

昆虫切手を集めよう

世界中で昆虫切手は1万種以上が発行されている。蝶の種数が1万数千種であるから、それに較べると収集の対象として十分興味ある数字である。もちろん、最初から昆虫切手全般に挑戦するのは難しい。最初は対象を絞って集め始めるのがよいと思う。東アジアの国は1国を除いて切手を乱発行する国はない。東アジア諸国の昆虫（蝶）切手、または東アジア産の昆虫（蝶）切手など手頃な収集範囲だと思う。

また、昆虫分類学的に対象を絞り、カミキリ、クワガタ、テントウムシの切手、蝶ではパルナシウス属とか、いろいろな国から発行されているクジャクチョウの切手など面白いだろう。インターネットを使えば切手の入手は容易だし、国内にも昆虫切手を専門にしている切手商もある。切手収集には情報の入手が不可欠だから、次に挙げる昆虫切手の会に入会することを勧めたい。また次に示す昆虫切手収集の参考書は収集を充実するのに資するものと思う。

・ＪＰＳ昆虫切手部会　公益財団法人日本郵趣協会（Japan Philatelic Society, JPS）は日本で最大の切手収集家の集まりである。ＪＰＳ昆虫切手部会はその傘下で活動する昆虫切手収集家の集まりである。現在会員数は１００名で、インターナショナルな会ではないが、世界最大の昆虫切手収集家の会である。発足は１９７０年で40年以上継続して活動をしている。隔月に20頁以上のカラー印刷の部会報を発行している。部会報には新昆虫切手ニュース、研究発表、昆虫切手に関するエッセイ、昆虫オークションなどが掲載され、昆虫切手収集家必読のジャーナルである。部会では後述の昆虫切手関係の出版物を刊行している。また、毎月第2日曜日の午後、東京目白にある切手の博物館で例会を開いており、これも40年間休むことなく続けられている。この会合では、世界各国における昆虫切手発行の最新情報、昆虫切手に関する種々の報告を聞くことができる。昆虫切手の分譲、オークションなども行われる。

毎年、6月初旬に昆虫切手の展示会、昆虫切手展を開催している。また、日本郵趣協会が主催する春のスタンプショー、秋のＪＡＰＥＸ（全国切手展）は、いずれも日本最大の切手の展覧会である。昆虫切手部会はこの二つの切手展にブースを設け、昆虫切手収集の普及、収集の相談、昆虫切手の販売などを行っているのでぜひお立ち寄りいただきたい。昆虫切手展、スタンプショー、ＪＡＰＥＸのスケジュールは日本郵趣協会のホームページ（http://yushu.or.jp）で見ることができる。昆虫切手部会の年会費は３０００円（中学生以下半額）で、入会および出版物の購入の問い合わせ先は左記である。

〒３３０－００７４　さいたま市浦和区北浦和５－10－20　岡崎良隆

・昆虫切手収集のための参考書　昆虫切手を集めるのには世界中の国で発行されている昆虫切手についての情報が必要である。少し時間が過ぎてしまったが２０１０年までに発行された昆虫切手を網羅しているのが次の２冊のリストである。

「世界の昆虫切手」ＪＰＳ昆虫切手部会編（１９８９年）

「世界の昆虫切手Ｖｏｌ．２(１９８９－２０１０)」ＪＰＳ昆虫切手部会編（２０１１年）

前者は１９８９年までに発行されたすべての純昆虫切手を発行国別、発行年順に整理したもので、すべての切手の写真がついている。後者は１９８９年から２０１０年までの純昆虫切手を同様に整理したもので、最近増えているシート地に印刷された昆虫についてもすべて種を同定して掲載している。切手の数が多くなったため切手の写真はついていない。両者を合わせると２０１０年までの純昆虫切手のすべてを知ることができる。便宜上このリストを国別リスト１、２と呼んでいる。両者ともＪＰＳ昆虫切手部会より購入可能である。

これらリストに載せられた昆虫切手を昆虫分類学

的に整理して昆虫種別にリストしたのが次の2冊である。

「世界の昆虫切手―種別リスト―」ＪＰＳ昆虫切手部会編（１９９０年）

「世界の昆虫切手Ｖｏｌ．２（１９８９‐２０１０）種別索引リスト」ＪＰＳ昆虫切手部会編（２０１２年）

それぞれ国別リストに対応している。これらを種別リスト1、2と呼んでいる。前者は売り切れになっているが、後者は現在もＪＰＳ昆虫切手部会より入手可能である。昆虫切手収集にあたっては2冊の国別リストは必携である。

蝶切手のみ集めるのであれば、スペインで出版された次のリストがカラー写真付きなので便利である。ただし２０００年発行までの切手しか掲載されていない。国内での入手は不可能だが、ネット検索によれば外国の書店にはまだ在庫があるようだ。

「FAUNA MARIPOSAS」スペインDOMFIL社

蝶切手の収集にエポックメーキングな衝撃を与えた出版物として、講談社文庫の西田豊穂著『蝶の切手』（１９８６年）がある。世界の蝶切手をカラー印刷で紹介し、蝶切手収集のためには必読の文献である。絶版になっているが、1万２０００部刊行されたので古書店での入手は十分可能であると思われる。初期の純・準昆虫切手については、長澤純夫著の『図説昆虫切手の博物館』（１９８２年、築地書館）が参考になる。

昆虫を描いた日本の消印については次のリストがある。

「日本の昆虫及び昆虫関連日付印リスト」ＪＰＳ昆虫部会編（２００８年）

第９章

昆虫音楽の楽しい世界

柏田雄三

はじめに

昆虫の音楽はいろいろなジャンルにまたがっている。昆虫の音楽への取り上げられ方も多様である。虫の名前でも虫とは関係がない曲がある一方で、虫の曲名でなくても実際は虫の音楽のこともある。昆虫の取り上げられ方について次のように分類した。

・昆虫の鳴く音を表現した音楽
・昆虫の立てる音を表現した音楽
・昆虫の動きを表現した音楽
・昆虫の持つイメージを表現した音楽
・昆虫を通じて人間の心や内面を表した音楽
・人間を昆虫になぞらえた恋の曲
・昆虫が登場する物語や伝説を表現した音楽
・昆虫の題名だが昆虫とは関係がない音楽
・昆虫の題名だが関係がよく判らない音楽

実際は複数にまたがる曲や分類に迷う曲も多いので、ここでは音楽のジャンル別に紹介する。それぞれの曲がどの分類に属すのかは、本文の記述やご自身での鑑賞によって類推願いたい。

クラシック音楽では交響曲、協奏曲、器楽曲などに、それ以外の音楽では大きなジャンルに分けたが、あくまで便宜的なものである。ジャンル内では、昆虫の目《もく》別に記載した。一つの曲に複数の目の昆虫が含まれる場合や、どの昆虫を指すのか明確でない場合は「虫」に分類した。原則としてコンサート、CD、DVDなどで実際に接した曲の中から紹介し、聴いたことがない曲は取り上げていない。

これら以外にも特に歌曲、合唱曲、歌謡曲（J-ポップス）、海外のポップス、民族音楽、童謡などには多くの昆虫の曲がある。紙幅の都合から割愛した曲が多数あることをお断りしたい。

交響曲

虫

カレヴィ・アホ（1949〜）の交響曲第7番は

アホ：交響曲第7番。BIS CD-936

「Insect Symphony」と題されている。曲は「ロボット」という言葉を作った人として知られるチェコのカレル・チャペックの戯曲『虫の生活から』を下敷きにしている。もともとオペラとして作曲され、その後交響曲に編みなおされた。戯曲は画家でもある兄ヨゼフとの合作である。

各楽章の昆虫は、第1楽章：寄生蜂、第2楽章：チョウ、第3楽章：糞虫、第4楽章：バッタ、第5楽章：アリ、第6楽章：カゲロウである。

管弦楽曲

虫

アルベール・ルーセル（1869〜1937）の《蜘蛛の饗宴》は『ファーブル昆虫記』を題材にしたバレエ音楽で、アリ、糞虫、チョウ、クモ、ハチ、シンクイムシ、カマキリ、カゲロウが登場する。

庭に巣を作るクモとその餌になる昆虫たち、クモを狙うカマキリ、神秘的なカゲロウの羽化から死までが描かれる。

フランシス・プーランク（1899〜1963）のバレエ音楽《典型的動物》は〈恋するライオン〉〈2羽の雄鶏〉などの4曲を〈夜明け〉〈昼の食事〉が挟む形で構成される。2曲が追加されることもあり、うち1曲がラ・フォンテーヌの寓話による〈アリとキリギリス〉である。

ディムス・テイラー（1885〜1966）の《姿見を通り抜けて》はムード音楽風である。《姿見を通り抜けて》はルイス・キャロルの『鏡の国のアリス』の正式な題名で、全5曲のうちの4曲目の〈鏡の中の昆虫たち〉では木馬バエや虫たちのイメージを描く。

甲虫目

ワルツ王ヨハン・シュトラウス二世（１８２５～１８９９）のレントラー風ワルツ《蛍》。ホタルは中部ヨーロッパでは真夏のヨハネ祭りを象徴し、「ヨハネの甲虫」と呼ばれる縁起の良い昆虫である。同じ作曲家の《テントウムシ》もワルツである。

チョウ目

《蝶々》は１８６０年に初演されたバレエで、ジャック・オッフェンバック（１８１９～１８８０）の音楽による。老いた妖精にかどわかされた乙女ファルファラ（イタリア語でチョウの意）は、美しい王子に見初められたことを嫉妬した妖精からチョウの姿に変えられるが、松明に身を投じて人間の姿に戻り、王子と結ばれるというストーリーで、親しみやすい10曲で構成される。

マルティヌー：足を鳴らした蝶。
SUPRAPHON 11 0380-2

ヨハン・シュトラウス二世のワルツ《蛾》は、ウィーン・フィルハーモニー管弦楽団の１９９８年ニューイヤーコンサートではズビン・メータの指揮で演奏された。蛾が時に忙しく、時にゆっくりと飛んでいるような曲で、ピアノの名手として知られたカール・タウジッヒのピアノ編曲版でも聴くことができる。

エルッキ・メラルティン（１８７５～１９３７）は多くの抒情的な曲を書いた人で、〈蝶のワルツ〉は《眠りの美女》組曲の中の可愛い小曲である。

サー・エドワード・エルガー（１８５７～１９３４）の〈蝶と蛾〉は《子供の魔法の杖》第2組曲のなかの一曲。子供時代の音のスケッチをもとに老年になってから作った音楽で、懐かしく素朴な旋律を持つ。

ボフスラフ・マルティヌー（１８９０～１９５９）の《足を鳴らした蝶》はキップリングのファンタジー『その通り物語』の一話を題材とするバレエ音楽である。人間の王様が魔法の指輪で夫婦喧嘩をしているチョウの仲を戻すとともに言うことを聞かない自分のお妃たちをも従順にさせるという粗筋である。曲名は雄のチョウが足を踏み鳴らすのに合わせ王様が魔法を使いチョウの妻を感心させるところから来ている。エキゾチックなメロディを持つ八つの小曲からなる大曲である。

ハエ目

南米最高のクラシック音楽家エイトル・ヴィラ＝ロボス（１８８７〜１９５９）の管弦楽曲《蚊の踊り》はヴァイオリンの高音が蚊が飛び回ってイライラさせる様子を表す。

《イザークのウジ（Isaac's Maggot）》は17世紀イギリスの作者不詳の曲である。Maggot はハエの幼虫のウジを指すのではなく些細なことを指すイタリア語語源の言葉で、曲は「アイザック氏の気まぐれダンス」という意味のようである。

ハチ目

ニコライ・リムスキー＝コルサコフ（１８４４〜１９０８）の《熊蜂の飛行》が有名で、ヴァイオリン、チェロ、ピアノ、フルート、トランペット、トロンボーン、マリンバなど多くの楽器でも演奏される。16分音符の無窮動的な動きが飛び回るハチの羽音を擬している。なお、ロシア語の原題からも英語の題名からも「熊蜂の飛行」ではなく「マルハナバチの飛行」とするのが正しいと思われる。

レイフ・ヴォーン＝ウィリアムズ（１８７２〜１９５８）の《スズメバチ》組曲はケンブリッジ大学で１９０９年に上演された『蜂』の付随音楽として作曲された。ギリシャのアリストパネスの劇『蜂』が下敷きである。裁判を風刺した物語で、怒りっぽくて攻撃的な主人公の陪審員と仲間の老人たちをハチに喩えた。序曲は西部劇音楽風で、ハチの羽音のような賑やかな音型を持つ。

ジョン・アンティル（１９０４〜１９８６）のバレエ音楽《コロボリー》。コロボリーはオーストラリア先住民アボリジニの伝統的な儀式である。曲はアボリジニの生活や風習を取り上げていて、ミツボアリも描かれる。シロアリが中を食べたユーカリが材料の伝統楽器ディジュリドゥが奏される。

カメムシ目

ジュール・マスネ（1842～1912）のバレエ曲《蟬》。イソップの寓話「セミとアリ」はフランスではラ・フォンテーヌの寓話として知られているが、マスネの《蟬》はこの寓話をもとにした大曲である。

ドミトリイー・ショスタコーヴィチ（1906～1975）による《南京虫》はマヤコフスキによる劇音楽で、作曲家自身によるピアノ編曲版もある。

バッタ目

サー・アレクザンダー・マッケンジー（1847～1935）の《炉辺のコオロギ》はディケンズの同名の小説を題材にした管弦楽曲、軽音楽作曲家エルネスト・ブカロッシ（1863～1933）の《バッタの踊り》は木琴が効果的に使われる子供向けの管弦楽曲である。

カイヤ・サーリアホ（1952～）の《六つの日本の庭》は彼女が1993年に京都を訪れたときの印象をもとに作られた。〈南禅寺〉や〈西芳寺〉などの名を持つパーカッションとエレクトロニクスのための曲で、鳴く虫の声が静けさを誘う。

トンボ目

ヨゼフ・シュトラウス（1827～1870）の《とんぼ》はポルカ・マズルカで、ウィーン・フィルハーモニー管弦楽団のニューイヤーコンサートで近くは1989年にカルロス・クライバーが、2002年に小澤征爾が指揮している。

ノミ目

ユーリ・シャポーリン（1887～1966）の《ノミ》。サーカスのジンタのように賑やかに始まり、ノミが跳ねるようだ。六つの小曲からなり、分厚い音の中でロシアの民族楽器バラライカやバヤーンが活躍する。

ゴキブリ目

ロディオン・シチェドリン（1932～）による

弦楽合奏曲〈モスクワじゅうのゴキブリ〉は《ロシアの写真》という曲集の一曲で、ゴキブリがざわざわと動き回る様子を少し気味悪く、しかしユーモラスに表現する。

吹奏楽

虫

ロジャー・シッチー（1956〜）の《虫たち》は〈前奏曲〉〈トンボ〉〈カマキリ〉〈クロゴケグモ〉〈トラフアゲハ〉〈軍隊アリ〉の6曲からなる吹奏楽で、多彩な奏法でそれぞれの虫が描写される。〈カマキリ〉は虫を捕える姿ではなく、英名通りの祈りの様子である。福島弘和（1971〜）の吹奏楽《繭の夢〜竜の舞う空〜》はファンタジー映画の主題曲を思わせる勇壮な曲である。

チョウ目

井澗昌樹の《恋す蝶》は、作曲者によると小倉百人一首の41番「恋すてふ我が名はまだき立にけり人知れずこそ思ひそめしか」の冒頭を題名にしたものだそうで、チョウとは関係ないことになるが、チョウを意識して作曲したようだ。

協奏曲

チョウ目

陳鋼《チェンガン》と何占豪《ホージェンハオ》によるヴァイオリン協奏曲《梁山伯と祝英台》は「蝶の恋人たち」の別名を持つ。中国では知らぬ者がないほど有名な民話に基づき、物語は映画にもなっているそうだ。美しい娘の祝英台と若者の梁山伯との「ロメオとジュリエット」のような恋物語で、恋がかなわなかった二人

ヴァイオリン協奏曲　蝶の恋人たち。
NAXOS 8.554334

は死んでチョウに姿を変える。そのくだりでは嫋々《じょうじょう》たる旋律が奏でられる。

ハエ目

アントニオ・ヴィヴァルディ（1678～1741）の《四季》の各楽章にはソネット（14行詩）が添えられている。〈夏〉の第2楽章は農夫がハエの群に脅かされる内容で、うるさく飛び回る様子がヴァイオリンで奏される。

ハチ目

映画音楽の分野でも活躍するマイケル・ナイマン（1944～）の《蜜蜂が踊る場所》はサクソフォン協奏曲である。シェイクスピアの『テンペスト』の「蜂に混じりて蜜を吸い」を背景に作られ、8の字を描きながら蜜源を仲間たちに知らせるハチの動きを描写する。

バッタ目

ジョゼフ・ホルブルック（1878～1958）の《ヴァイオリン協奏曲「グラスホッパー」》はヴァイオリン・ソナタとしても演奏される。曲名の由来は明らかではないようだが、バッタがぴょんぴょん跳んでいるようにも聞こえる。

器楽曲

虫

ルーズ・ランゴー（1893～1952）の《インセクタリウム》は〈ハサミムシ〉〈飛行バッタ〉〈コフキコガネ〉〈ガガンボ〉など9曲からなる演奏時間が10分ほどのピアノ曲集である。〈シバンムシ〉ではピアノの蓋を叩いて虫が木の中で立てる音を、〈イエバエ〉ではピアノの弦を直接手で掻き鳴らす特殊方法で羽音を表す。内部奏法を使った初めての曲ではないかと言われる。「インセクタリウム」は「昆虫館」などと呼ばれる施設のことである。アンドレアス・ヴィルシャー（1955～）によるオルガンのための《インセクタリウム》は〈モンスズメバチ〉〈イモムシ〉〈ミツバチ〉〈ホタルの幼虫〉〈キチキチバッタ〉など12曲からなる。ジャン・フランセ（1912〜1997）のチェンバロのための《インセクタリウム》は〈ムカデ〉〈テントウムシ〉〈スカラベ〉などの5曲からなる。

　これらは構成する小曲が描写的であるうえ、種名まで判る曲が多いので面白い。ランゴーの曲には、学名まで付されている。

　ベンジャミン・ブリテン（1913〜1976）のオーボエとピアノのための《二つの虫の小品》は〈バッタ〉と〈蜂〉の2曲からなる描写的な曲である。

　クロード・ラプハム（1891〜1957）が日本滞在時の1934年に作曲した《虫の歌〜日本のイディオムによる組曲》は〈赤蜻蛉〉〈蝗〉〈蛍〉〈鈴虫〉〈蟬〉〈蝶々〉の6曲からなるピアノ曲で、それぞれに短い散文詩が添えられている。日本人の持つ美意識をどのようにアメリカ人作曲家がとらえたかが判り興味深い。ビリー・メイエール（1902〜1959）のピアノ曲《いろいろな虫たち》は〈蟻の結婚式〉〈テントウムシの子守歌〉〈カマキリ〉〈瓶の中のコガネムシ〉の4曲からなる。ラグ風の音楽だがイギリス人である彼の曲はスコット・ジョプリンとは雰囲気が異なる。

　磯崎敦博の《虫の謝肉祭》は既存の音楽を連結させたクラリネット・アンサンブルのための曲で、〈虫の声〉〈とんぼのめがね〉〈赤とんぼ〉〈熊蜂の飛行〉などの19曲を短時間で駆け抜ける。山田栄二（1948〜）の組曲《ファーブル昆虫記》は8本のホルンのための曲で、ホルン奏者のグループ「つの笛集団」が作曲を委嘱した。〈ウスバカマキリ〉〈ツチハンミョウ〉〈オオモンシロチョウ〉〈ムナゲモンシデムシ〉〈バッタ〉の5曲からなる。作曲者が虫好きだけあって、昆虫の生態がよく表現されている。

　女性作曲家アーレーン・シエラ（1970〜）のピアノ曲集《鳥と昆虫》第1巻には〈蟬のスケッチ〉〈フンコロガシ〉が含まれる。そのうち〈蟬のスケッチ〉は後述する《蟬の殻》の元になった。

すぎやまこういち（1931〜）の子供のためのバレエ《迷子の青虫さん》はピアノ曲で〈蛙のお巡りさん〉〈かぶと虫の踊り〉〈黄金虫の登場と踊り〉などわかりやすい11曲からなる。

ポール・パターソン（1947〜）が2006年に作曲したハープのための《虫》は、〈夜中の道化〜蟻〉〈迷子のバッタ〉〈蚊の虐殺〉の3曲からなる。ハープのテクニックを駆使し、虫の動きに加え人が虫に持つイメージをも表そうとしている。

アレキサンドル・スクリャービン（1872〜1915）のピアノソナタ第10番はトリル・ソナタと呼ばれるが、《虫のソナタ》とも言う。この虫が何であるかは明らかでない。なお、スクリャービンは虫に刺されたのが原因の敗血症で世を去った。

甲虫目

ヴィラ＝ロボスのピアノ曲組曲《赤ちゃんの一族》での「一族」は親兄弟ではなく、赤ちゃんが遊ぶおもちゃなどを指す。イメージと異なり曲は親しみやすくはない。大胆な不協和音が使われた第2集《小さい動物たち》の冒頭が〈紙のカブトムシ〉で、右手の16分音符の細かい音型が虫のぎこちない動きに聞こえる。

ホアキン・カサド（1867〜1926）は高名なチェリストでもある作曲家ガスパル・カサドの父である。《フラジオレット　小鳥とカブトムシ》はカタルーニャ地方のヴァイオリンとピアノの曲。フラジオレット奏法を使い、小鳥の鳴き声とカブトムシの動きを何度か繰り返す。

信時潔（1887〜1965）の〈ほたるこい〉はピアノ曲《小曲俚謡集》のごく短い一曲。よく知られる「あっちの水は苦いぞ〜」の旋律である。

チョウ目

ジョルジュ・ルナールが「博物誌」でチョウを「二つ折りの恋文が花の番地をさがす」と書いたようなイメージで「蝶」を取り上げた曲は数多い。

ピアノ曲ではロベルト・シューマン（1810〜1856）の《蝶々》。彼が得意とした自由な形式による小曲集だがチョウが直接の題材ではなく仮面舞踏会の姿から着想した。一方、多くの小曲からなる《謝肉祭》に含まれる〈蝶々〉は多分に描写的である。フレデリック・ショパン（1810〜1849）の練習曲（エチュード）作品25－9は《蝶々》という名前で呼ばれることがある。全部で27曲ある彼の練習曲のなかではもっとも短く、内容もあまり高く評価されない。

〈黒い蝶〉〈白い蝶〉はマスネによる《二つの小品》で、それぞれ異なった雰囲気でチョウが飛んでいるようだ。エンリケ・グラナドス（1867〜1916）のピアノ曲〈蝶のワルツ〉は《詩的なワルツ集》の第8曲で愛らしい小曲である。マルティヌーのピアノ曲《蝶々と極楽鳥》は友人が持つ画家のチョウと鳥のコレクションに感心して作られ、全3曲のうち〈花の中の蝶々〉と〈蝶々と極楽鳥〉はチョウの名前がつけられた優美な曲である。

エルネスト・レクオーナ（1895〜1963）のピアノ曲《蝶々の踊り》は緩やかな中間部を持つ軽快なワルツである。ディミトリス・ドラガタキス（1914〜2001）の初期のピアノ曲《蝶々》は彼が生まれたギリシャ、イピロス地方の音楽に根ざすエキゾチックな旋律を持つ。

木下牧子（1956〜）の子供のためのピアノ曲集《不思議の国のアリス》の10曲のうち1曲が〈イモムシの忠告〉。この曲集は物語に忠実な雰囲気で作られていて、子供のためと言いながら演奏は難しいようだ。彼女は同名のオペラも作曲した。

このほか曲名を《蝶々》とするピアノ曲には、子供のピアノ発表会でよく弾かれるゲールの曲、グリーグの抒情小曲集の中の一曲、デフレーゼ、レオンカヴァレロ、マイカパール、ローゼンタール、トゥービンなどの曲がある。

エミール・ソーレ（1852〜1920）の《蝶々》はヴァイオリン曲。トリルを織り交ぜ、チョウが気忙しく飛ぶ部分と、緩やかで抒情的な部分とを対比させる。

ガブリエル・フォーレ（1845〜1924）の有名なチェロ曲《蝶々》。ゆったりした中間部を挟み、せわしないチョウの飛翔を描く。チェロの名手ダーフィト・ポッパー（1843〜1913）の

《蝶々》も同様の曲想である。

《7匹の蝶》はサーリアホのチェロ独奏曲で、技巧的な七つの小曲からなる。それぞれにはチョウの名前ではなく、発想標語が付されている。

ギター曲に移る。《アルハンブラの思い出》で有名なフランシスコ・タルレガ（1852〜1909）の《蝶々》は練習曲第14番である。美しい練習曲の中での魅力はいまひとつだ。屈指のギター音楽一家を育て上げたセレドニオ・ロメロ（1917〜1996）によるギター曲《蝶々》はトレモロの練習曲で、ほの暗い雰囲気を持つ。

デルヴロワ：蝶々。演奏：パメラ・トービー　LINN CKD 341

ルイ・ド・ケ＝デルヴロワ（1680〜1759）のリコーダー組曲第2番の4曲目《蝶々》では速く（Vite）の速度標語がついた生き生きとしたガヴォットである。

アラン・ルヴィエ（1945〜）のフルート、ヴィオラとハープのための《蝶々は飛翔する》は〈六月のある昼下がり、軽やかな飛翔〉〈夏の夜、ひそやかな飛翔〉〈薄明のなかの飛翔〉の3曲からなる。それぞれ異なるフルートで演奏される。

《蝶の翅》はカルステン・フンダル（1966〜）のクラリネット、ヴァイオリン、ヴィオラ、アコーディオンのための合奏曲である。チョウの描写ではなく、北京でチョウが羽ばたくとニューヨークで突風が吹くというカオス理論の「バタフライ効果」を曲にしている。ヴァイオリンとアコーディオンで中国風のメロディが演奏され、楽器が加わって激しい混沌ののち静かに終わる。

「蛾」の曲は「蝶」の曲に比べ、数が少ない。フランス語では、通常はチョウもガもPapillon、ドイツ語ではSchmeterling や Falter と呼び、日本語、英語、中国語と異なり、双方をあまり区別しないそうである。イタリア語やロシア語も同様のようだ。このような理由から「蝶々」と訳されていても実際にはガのことを描いた曲があると思われる。

例外的にフランスにもガであることが明白な曲もある。モーリス・ラヴェル（1875〜1937）のピアノ曲《鏡》の〈蛾（夜蛾）〉である。夜蛾が夕闇を切り裂いたり灯りの近くで速度を落としたりするさまをピアノで描写する。プーランクのピアノ曲《8つの夜想曲》の一曲が〈シャクトリムシ（尺蛾）〉で、小さな幼虫がちょこまかと歩き回る。

ハエ目

アナトーリ・リャードフ（1855〜1914）の《蚊の踊り》はロシア民謡に基づく短くユーモラスなピアノ曲である。スクリャービンの「蚊」の通称を持つピアノ練習曲は、細かく動く音型であっという間に終わる。フランスの女流作曲家メル・ボニス（1858〜1937）はピアノ曲《蚊》でせわしない虫の動きを描写した。

ベーラ・バルトーク（1881〜1945）の《2つのヴァイオリンのための44の二重奏曲》中の〈蚊の歌〉は、のんびりと蚊の飛ぶ様子が示される小曲である。同じくバルトークの子供のためのピアノ練習曲集《ミクロコスモス》に〈蝿の日記より〉という小曲がある。《ミクロコスモス》は153の小曲からなり、〈蝿の日記より〉は最も難しい第6巻にある142番目の曲である。密集した位置で白鍵と黒鍵を二つの声部に分けて運動させることによりハエの翅の唸る音を表現する。

デンマークのフィニ・ヘンリケス（ヘンリク）（1867〜1940）の《蚊の踊り》は、管弦楽をバックにクラリネット（またはリコーダー）が活躍し、無窮動風の音の連なりで蚊の飛ぶ様を描く小曲である。

ルイ14世から15世の時代、ヴェルサイユ宮殿で活躍したフランソワ・クープラン（1668〜1733）には、たくさんのチェンバロの曲がある。その一曲が《羽虫》である。フランスの女性作曲家ポール・モーリス（1910〜1967）の《プロヴァンスの風景》中の〈あぶ〉。サクソフォンのためのオリジナル曲で、無窮動風に飛び回る。南仏の青空を思わせるような気持ちの良い曲だ。

音楽教育家や演奏家として近代日本音楽史に大きな足跡を残した斎藤秀雄（１９０２～１９７４）に《蚊トンボ》というマンドリン曲がある。彼はチェロを得意としたが、若いころ「オルケストル・エトワール」というマンドリンのクラブを作り熱心に演奏していた。《蚊トンボ》とはガガンボのことだが、「Kleine Libelle」という曲名が併記されている。小さなトンボという意味になる。草稿は日本語のみで、ドイツ語はあとから誰かによって付け加えられたようだ。まさにガガンボのようにおおらかな曲で、手で叩かれるような音ののち曲を閉じる。

ハチ目

フェリックス・メンデルスゾーン（１８０９～１８４７）のピアノ曲《無言歌集》の第34番〈紡ぎ歌〉は本人が名前をつけた曲で、〈蜜蜂の結婚〉の別名で呼ばれる。16分音符の忙しい動きの曲はどちらの曲名とも合う。バルトークのピアノ練習曲集《ミクロコスモス》の63番目が〈蜜蜂の羽音〉で、ブンブンと翅の音を立てる。有名なシューベルトと同姓同名の作曲家フランツ・シューベルト（１８０８～１８７８）の《蜂（蜜蜂）》はハチの翅のすばやい動きをヴァイオリンで表現した曲で、チェロによってもよく弾かれる。

アグスティン・バリオス（１８８５～１９４４）のギター曲《蜜蜂》はハチの飛ぶさまを美しく描いた彼らしい曲である。スペインのエミリオ・プジョール（１８８６～１９８０）によるギター曲《くまんばち》は、羽音を示す細かい音型に乗り波のようなメロディラインが現れる聞き映えのする小曲である。なお、原曲名の El Abejorro はマルハナバチのことである。

アントニオ・パスクッリ（１８４２～１９２４）の《蜂》は原曲がオーボエで、クラリネットでも奏される。循環呼吸法によりハチが忙しく飛びまわる様子を描ききる。

ローレンス・ディロン（１９５９～）の弦楽四重奏曲第２番《飛行》の第２楽章スケルツォは〈虫と紙飛行機〉の題を持つ。飛びまわる虫と中間部で奏される紙飛行機の気紛れな飛行が対比されている。

虫の音型はハチそのものである。

カメムシ目

アンリ・ファーブル（１８２３〜１９１５）は《セミ》という曲を作った。彼は『ファーブル昆虫記』の他に『ファーブル植物誌』、数学や物理学に関する多くの教育書や学校用の読本を書き、文学者としてノーベル賞候補ともなったほど多才な人物であった。彼には《セミ》の他に《コオロギ》《ヒキガエル》などの曲があるが、いずれも余技の域を出ない。

室内アンサンブルのための《蟬の殻（金蟬脱殻）》はアーレーン・シエラの２００６年の曲。解説によると中国の戦略36計のうちの第21計「金蟬脱殻」（そこにいるように見せかけつつ、もぬけのからにして脱出する兵法）を表したものだという。

三輪眞弘（１９５８〜）の《箜篌《くご》のための蟬の法》。箜篌は古代のハープと言える楽器である。かつて存在した、あるいは存在したかもしれない音楽を現代からたどる曲で、人に聞かせるよりも個人的な修行のような音楽だと作曲者が言う瞑想的な曲である。

バッタ目

トマス・モーリー（１５５７〜１６０３）の小曲《コオロギ》はヴィオールとヴィオラ・ダ・ガンバの演奏で聴くが、それほど写実的ではない。

マラン・マレー（１６５６〜１７２８）の《異国趣味の音楽（１７１７年）》の中の〈バッタ〉はヴィオールとギターの二重奏で、後半にはヴィオールもピチカート奏法を駆使しバッタが飛び交うような掛け合いを演じる楽しい曲である。

シャルル＝ヴァランタン・アルカン（１８１３〜１８８８）のピアノ曲、夜想曲第４番〈こおろぎ〉。右手でコオロギの鳴く音を奏でる抒情的な曲で、リストに伍すると言われた腕前の彼にしては技巧的でない。

セルゲイ・プロコフィエフ（１８９１〜１９５３）の〈バッタの行進〉は《子供のための音楽》の一曲で、跳ねながらバッタが進む。坂本龍一（１９

52～）のピアノ曲《バッタ》。ピアノデュオ版が原曲だが、超絶技巧ピアニストとして知られる岡城千歳のソロ編曲で聴ける。

　出だしはバッタの動きを示すようで、キース・ジャレットのケルンコンサートを思わせるやや叙情的な中間部を経て冒頭テーマをミニマル音楽風に展開させて終わる。

トンボ目

　セリム・パルムグレン（1878～1951）のピアノ曲《とんぼ》は右手のメロディに寄り添うように細かく変化する和音が左手で奏でられ、トンボの羽が夕日を反射するような印象を残す。

　セシル・シャミナード（1857～1944）の《とんぼ》はトッカータ風のピアノ曲で、トリルとトレモロ奏法によってトンボが飛び回る様子を女性らしく可憐に描いた。

カマキリ目

　フィリップ・ホートン（1954～）の《月とカマキリ》はギターのための二重奏曲である。なぜカマキリなのか解説を見ても定かではない。

ノミ目

　ジョゼフ・ボダン・ド・ボワモルティエ（1689～1755）のチェンバロ曲《ノミ》は、リュート・ストップでノミの飛躍を表現する短いがユーモラスな曲である。ハビエル・モンサルバーチェ（1912～2002）のピアノ組曲《ノアの方舟》はピアノを習い始めた子供でも弾けるように作られた曲集である。いくつかの動物に短くてユーモラスな〈ノミ〉が昆虫代表で入った。

歌劇（オペラ・オペレッタ）

虫

　レオシュ・ヤナーチェク（1854～1928）のオペラ《利口な女狐の物語》に蚊が登場する。人間と動物、昆虫が一緒に出てきて自然賛歌だと言われる。蚊が森番の血を吸う場面や、蚊を蛙が食べようとする場面がある。

甲虫目

ルドルフ・フリムル（1879〜1972）のオペレッタの《蛍》は序曲のみをCDで聴くことができた。このオペレッタは後に「歌う密使」という題名で映画化されたそうだ。

チョウ目

ジャコモ・プッチーニ（1858〜1924）のオペラ《蝶々夫人》は昆虫が題名の最も有名な曲の一つだが、昆虫とは関係がない。しかし、第2幕に〈蜂め！　呪われたガマめ！〉という歌がある。〈もう飛ぶまいぞこの蝶々〉はヴォルフガング・アマデウス・モーツアルト（1756〜1791）のオペラ《フィガロの結婚》の第1幕でフィガロが歌うアリアである。

ベンジャミン・ブリテン（1913〜1976）の《夏の夜の夢》はシェイクスピアの戯曲による歌劇である。この歌劇に「妖精の蛾」が出てくる。

ハエ目

オッフェンバックの喜歌劇《地獄のオルフェ（天国と地獄）》の〈ハエの二重唱〉は、とても愉快な曲だ。

モデスト・ムソルグスキー（1839〜1881）の傑作歌劇《ボリス・ゴドゥノフ》のアリア〈蚊の踊り〉。蚊、南京虫、トンボが登場し、南京虫の振り回した薪に当たった蚊が肋骨を3本折ってしまったという内容で伴奏のヴァイオリンが蚊の羽音を擬している。

ハチ目

子供のための歌劇《ブルンジバール》はテレジーンの収容所からアウシュヴィッツに送られて死んだハンス・クラーサ（1899〜1944）の曲で、ブルンジバールとはマルハナバチのことである。

トンボ目

ラヴェルのオペラ《子供と魔法（子供と呪文）》にはトンボが出てくる。悪戯小僧によって彼の恋人はピンでとめられてしまう。

歌曲・合唱曲

ここでは特に断らない限り作曲者の名前を記す。

虫

シューマンの《子供のための歌のアルバム》に〈蝶々〉〈テントウムシ〉。〈蝶々〉では休みなく飛ぶさまが、〈テントウムシ〉では聖母マリアのように優しい虫の様子が歌われる。

ピョートル・チャイコフスキー（1840〜1893）の《花と昆虫たちの合唱》は可愛い子供の合唱曲。未完に終わった幻想オペラ「マンドラゴラ」の中の曲である。マンドラゴラとは根が人間の形をしていて、引き抜かれると奇声を上げ、聞いた人間は発狂して死んでしまう恐ろしい伝説上の植物である。リチャード・ロドニー・ベネット（1936〜2012）の《昆虫の世界》は子供のための合唱曲で、〈昆虫の世界〉〈ハエ〉〈ホタル〉〈テントウムシ〉の小曲からなり、それぞれの印象がやさしく歌われる。

「ベルリンの動物たち」は、動物、魚、昆虫などの曲を集めたアルバムで、その中に〈トンボ〉〈ウジムシ〉〈ノミ〉〈3匹のケムシ〉〈ハエ〉〈蚊に刺された象〉などの曲が含まれる。男性4人のアンサンブルが楽しく歌っている。有名曲のアレンジも混じり、ノミはムソルグスキーの《蚤の歌》の編曲である。同じように動物の曲ばかりを集めた「寓話」というアルバムに、ヘルシュ＝クレマン（1878〜1941）の《楽園の寓話》が含まれ、ソプラノによる〈女王蜂〉〈ハエ〉の2曲の昆虫の曲がある。

ショスタコーヴィチの《トンボと蟻》はロシアのクルイロフによる寓話をもとにした曲で、ソプラノによって歌われる。この寓話はイソップやラ・フォンテーヌの「セミとアリ」に題材を得ている。

木下牧子の歌曲集にはいくつも昆虫の曲があるので、まとめて書く。新美南吉詩の〈しじみ蝶〉、三好達治詩の〈蟬〉〈蟋蟀〉、八木重吉詩の〈一群のぶよ〉、大岡信詩の〈虫の夢〉などを聴いた。いずれの曲も彼女らしく現代の香りが抒情性の中に漂う。吉岡弘行の《虫の絵本》は〈テントウムシ〉〈チョウチョウ〉〈ガガンボ〉〈セミ〉の各曲からなる児童合唱のための組曲である。

甲虫目

ムソルグスキーの歌曲集《子供部屋》の〈カブトムシ〉という一曲。飛んできて自分に当たったカブトムシが動かなくなり、どうしたのだろうと子供の心を歌う。ジョルジュ・ビゼー（1838〜1875）の歌曲《テントウムシ》はヴィクトル・ユゴーの詩である。「彼女のうなじに止まったテントウムシを採った代わりに彼女とのキスを逃がしてしまった」というほほえましい少年の歌で、サン＝サーンスも同じ詩に曲をつけた。

ヤナーチェクの連作歌曲集《消えた男の日記》はジプシー女性に惹かれた男が家族を捨ててそのもとに走る。老いらくの恋を実践した作曲者の実像に重なる音楽で、この3曲目が〈ホタルの群が飛びかう岸辺〉。ホタルの光がジプシー娘の眼であるのはやや気味が悪い。

《二匹の木喰い虫》は、リッカルド・ザンドナイ（1883〜1944）の歌曲である。墓場で死んだ偉人の脳みそをかじるキクイムシと図書館でその著書をかじり偉人の頭脳を知ろうとするキクイムシとの会話だが、実際のキクイムシは樹木をかじるので、この曲の「木喰い虫」とは何なのだろうか。

髙田三郎（1913〜2000）の〈みずすまし〉は吉野弘詩の女性合唱曲《心の四季》の一曲。人間の心の軛《くびき》による行動の制約をミズスマシと比べながら彼らしい流麗な旋律で歌う。

橋本國彦（1904〜1949）の歌曲《斑猫《はんみょう》》。ハンミョウの生態を巧みに織り込んだ深尾須磨子の歌詞と前衛的な旋律が無調に傾きながら進む曲は彼の《朝はどこから》や《お菓子と娘》とは全く異なる作風だ。彼の《黴《かび》》とともに日本歌曲の大きな転機になったと言われる。

チョウ目

クラウディオ・モンテヴェルディ（1567～1643）のマドリガーレ第5集《蝶々が少しずつ飛び回るように》では愚かなチョウが炎に近づくように男が若い女性の眼差しに向かって羽ばたくという歌詞である。ヴィヴァルディのカンタータ《蝶が光の周りを飛び回る》も、レオナルド・レーオ（1694～1744）の歌劇《パルミーラのツェノービア》の中の曲〈恋をしている喋々のように〉、ドメニコ・スカルラッティ（1685～1757）の歌曲《恋する蝶のように》、ゲオルク・フリードリヒ・ヘンデル（1685～1759）のカンタータ《炎の中で》での「蝶」はいずれも「蛾」のことだと思われる。

アンドレ・カンプラ（1660～1744）の〈蝶の歌〉はオペラ・バレ《ヴェネチアの饗宴》の一曲で、リサイタルでときおり歌われる。

フランツ・シューベルト（1797～1828）の《蝶々》は綺麗な花があんなにたくさん咲いているのだから飛び回ろうよと歌う。ヴィンチェンティオ・ベッリーニ（1801～1835）の《蝶々》は軽快なピアノ伴奏に乗り、優しくするから逃げないでとチョウに呼びかける曲だ。

フォーレの《蝶と花》は16歳で作った恋の歌である。流麗なメロディと伴奏に彼特有のエスプリが早くも顔を覗かせる。詩はヴィクトル・ユゴーである。

フーゴ・ヴォルフ（1860～1903）の《メーリケの詩による歌曲》の〈4月の黄蝶〉。原題のZitronenfalter はヤマキチョウを指すので、正確には「4月のヤマキチョウ」という曲名になる。クロード・ドビュッシー（1862～1918）の《蝶々》は、19歳ごろ作曲した「自分はチョウの翅を借りて恋人の唇に飛んでいきたい」という歌。ゴーティエの詩で、ショーソンも同じ歌詞で作曲した。ピアノ伴奏にチョウの飛ぶような音型が顔を出す。

ヒューゴ・アルヴェーン（1872～1960）の合唱曲《蝶々》は「蝶とともに春が訪れ、秋には蝶が静かに死を迎える」と抒情豊かに歌う。スヴェ

ニールセン・蝶の谷。
DACAPO 8.224706

ン・ニールセン（1937〜）の《蝶の谷》は同じデンマークの詩人インゲ・クリステンセンのソネットを12人の独唱者がア・カペラで歌うレクイエムで、ソネットのなかにたくさんのチョウやガの名前が出る。CDの解説書には曲に登場する29種類の美麗なチョウとガの写真が載っている。

《黒曜石の蝶》はダニエル・カターン（1949〜）のソプラノ、合唱と管弦楽のための音楽である。「黒曜石の蝶」とは農耕を司るアステカ文明の女神「イツパパロトル」を指す。女神が自らの悲惨な過去を振り返り、不安や怒りを持って世の中を作り上げていくことが歌われる。

《もう蝶々はいない》はロリ・ライトマン（1955〜）がテレジーンのナチ収容所で殺された子供たちの詩をもとに作った曲である。塀の中に囚われチョウに自由な姿を重ねあわせた子供たちの気持ちが胸に迫る。

《夏の思い出》や《小さい秋見つけた》など多くの叙情的な歌曲や童謡を残した中田喜直《よしなお》（1923〜2000）の《蝶》は〈誕生〉〈飛翔〉〈灰色の雨〉〈越冬〉〈よみがえる光〉の5曲からなるスケールの大きな女性合唱組曲である。作詞は伊藤海彦で第3曲〜第5曲で大きな世界を作るが、第2曲は「ひらひらひら」と歌うおしゃれな曲である。同じく中田の混声合唱曲《海の構図》の第1曲は〈海と蝶〉である。

ハエ目

カルロ・ジェズアルド（1560〜1613）の《大胆な小さな蚊が》は、「大胆な小さな蚊が私の心を寄せる美しい人にかみつく。その蚊は逃げるが彼女のかわいい胸に戻り、つかまって殺される。私もあなたにかみつき、その胸で死にたい」という歌詞のマドリガルだ。ジェズアルドは不貞を疑った夫人と愛人を殺したと伝えられる人物である。

「機関車パシフィック231」で有名なアルテュール・オネゲル（1892〜1955）の歌曲《黄熱病》は歌詞が恋の歌のようで蚊が媒介する黄熱病とは関係なさそうだ。

ハチ目

《蜂に混じりて蜜を吸い》はシェイクスピアの『テンペスト』第5幕からの歌詞によるロバート・ジョンソン（1583頃〜1633）の典雅な曲である。同じ歌詞によるペラム・ハンフレー（1647〜1674）などの曲もある。ジョン・ダウランド（1563〜1626）の《その昔おろかな蜜蜂も》は、自分は香草のタイムの蜜をせっせと運んでいるのに、怠け者の雄蜂、スズメバチなどタイムに頼って生きているのは不公平だとミツバチがハチの王に嘆く歌詞で、少し物悲しく少し滑稽にも聞こえる。

カメムシ目

《狂詩曲スペイン》で有名なエマニュエル・シャブリエ（1841〜1894）の歌曲《蟬》。セミの鳴き声を擬したピアノの分散和音で前奏が始まる。

マスネの《蟬の死》は黄金に輝く麦がセミの死とともに刈り取られるという美しい詩である。エルネスト・ショーソン（1855〜1899）の《蟬》ではセミは王のように歌い続ける神のごとき存在だと歌う。アランフェス協奏曲で有名なホアキン・ロドリーゴ（1901〜1999）の《モーセン・シントの三連画》の一曲が〈聖フランチェスコとセミ〉。動物と話せた聖フランチェスコをリストはピアノ曲〈小鳥に説教するアッシジのフランチェスコ〉にしたが、〈聖フランチェスコとセミ〉はセミとの会話を描いた歌曲である。

《ぞうさん》や《花の街》などで知られる團伊玖磨（1924〜2001）の《ひぐらし》は抒情的な歌曲である。中田喜直には童謡の《せみのうた》や歌曲の《蟬》があるが、忘れられないのは童謡〈夕方のおかあさん〉である。サトー・ハチローが作詞した「カナカナぜみが遠くで鳴いた」に始まり、ご飯ができたよと子供を呼ぶ優しい母の声には、誰もが子供のころを思いだすだろう。カナカナゼミはヒグラシの別名である。１９７3年サトー・ハチローの音楽葬では中田喜直のピアノで、この曲が皆で歌われたという。

リヒャルト・シュトラウス（１８６４〜１９４９）の歌曲集《小商人の鑑》の〈むかし一匹の南京虫がいた〉はムソルグスキーの《蚤の歌》のパロディである。

バッタ目

ルネサンスの大作曲家ジョスカン・デ・プレ（１４４０?〜１５２１）のフロットーラ《コオロギは良い歌い手》は楽しくコオロギの鳴き声を模す。フロットーラとは15世紀にイタリアで流行した4声の世俗歌曲のことである。

ルナールの博物誌を歌詞にしたラヴェルの歌曲《博物誌》の一曲が〈コオロギ〉である。鳴く音よりもコオロギの動きを記した歌詞だが、曲からはチロチロと鳴く声が聞こえてくる。

プーランクの〈イナゴ〉は《動物詩集（オルフェウスのお供）》の一曲。詩人が自らをイナゴと比較し、はたして聖人に食べてもらえるだろうかと歌われる。アポリネールの詩による、ごく短い昆虫食の曲である。ルイ・デュレ（１８８８〜１９７９）にも同名の曲集があり、こちらには〈イナゴ〉のほか〈ケムシ〉も含まれる。

カール・ニールセン（１８６５〜１９３１）の無伴奏合唱曲《バッタ》は、作曲者の二人の娘がバッタという綽名をつけられたほど流行り、学校でよく歌われたそうだ。草の中に座ったバッタが鳴くという歌詞なのでコオロギなのかもしれない。多田武彦（１９３０〜）の男声合唱曲《木下杢太郎の詩から》の第2曲〈こおろぎ〉は抒情的な曲である。新実徳英（１９４７〜）の合唱曲集《白いうた青いうた》の一曲の〈はたおりむし〉。この曲集は曲が作られた後で歌詞がつけられる塡詞《てんし》と呼ばれる手法で作られている。作詩は谷川雁で、キリギリスの鳴き声を恋歌に見立てた。

トンボ目

ジャン・シベリウス（１８６５〜１９５７）の

《とんぼ》。姿の美しさよりも、魔法の力をもつ存在として歌われている。トリルがトンボの翅の動きを表すようだ。

ゴキブリ目

ギター音楽の大家フェルナンド・ソル（1778〜1839）の連作歌曲セギディーリャ集の〈娘と恥じらい〉では最近の娘が恥じらいをなくしたのはゴキブリがそれを食べたからではないかと歌う。雑食性のゴキブリは寝ている間にふけや目脂、睫毛まで食べてしまうのだ。

アレキサンドル・ボロディン（1833〜1887）に《油虫（よその家では）》という歌曲がある。「よその家は清潔なのに、我が家は狭苦しく息苦しい。よそではシチューにサーロ（豚の脂身の塩漬け）、我が家では油虫。財布にはお金が、脱穀小屋にはライ麦があるような生活ができたらなあ」が歌詞の大意である。

ここでの「油虫」はゴキブリのことだ。寒いロシアに南方系のゴキブリがいるのは暖房が発達したためで、チャバネゴキブリはクリミア戦争で兵士の荷物にまぎれて北上したという。

ノミ目

「私の耳に蚤がいる」は15世紀ごろフランスで生まれた表現のようで、ノミが耳に入ると落ち着かなくなることから、考えごとや恋をして眠れない状態を指す。

クロード・ル・ジュヌ（1530〜1600）の同名の曲も「耳にノミがいて眠れないのだが、それを治せる人を一人だけ知っている」と片思いで悩んでいることを歌う。モーツアルトの珍曲と言っても良い喜劇的四重奏《いとしい食いしん坊さん》には「俺にノミが食いついた」との一節がある。

ムソルグスキーの《蚤の歌》。歌詞はゲーテの「ファウスト」を基にしたもので、王様がノミを大臣にし勲章まで与えて可愛がったという風刺の歌である。正式の曲名は《アウエルバッハの酒蔵でのメフィストフェレスの歌》で、悪魔のメフィストフェレスが歌う。

同じ歌詞をルートヴィヒ・ファン・ベートーヴェン（1770〜1827）は歌曲《メフィストフェレスの歌》として、エクトル・ベルリオーズ（1803〜1869）は劇的物語《ファウストの劫罰》の中でのアリアとして、リヒャルト・ワーグナー（1813〜1883）も歌曲《メフィストフェレスの歌》として作曲した。

ムソルグスキーの《蚤の歌》の歌詞はストルゴフシチコフがロシア語に訳したもので、有名な「ウフフフフ……」の部分はムソルグスキー自身が加えた。

能、狂言、歌舞伎、雅楽

チョウ目

《胡蝶》は朝鮮半島や渤海を起源とする「右方舞楽」に属する童舞専用の楽曲で、醍醐天皇の906年に作られたそうだ。チョウの羽を背中に着けた4人の少年または童女が山吹の花を持って舞う。

《甘州》は虫除けを目的として演奏される舞楽である。甘州は昔中国にあった国で、その竹林にいる毒蛇や毒虫を大人しくさせ竹を切り出すときに奏されるような曲。曲が毒虫などを食べる金翅鳥の鳴き声に似ているのだそうだ。

能の《胡蝶》は、チョウの飾りの面を被ったシテが、前半に若い女性を、後半はチョウの精となって舞う。能の代表的な作品《土蜘蛛》は歌舞伎でも演じられる。源頼光の土蜘蛛退治の話で、病気で臥せっている頼光に薬を届けるのが「胡蝶」、頼光の侍臣である独武者が糸を投げかける土蜘蛛と大立ち回りを演じる。

仕舞とは能の一部を面・装束をつけず、紋服・袴のまま素で舞うもので、仕舞でも《胡蝶》を観ることができた。

《双蝶々曲輪《ふたつちょうちょうくるわ》日記《にっき》》は人形浄瑠璃および歌舞伎の演目である。蝶々とは登場人物の二人の力士「長五郎」「長吉」の「長」に因みチョウのことではない。

バッタ目

能の《松虫》は、マツムシの音を聴きに行き草露

に臥して亡くなった男とその友人の物語である。シテの亡霊は、

「面白や、千草にすだく虫の音の、機織る音のきりはたりちよう、つづりさせてふ、蟋蟀《こおろぎ》、茅蜩《ひぐらし》、色々の色音の中に、別きて我が偲ぶ松虫の声」

などと詠う。長唄の《秋の色種《いろくさ》》から傑作〈虫の合い方〉は三味線でマツムシの鳴き声を擬す。

狂言の《月見座頭》は座頭が目は見えなくても虫聴きをしようと野辺に出かけ月見に来た男と酒を楽しむが、後からその男に引き倒されたのに相手が判らずに嘆く残酷な粗筋である。

ハエ目

狂言の《蚊相撲》は大名が「蚊の精」と相撲を取る奇想天外な内容だ。蚊の精が「ぷーん」と言いながら大名を刺す場面が実にユーモラスだ。大名は相手が江州守山の出身だと聞いただけで正体を蚊の精だと見破る。琵琶湖を囲む地域は昔マラリアの多発地帯だった。

その他の邦楽

チョウ目

《蘭蝶》は新内節の代表曲である。浮世声色身振師の市川屋蘭蝶が女房のお宮を顧みず、榊屋の此糸と馴染みを重ねる物語で、昆虫との関係はない。1780年ごろの作品とされる。

三味線楽の《胡蝶舞》は山田抄太郎（1899〜1970）の1932年の曲。通常の三味線に加え低音の三味線が使われ、花を巡るチョウの舞が歌われる恋の曲である。

カメムシ目

胡弓楽の《蟬の曲》は1896年ごろの曲。胡弓と箏をバックに歌われる。手事ではセミの声が聞かれる。手事とは、地歌、箏曲、胡弓楽で歌と歌の間に挟まれる長い器楽部分を指す。

吉沢検校（1800〜1872）の《蟬の曲》、

宮城道雄（１８９４〜１９５６）の《ひぐらし》、中能島欣一（１９０４〜１９８４）の《ひぐらし》もある。中能島の曲は伊香保温泉に逗留したときの蟬時雨のさまである。

年配の方には「笛吹童子」で懐かしい福田蘭童（１９０５〜１９７６）は文章とともに尺八をよくした人で《深山ひぐらし》は心地よい尺八独奏曲である。

バッタ目

藤尾勾当（１７３０?〜１８００?）の《虫の音》、宮城道雄の《虫の武蔵野》での虫の鳴き声はリズミックである。

菊原琴治（１８７８〜１９４４）による《秋風の辞》はスズムシ、マツムシ、キリギリス、はたおり虫の音の美しさを秋の草花や風とともに歌う。福田蘭童の《蟲月夜》はコオロギの音を模した尺八独奏曲である。

俳句を題材にした曲

カメムシ目

芭蕉の「閑《しずけ》さや岩に沁み入《いる》蟬の声」を題材にした箕作《みつくり》秋吉（１８９５〜１９７１）の《芭蕉紀行集》。原曲は芭蕉の俳句10句をもとにした日本的色彩の強い声楽の小曲集である。声の部分を管楽器に置き換えたバージョンもある。聴くだけで曲と俳句を結べるほど巧みに作曲されており、〈閑さや岩に沁み入蟬の声〉は第6曲である。

柏木俊夫（１９１２〜１９９４）のピアノ曲《芭蕉の奥の細道による気紛れなパラフレーズ》は芭蕉と曾良の俳句を題名にした17曲からなる。第12曲が目指す曲で、オスティナート風に曲想を繰り返しセミの鳴き声を表す音が終始鳴る。ラヴェルの名曲《ハバネラ形式の小品》を彷彿とさせる。

湯浅譲二（１９２９〜）の《箏歌、芭蕉五句》では「天地に遍満するしずかさ」の副題がつく。箏と十七弦箏に男声が加わり、現代曲なのに平家琵琶のようだ。

《松尾芭蕉の俳句による12のマドリガル》はイタリアのシャリーノ・サルヴァトーレ（１９４７〜）の現代的な曲である。六つの俳句ごとに2種類の曲がつけられている。「閑さや岩に沁み入蝉の声」と「撞《つき》鐘もひびくやうなり蝉の声」にはセミの声を擬した部分がある。

童謡・唱歌

童謡、唱歌には多くの昆虫の曲があるが、少しだけ取り上げる。

甲虫目

中山晋平作曲の童謡《コガネムシ》で「金持ちだ」歌われているコガネムシはチャバネゴキブリを指すとの説が知られている。財布を連想させる卵鞘の形や方言を根拠としている。一方で、タマムシだとする説もある。

チョウ目

《蝶々》はスペイン民謡が原曲だと言われるが、正しくはドイツ民謡のようで、原曲はチョウとは関係がない。

ハエ目

NHKみんなの歌の一曲、小黒恵子作詞、クニ河内作曲の《ドラキュラのうた》は蚊を吸血鬼に見立てたユーモラスな童謡である。

バッタ目

明治43年の尋常小学校読本唱歌《虫のこえ》はマツムシ、スズムシ、キリギリス、クツワムシ、ウマオイが歌詞の誰もが知る歌。少年唱歌《虫の楽隊》、言文一致唱歌《むし》も同趣向の曲である。

トンボ目

《紅殻とんぼ》は野口雨情作詞、山田耕作作曲で一世を風靡した藤原義江の歌で聴くことができる。

教育用の音楽

虫

CDアルバム「虫やくねくねした生き物たち」では、カナダからメキシコまで5000㎞もの旅をするオオカバマダラの幼虫がトウワタを食べて脱皮を重ね、蛹を経て美しいチョウになるまでが歌われる。ほかにバッタ、ミツバチ、グンタイアリ、ハキリアリ、カマキリなどの生態が楽しく科学的な歌詞で歌われる。

「昆虫とクモ」というCDでは、《草競馬》や《幸せなら手をたたこう》などのメロディに乗せ昆虫とクモの体の構造の違いなどが歌われる。またCD「虫の歌」では、シロアリ、ハエ、チョウ、アリ、ホタル、コオロギなどがフォーク調、カントリー調で歌われる。これらは楽しく昆虫のことを学べる理科の教材だ。

J－ポップ・歌謡曲

この分野には多くの曲があるが、私の印象に残る歌を歌手名とともに少し紹介するにとどめる。

明治・大正期に活躍した演歌師の草分け添田唖蟬坊《そえだあぜん》（1872〜1944）が人の体のあちこちを渡り歩き、仲間が人間に殺された寂しさを嘆くシラミをユーモラスに歌った《虱《しらみ》の唄》のほかに、《北の蛍》（森進一）、《ホタル》（スピッツ）、《アゲハ蝶》（ポルノグラフィティ）、《蜩《ひぐらし》》（谷村新司）、《蜩》（長山洋子）、《蟬》（長渕剛）、《紅とんぼ》（ちあきなおみ）、《とんぼ》（長渕剛）、ゴキブリの《ザ・バスターズ・ブルース》（森高千里）、階名ソングの《シラミ騒動》（さだまさし）。

ワールドミュージック

フォーク、カントリーミュージック、民族音楽、クラシカル・クロスオーバーなども広く含める。

甲虫目

ワタミゾウムシはワタの大害虫である。《ワタミゾウムシ》はその被害を歌った曲で、ワタミゾウムシがメキシコからテキサスに来てワタの半分を持ち去り、残り半分を商人が持ち去り、農家の奥さんには穴だらけの古いドレス1枚しか残らなかったと歌われる。

チョウ目

《ラ・マリポーサ（蝶々）》はボリビアの代表的なフォルクローレで、終始賑やかに演奏される。

ハエ目

《ブルー・テール・フライ》はアメリカの伝統音楽で、フォーク歌手バール・アイヴスやピート・シーガーの歌などで聴ける。ブルー・テール・フライとはウシアブ、ウマアブのような吸血性のアブのことらしい。

《ハエを飲みこんだお婆さんを知っている》という早口言葉で、食物連鎖のような面白い歌詞の曲もある。

サラ・ブライトマンのアルバム「フライ（FLY）」には《ザ・フライ》と《フライ》の2曲が含まれる。両曲とも私がハエであると歌う。なぜハエなのかは判らないが、宇宙志向の強い彼女ならではの歌と言えるかもしれない。

ハチ目

ベトヒャーの《青いスズメバチ》はヴィブラフォン、ピアノ、マリンバなどによる18の小曲からなる。民族音楽、クラシック、ジャズを混合したような作風である。CDに解説がなく、聴いても曲名の由来が判らない。

バッタ目

ヴィンチェンツッオ・ビッリ（1869～1938）によるイタリア民謡《こおろぎは歌う》。コオロギは歌っている、セミも歌っているよと娘さんを祭りに誘う歌。途中にコオロギの鳴き声を思わせる装飾音が入る。
韓国の《コオロギの歌合戦》は「クィトゥル　クィトゥルル……チルチルチルルル」夜ごとにコオロギの歌声を聴くという歌詞だ。

トンボ目

ベトナムのフエの民族音楽《トンボ》は、クモとその巣に捕えられたトンボの双方を風雨に負けず運命を共にして苦難を分かち合っていると歌う教育的な歌だ。

ゴキブリ目

ゴキブリでもっとも有名な歌は、メキシコ民謡の《ラ・クカラチャ》だろう。このクカラチャがcockroach の語源となっている。

アメリカのブルースシンガーでギタリストであるアルバート・キングの《コックローチ》は、腕枕で寝転ぼうとすると大きなゴキブリがいると嘆く歌である。

チック・コリア・エレクトリック・バンドによる《キング・コックローチ》は歌がないのでゴキブリとの関係が判らない。

ロック

イクエ・モリのアルバム「昆虫綱」はハチ目・カゲロウ目・ゴキブリ目など分類に忠実な名前の小曲からなる。ザ・オーガスト・サンズによる「植物と宇宙と虫たち」にはスズメバチ、ホタル、ハエ、バッタなどの曲が、ゾルキストのアルバム「昆虫と天使」には《殺虫剤》という曲が、ズィンケルのアルバム「昆虫たちのためのダンス音楽」には《恋するカマキリ》、ハロ・オブ・フライスの「昆虫の気持ちの音楽」には《私はムシ》などの曲がある。ヤー・ヤー・ヤーズのアルバム「蚊」は凶悪な蚊が赤ん坊のお尻から血を吸っているイラストレーションで、収録曲の一曲が《蚊》である。お前の血を吸うぞと繰り返す。

CDアルバムの多くには、曲の詳しい解説がなく、曲と昆虫との関係が判らない。

映画音楽

チョウ目

アレハンドロ・アメナーバル（1972〜）による《蝶の舌》はスペイン内戦の間際、8歳の少年と老教師の心の交流を描いた感動的な同名のスペイン映画のテーマ曲で、ギター演奏で聴ける。

ブラジルの名ギタリストのセルジオ・アサド（1952〜）による《蝶々》は湯本香樹実《かずみ》の小説が原作の日本映画「夏の庭」の一曲で、ギターで奏される。多感な少年たちと一人暮らしの老人との交流と死を通じての少年の心の成長を描いた心温まる物語だ。

ハチ目

レオニード・ポロヴィンキン（1894〜1949）の《太陽の種族（陽気な種族）》はハチの一生を描く1944年のドキュメンタリー映画の音楽である。〈自然への賛歌〉〈雷雨〉〈蜂の踊り〉〈蜂の戦い〉などからなり、ハチの名前の2曲は動的である。1947年にドキュメンタリー映画の第1位に選ばれ、今でもよく上映されているという。

おわりに

これまで紹介した音楽に登場した昆虫は、甲虫目、チョウ目、ハエ目、ハチ目、カメムシ目、バッタ目、トンボ目、ゴキブリ目、ノミ目、カゲロウ目、シラミ目、ハサミムシ目、シロアリ目など多くの目にまたがる。

作曲家は、日本、中国、韓国、ベトナム、イタリア、フランス、ギリシャ、スペイン、ドイツ、オーストリア、イギリス、デンマーク、ノルウェー、フインランド、スウェーデン、チェコスロバキア、エストニア、ハンガリー、ポーランド、ロシア、アメリカ、キューバ、メキシコ、ブラジル、ボリビア、チリ、パラグアイ、オーストラリアなどの各国にわたった。

多くの曲を紹介するように努めたが掲載することができなかった曲も多い。

　昆虫の表現方法については、セミやコオロギなど昆虫の鳴き声を表現する曲、チョウが翔ぶ様子の曲、ハチ、カ、ハエの羽音を表した曲、ノミが跳ぶさまの曲など直接的な表現の曲が目立つ。ほかには擬人化した曲、心象風景を歌った曲、飛ぶ昆虫を見て恋人や自由への思いを綴った曲、権力者を皮肉る曲、童話に基づく曲などさまざまである。

　作曲の時代はルネサンスから現在に及ぶが、20世紀後半ごろからは昆虫の種名まで明らかにした曲があり、21世紀になってからも昆虫の曲が作られているのは喜ばしい。

　パッケージ・メディアの退潮により、有名曲は別として、マイナーな曲を聴くのが難しくなってきた。ウェブ上では音楽情報を含めた入手が概して難しいので、知らない曲のCDを見つけたら購入するようにしている。

　最後に珍しい楽曲の情報をくださった㈱キングインターナショナルの宮山幸久氏、曲名の由来や文化的な背景について貴重な示唆をくださった秋山真理子氏、音源が見つからない曲の再生にご尽力いただいた佐々木康夫氏にお礼申し上げる。

〈主な参考文献〉
『ゴキブリ大全』デヴィッド・ジョージ・ゴードン著　松浦俊輔訳（青土社、１９９９）
『日本語と外国語』鈴木孝夫著（岩波書店、１９９０）
『帝揚羽《みかどあげは》蝶《ちょう》　命名譚』今井彰著（草思社、１９９６）
『虫と文明』ギルバート・ワルドバウワー著　屋代通子訳（築地書館、２０１２）

第10章

映画(特撮・アニメ・実写)に登場する昆虫

宮ノ下明大

はじめに

私たちは映画を見るとき、画面の中の昆虫の存在をほとんど意識しない。しかし、昆虫に注目してみると多数のジャンルの映画に登場することに気がつく。映画作品にわざわざ昆虫を登場させることには、何らかの理由があると思われる。

この理由がわかれば、私たちが昆虫をどのように認識しているかがわかるだろう。それは昆虫が人間の文化にどのような影響を与えているかを考える文化昆虫学に適したテーマである。

アメリカでは映画における昆虫を記述した論文[1][2]があるが、１９８０年代までの映画を対象としており、近年の映画を網羅したものは見当たらない。日本ではこれまで映画と昆虫を論じたもの[3][4]はあるが、断片的な内容となっていた。著者は、１９９０年代後半以降に公開された日本映画とハリウッド映画を中心にして、昆虫の役割を考察してきた。[5][6][7]

本章では、日本の映像文化への昆虫のかかわりが目立つ作品として、特撮映画モスラシリーズと、テレビドラマと映画版が制作されている仮面ライダーシリーズを取り上げる。続いて、近年日本で公開されたアニメーション映画と実写映画を中心に、映画に登場する昆虫の役割を考えてみたい。

特撮昆虫映画『モスラ』

日本には世界的に有名な昆虫主役映画が存在する。東宝株式会社で１９６１年に公開された怪獣映画『モスラ』とその後のモスラシリーズである。映画の中でモスラは捕らわれた小美人を救いにやってくる守り神のような設定になっている。モスラは文化昆虫学的に海外でその特異性が注目され、大きなガの怪獣が良いイメージで描かれるのはとても不思議なことのようだ。[2] モスラが登場した映画は現在13作品である（表1）。

モスラは明らかに鱗翅目昆虫（チョウやガの仲間）が巨大化したもので（成虫の翼長２５０ｍ・体重１・５ｔ）、成長に伴い劇的な体の変化（変態）が起こる。映画ではモスラは卵からかえり、幼虫の

表1　モスラの登場する特撮怪獣映画リスト（13作品）

映画タイトル	公開年	主な登場怪獣
モスラ	1961	モスラ
モスラ対ゴジラ	1964	モスラ・ゴジラ
三大怪獣　地球最大の決戦	1964	ゴジラ・モスラ・ラドン・キングギドラ
ゴジラ・エビラ・モスラ　南海の大決闘	1966	ゴジラ・エビラ・モスラ・大コンドル
怪獣総進撃	1968	ゴジラ・ミニラ・アンギラス・ラドン・モスラ
ゴジラvsモスラ	1992	ゴジラ・モスラ・バトラ
ゴジラvsスペースゴジラ	1994	ゴジラ・スペースゴジラ・フェアリーモスラ
モスラ	1996	モスラ・デスギドラ
モスラ2　海底の大決戦	1997	モスラ・ラダガーラ・ゴーゴ
モスラ3　キングギドラ来襲	1998	モスラ・原始モスラ・キングギドラ
ゴジラ・モスラ・キングギドラ　大怪獣総攻撃	2001	ゴジラ・バラゴン・モスラ・キングギドラ
ゴジラ×モスラ×メカゴジラ　東京ＳＯＳ	2003	ゴジラ・モスラ
ゴジラ FINAL WARS	2004	ゴジラ・モスラ・ミニラ・ラドン・アンギラス

姿で海を渡って日本へ上陸し、繭を作って成虫になる。第1作『モスラ』では、大型の幼虫モスラの縫いぐるみに、大人10名ほどが入り操作しているため、都市を歩き回る巨大な幼虫は非常に迫力がある。モスラ成虫の口器は、多くのガやチョウが持つゼンマイ状の吸汁口ではなく、左右に開くペンチ状のそしゃく口である。『虫の民俗誌』では、そしゃく口を持つガの仲間は、最も原始的な一群（コバネガ）として知られており、太古から生き残ったモスラがこの特徴を持つことに不思議はないと指摘している[3]。

モスラ映画の最も特徴的な点はそのダイナミックな変態（羽化）シーンにある。卵から成虫への変化は神秘的であり、この変態という現象を映像にしない手はないだろう。しか

「モスラ（期間限定プライス版）」
DVD発売中（2500円＋税）
発売・販売元＝東宝

し、幼虫の脱皮は描かれていない。

第1作『モスラ』では東京タワーに、『ゴジラvsモスラ』では国会議事堂に、平成モスラシリーズの『モスラ』では屋久島の屋久杉に繭を形成する。モスラの繭が作られる場所には映画のテーマが隠れているように思える。幼虫が糸をはきながら繭を作るシーンは幻想的で、繭から成虫が出てくるシーンは見所のひとつである。このように、昆虫の変態を正面から描いた映画は世界的に見ても日本のモスラだけではないだろうか。

どうして日本にモスラという世界でもまれな巨大昆虫怪獣が誕生したのか。モスラの姿は日本の伝統的な産業であった絹産業を支えた昆虫であるカイコ（蚕）に似ていると思う。モスラの幼虫や繭の形態はカイコのそれと似ている。成虫の翅の斑紋を見ると、カイコよりずっと派手で目玉模様を持ち、カイコガ科よりもヤママユガ科に近い。

カイコは日本では「お蚕様」と呼ばれ、神様として祭られている昆虫である。日本の養蚕の歴史がカイコをモデルにしたプラスのイメージを持った昆虫怪獣を生み出す背景になり、人々（日本人）に容易に受け入れられたと思われる[5]。『モスラの精神史』でも、モスラのモデルはカイコであり、日本文化になじみが深いとしている[8]。

平成モスラシリーズ3作品『モスラ』『モスラ2』『モスラ3』では、よりメルヘン性が強くなっている。そして低年齢層を意識したストーリー展開になっており、大人が見ると少し物足りないかもしれない。モスラは子供のヒーローになった珍しい昆虫怪獣である。

モスラは主役ではないが、日本を代表する特撮怪

表2　1950年代にハリウッドで制作された巨大節足動物映画リスト

洋画題名	邦画題名	公開年	登場動物
THEM!	放射能X	1954	巨大アリ
Tarantura	タランチュラ	1955	巨大タランチュラ
Beginning of the End	滅亡の始まり	1957	巨大バッタ
The Deadly Mantis	恐怖のカマキリ	1957	巨大カマキリ
Earth vs. the Spider	吸血原子蜘蛛	1958	巨大タランチュラ

獣映画のゴジラシリーズに度々登場している。最近の作品では、『ゴジラ・モスラ・キングギドラ大怪獣総攻撃』では、ゴジラから日本を守る聖獣（海の神）として描かれ、『ゴジラ×モスラ×メカゴジラ 東京ＳＯＳ』や、『ゴジラＦＩＮＡＬ ＷＡＲＳ』でも存在感を示し、その人気は衰えることがない。

ハリウッドで制作された巨大節足動物映画

１９５０年代、ハリウッドでは巨大な節足動物（アリ、バッタ、カマキリ、クモ）が登場する映画５作品が集中的に制作された（表2）。批評家や歴史家は、これらの映画の巨大昆虫は、冷戦時代の核の恐怖、共産主義の浸透、科学や技術的権威に対する相反する感情、抑圧されたフロイト的衝動が象徴的に巨大昆虫として現れたと説明している。

しかし、これらの巨大節足動物は、見た目通りに解釈すべきで、アメリカでの１９５０年代から１９６０年代初期の殺虫剤（ＤＤＴ）の効果や安全性への不安の象徴として、巨大な昆虫やクモが出現し、超大国の対立、核の激増、社会的緊張の拡大が描かれたという別の視点[9]も、文化昆虫学的には注目すべきだろう。

超巨大昆虫映画はなぜ作られないのか

モスラのような超巨大昆虫が登場する映画は現在では制作されなくなった。１９７０年代からのハリウッド映画では、昆虫学コンサルタントの助言により、生物学的に無理のある巨大過ぎる昆虫は姿を消した。

昆虫が超巨大化すると、①重力の影響が大きくなり、脚で体重を支えられず動けない、②気管からの自然拡散では空気を体の組織全体に送れないので呼吸できない、③生息場所や食物の供給ができず発育できない、といった理由により巨大昆虫は存在しないとされたのだ。確かにその通りであるが、理屈に合わないから巨大昆虫が登場しないなんて、エンターテイメントとして、なんてつまらない選択だろうか。

日本のモスラは、巨大昆虫映画の貴重な生き残りといえよう。昆虫という小型の生物が巨大化して、人類の前に現れるという娯楽映画の復活を期待したい。

昆虫型の特撮ヒーロー『仮面ライダー』

「ライダー変身！　トウッ！」というかけ声と共に変身する仮面ライダーは、著者の少年時代のヒーローだった。バッタをモチーフとしたヒーローの姿に違和感はなく、スピード感あふれるアクションやバイクは格好良かった。現在でも変身ヒーローとして揺るぎない地位を確立している。文化昆虫学的な視点から見ると、昆虫をモチーフとしたヒーローは世界でも例がないと思われ、日本で生まれた特異な存在と考えられる。ここでは、『仮面ライダー』という作品の概略とモチーフとなった昆虫を記述し、その特徴を探ってみたい。

『仮面ライダー』（石ノ森章太郎原作）は、１９７１年から放映された一連のテレビシリーズで、一時的な中断をはさむが40年以上の歴史をもち、現在も毎年新しい作品が制作されている（表3）。テレビ放映の他にも映画版のオリジナル作品が30本以上も公開された、仮面ライダーは、バッタをモチーフにした改造人間がヒーローとして活躍する物語として始まった。

１９７１年から始まる「仮面ライダー」から１９９４年公開の「仮面ライダーＪ」までの13作品を昭和ライダーとし、２０００年「仮面ライダークウガ」から２０１３年現在の「仮面ライダーガイム」までの15作品を平成ライダーと呼ぶことにする。

昭和ライダーの作品では、世界征服を狙う悪の組

表3 『仮面ライダー』作品リストとそのモチーフとなった昆虫類

	仮面ライダー	モチーフ昆虫	ライダーの役割	フォームチェンジ数	発表媒体	放映期間
	昭和ライダー		メイン・サブ			
1	1号	トノサマバッタ	メイン	0	TV放映	1971-1973
	2号	トノサマバッタ	メイン	0		
2	V3	トンボ	メイン	0	TV放映	1973-1974
	ライダーマン	＊	サブ	0		
3	X(エックス)	＊	メイン	0	TV放映	1974.2-10
4	アマゾン	＊	メイン	0	TV放映	1974-1975
5	ストロンガー	カブトムシ	メイン	1	TV放映	1975.4-12
6	スカイライダー	イナゴ	メイン	0	TV放映	1979-1980
7	スーパー1	スズメバチ	メイン	0	TV放映	1980-1981
8	ゼクロス(ZX)	＊	メイン	0	TV放映	1984.1.3
9	ブラック	トノサマバッタ	メイン	0	TV放映	1987-1988
10	ブラックRX	ショウリョウバッタ	メイン	2	TV放映	1988-1989
11	真(シン)	バッタ	メイン	0	Vシネマ	1992
12	ZO(ゼット・オー)	バッタ	メイン	0	映画	1993
13	J(ジェイ)	バッタ	メイン	0	映画	1994
	平成ライダー					
14	クウガ	クワガタムシ	メイン	13	TV放映	2000-2001
15	アギド	＊	メイン	5	TV放映	2001-2002
	ギルス	カミキリムシ	サブ	1		
	G3	クワガタムシ	サブ	3		
	アナザーアギド	バッタ	サブ	0		
16	龍騎	＊	メイン	2	TV放映	2002-2003
	オルタナティブ	コオロギ	サブ	0		
17	ファイズ	＊	メイン	2	TV放映	2003-2004
18	ブレイド	ヘラクレスオオカブト	メイン	2	TV放映	2004-2005
	カリス	カマキリ	サブ	1		
	ギャレン	クワガタムシ	サブ	1		
19	響鬼	＊	メイン	2	TV放映	2005-2006
20	カブト	カブトムシ	メイン	2	TV放映	2006-2007
	ザビー	スズメバチ	サブ	1		
	ドレイク	トンボ	サブ	1		
	ガタック	クワガタムシ	サブ	2		
	キックホッパー	ショウリョウバッタ	サブ	0		
	パンチホッパー	ショウリョウバッタ	サブ	0		
	ダークカブト	カブトムシ	サブ	0		
	コーカサス	コーカサスオオカブト	サブ	0	映画版のみ	2006
	ヘラクレス	ヘラクレスオオカブト	サブ	0	映画版のみ	2006
	ケタロス	ケンタウルスオオカブト	サブ	0	映画版のみ	2006
21	電王	＊	メイン	8	TV放映	2007-2008
22	キバ	＊	メイン	6	TV放映	2008-2009
23	ディケイド	＊	メイン	2	TV放映	2009.1-8
24	W(ダブル)	＊	メイン	11	TV放映	2009-2010
25	オーズ(タトバ　コンボ)	タカ＋トラ＋バッタ	メイン	2	TV放映	2010-2011
	ガタキリバ　コンボ	クワガタ＋カマキリ＋バッタ	メイン	0		
26	フォーゼ	＊	メイン	6	TV放映	2011-2012
27	ウィザード	＊	メイン	4	TV放映	2012-2013
28	ガイム	＊	メイン	2	TV放映	2013-

注：①メインの仮面ライダーは記載したが、サブライダーで昆虫がモチーフでないものは未記載である
②＊印は昆虫以外がモチーフ

織の怪人と闘う一話完結の明快な設定で、基本的にはひとりのライダーが登場した。平成ライダーの作品では、連続した物語として展開し、複数のライダーが登場することが多い（**表3**にはライダーの役割をメインとサブに分けて記述した）。また、ライダーの設定自体が大きく変化し、最近では複数のライダー同士の戦闘（ディケイド）、仮面ライダー部の高校生（フォーゼ）、魔法使い（ウイザード）という多様な設定になっている。

ヒーローのモチーフとしての昆虫

「仮面ライダー」
DVD全16巻発売中。発売元：東映ビデオ
販売元：東映

１９７１年から２０１３年までの仮面ライダー作品について、モチーフとなった昆虫を示した（**表3**）。28作品のうち、24作品は基本的に約50話から構成されるテレビ放映で、残りはスペシャル番組や単発の映画版である。すべてのライダーのモチーフが昆虫ではないが、その多くはトノサマバッタがモチーフとなった初期のライダー1号・2号の形態的なデザインの一部が踏襲されている。

現在のところ昆虫をモチーフとしたライダーの総数は31人である。モチーフ昆虫の種類と頻度を見てみよう。バッタ（12ライダー）、カブトムシ（7）、クワガタムシ（5）が上位で、トンボ（2）、スズメバチ（2）、カマキリ（1）、コオロギ（1）、カミキリムシ（1）となっている。**表3**には記載していないが、ライダーマンはカマキリ、エックスはオオミズアオ、ゼクロスはカメムシという解釈もある。[10]

バッタがモチーフのライダーは最も多く、仮面ライダーの形態として広く知られている。特に、ライダー1号、2号はトノサマバッタの形態を維持したデザインである。頭部には、複眼、額に単眼、触角を確認できる。胸部から腹部に見られる体節構造も昆虫を連想させるものだ。また、バッタの特徴である跳躍力も反映され、ライダーの必殺技は、高いジャンプから落下する力を利用して破壊力を増すライダーキックである。

　人間にとってバッタは、田畑の作物を食い荒らす害虫としてのイメージが強く、決してヒーロー向きではない。では、なぜヒーローのモチーフがバッタなのだろうか。仮面ライダーの原作者の石ノ森章太郎は、新番組の制作に当たりこれまでにない異形のヒーローを望んでおり、ドクロをモチーフにした「スカルマン」を提案した。しかし、営業側からイメージが悪いとクレームがあり却下されてしまった。そこで、スカルマンに近いイメージを捜したところ、昆虫図鑑のバッタから仮面ライダーのデザインができあがった[11]。

　仮面ライダーは悪の組織で改造された怪人だったという設定を考えれば、害虫のイメージがあるバッタがモチーフであっても不思議ではない。こうして異形のヒーローが誕生したのだ。ライダー1号・2号がもつ昆虫の形態的特徴は、シリーズが進むに連れて薄れたが、昆虫に似た大きな眼（複眼構造）がその共通した特徴として現在のライダーにも残っている。平成ライダーになって、メインのライダーにバッタをモチーフとしたものは、「オーズ」のみである。ドクロをモチーフにした「スカルマン」は、後に「仮面ライダーW」に登場する「仮面ライダースカル」として実現している。

　バッタに次いでモチーフとなったのは、カブトムシとクワガタムシである。例えば、昭和ライダーでは「ストロンガー」はカブトムシ、平成ライダーでは「クウガ」はクワガタムシ、「ブレイド」はヘラクレスオオカブト、「カブト」はカブトムシがそれぞれモチーフである。

　仮面ライダーの主な視聴者である子供たちにとって、カブトムシやクワガタムシは昆虫界のヒーローである。強そうな大型の角や顎は、仮面ライダーのモチーフとして申し分ないだろう。

　また、日本人は、欧米諸国の人々と比較してカブトムシに対する関心が高く、外国産のカブトムシの中ではヘラクレスオオカブトに強く惹かれることが、検索エンジンサイトの用語検索数からも推測されている[12]。

その他にトンボ、スズメバチ、カマキリ、コオロギ、カミキリムシをモチーフとしたライダーが登場し、どれも各昆虫の形態的特徴が生かされたデザインである。これらの昆虫は、日本の代表的な身近な昆虫として知られた種類であり、ヒーローとして親近感の持てるものとなっている。

昆虫型ヒーローの変身と昆虫の変態

「変身！」というセリフとポーズで、人間から仮面ライダーへの変化は、映像における見せ場のひとつである。変身するヒーローは珍しくないが、仮面ライダーの変身は、昆虫の「変態」の延長と考えれば、昆虫型ヒーローの大きな特徴と解釈できる。また、平成ライダーになると、変身を短時間の間に繰り返す「フォームチェンジ」という戦闘スタイルが見られる。

フォームチェンジは、仮面ライダーの能力を全体的にアップする場合や、一部の機能を強化する場合があり、臨機応変に相手の状況に合わせ変身することで戦闘を有利に運ぶことができる。特に「クウガ」では、その異なったフォームは14種類にも及んでいる。平成ライダーの多くはこの「フォームチェンジ」を多用しており（**表3**）、このような戦闘スタイルは、昆虫型であるがゆえの進化として面白いと思う（近年のウルトラマンには「タイプチェンジ」という類似したスタイルがある）。

仮面ライダーは、昆虫型の異形のヒーローとして大成功した世界でも珍しい作品であろう。その背景には、虫好きの日本の子供たちやその父親の支持があることは間違いない。『仮面ライダー昆虫記[10]』は、主に昭和ライダーを対象にして、文化昆虫学的な解釈を展開した内容であり、親子で楽しめる仮面ライダーの特徴が記されており一読の価値がある。

映画に登場する昆虫の役割

Ｍｅｒｔｉｎｓは映画を、①昆虫学的側面が映画

表4　映画に登場する昆虫の役割によるカテゴリー分け

役割	説明
主役	昆虫が主人公である
主役補佐*	昆虫が主役を補佐する（相棒）
象徴	昆虫そのものに意味があるのではなく、映画にとって重要な意味を昆虫が象徴している
異生物	昆虫が人間に敵対する対象や異生物として使われる（モンスター、エイリアン）
背景・その他	昆虫が背景やタイトルに使われる

注：＊主役補佐はアニメーション映画のみに適用

の筋あるいは全体的な効果にとって重要なもの、②昆虫学の役割が映画の主目的に対して補助的なもの、③実際には関係ないが、何か昆虫学上のことに関連がありそうな題名がついたものの3種類に分類している[2]。

本章では映画における昆虫の役割を考えるため、文化昆虫学的な視点から役割ごとにカテゴリーを設け整理することにした。カテゴリーは、①主役、②主役補佐、③象徴、④異生物、⑤背景・その他の5種類である（**表4**）。②の主役補佐は、アニメーション映画で当てはまるカテゴリーであり、実写映画では該当する映画を挙げられなかった。ただし、カテゴリー分けは、固定されたものではなく、同じ作品も見方によっては別のカテゴリーとしても解釈可能である。

ここで取り上げる映画は、著者が見た作品に限られる。また、多数の未見の昆虫登場映画が存在することをご承知願いたい。

昆虫は映画スターになれないのか

「昆虫は映画スターにはなれない」という指摘がある[1]。その理由として、観客の視点から、①昆虫に感情移入しにくいこと、制作者の視点から、②昆虫は小型で見栄えがしないうえ制御ができないこと、③アニメーションで昆虫を描く場合、形態が複雑で煩雑であることを挙げている。

これらの指摘はもっともで、昆虫を映画スターにするのは難しいと思われるかも知れない。しかし、著者は近年になり事情が変わったと考えている。その根拠は、コンピュータグラフィック（CG）を用いたアニメーション技法で昆虫を描いた映画『バグズ・ライフ』の出現と、その後の立体映像（３Ｄ）を用いた映像技法の映画への普及である。

ＣＧ技術を用いて、制作者は昆虫を擬人化して観客の感情移入を促し、思うように操作し、ＣＧ映像をコピーすることで、複雑な形態を書き込む作業を軽減できる。このように「昆虫は映画スターになれない」理由は解決可能であり、アニメーション映画であれば、映画スター（主役）になれると思う。

アニメーション映画に登場する昆虫

表５に30作品を示す。

主役としての昆虫

『バグズ・ライフ』は、ディズニーとピクサーが昆虫を主役にして作った映画であり、特徴はＣＧアニメーションを用いたことである。この物語はバッタに命じられ冬の食料を集めていたアリたちが、その支配から解放されるために、主人公役のアリがバッタと戦う用心棒を探す旅に出るところから始まる。旅先で出会った昆虫サーカス団のメンバーを用心棒と勘違いして連れてきてしまうが、主人公のアリとサーカス団のメンバーが知識と力を合わせバッタ軍団との戦いに勝利を収める話である。

主人公はアリだが、実際には様々な昆虫たち（テントウムシ、イモムシ、ガ、コガネムシ、カマキリ、ナナフシ）やダンゴムシ、クモで構成されるサーカスの団員全員が主役と言っていいだろう。個々のキャラクターはかわいらしく、昆虫に対する嫌悪感が少ない。悪者のバッタ軍団は、６本の脚や体表の突起まで描かれリアルであるが、主人公のアリやサーカス団のメンバーの脚は、手足として描かれ、親しみをもてるデザインにしている。

『アントブリー』は、いじめられっ子の少年が、魔法使いアリの作った薬を飲まされた結果、アリと同じ大きさになり、その巣の中に連れ去られる場面から始まる。アリの世界を舞台にした冒険活劇であり、アリたちとの交流からチームワークの大切さを学び、人間世界に戻る少年の成長物語である。[6] 映画

表5　映画に登場する昆虫の役割で分類したアニメ映画作品リスト

（対象は1990年代後半からの映画を中心とした）

役割	映画邦題名	制作国名	公開年（日本）	主な登場昆虫名・状況	制作手法
主役	バグズ・ライフ	アメリカ	1998	バッタ、アリ、テントウムシ、カマキリ、チョウ	CGアニメ
	アンツ	アメリカ	1998	アリ、シロアリ	CGアニメ
	アントブリー	アメリカ	2006	アリ、イモムシ、ホタル、甲虫	CGアニメ
	ビー・ムービー	アメリカ	2008	ミツバチ、カ	CGアニメ
	ナットのスペースアドベンチャー3D	ベルギー	2009	ハエ	CGアニメ
	バッタ君町に行く	アメリカ	2009*	バッタ、甲虫、ミツバチ、ハエ、カ	アニメ
主役補佐	ピノキオ	アメリカ	1952	コオロギ	アニメ
	ムーラン	アメリカ	1998	コオロギ	アニメ
	カンフー・パンダ	アメリカ	2008	カマキリ	CGアニメ
	モンスターvsエイリアン	アメリカ	2009	ゴキブリ、巨大昆虫	CGアニメ
	ティンカーベルと月の石	アメリカ	2009	ホタル、テントウムシ、ミツバチ	CGアニメ
	プリンセスと魔法のキス	アメリカ	2010	ホタル、チョウ	アニメ
象徴	風の谷のナウシカ	日本	1984	巨大昆虫型生物	アニメ
	火垂るの墓	日本	1988	ホタル	アニメ
	コープス・ブライド	アメリカ	2005	ハエ（ウジ）	アニメ
	ウォーリー	アメリカ	2008	ゴキブリ	CGアニメ
	虹色ほたる～永遠の夏休み～	日本	2012	ホタル	アニメ
	映画ドラえもん のび太と奇跡の島	日本	2012	ヘラクレスオオカブト、カブトムシ	アニメ
異生物	タイタンA. E.	アメリカ	2000	バッタ型宇宙生物	アニメ
	放課後ミッドナイターズ	日本	2012	ハエの怪物	アニメ
背景・その他	白雪姫	アメリカ	1950	ハエ	アニメ
	となりのトトロ	日本	1988	チョウ（背景）	アニメ
	魔女の宅急便	日本	1989	ミツバチ（背景）	アニメ
	もののけ姫	日本	1997	チョウ（背景）	アニメ
	ターザン	アメリカ	1999	チョウ	アニメ
	猫の恩返し	日本	2002	チョウ（背景）	アニメ
	借りぐらしのアリエッティ	日本	2010	カマドウマ、ゴキブリ、テントウムシ	アニメ
	塔の上のラプンツェル	アメリカ	2010	チョウ（背景）	CGアニメ
	グスコーブドリの伝記	日本	2012	ヤママユガ	アニメ
	かぐや姫の物語	日本	2013	チョウ、テントウムシ、コオロギ	アニメ

注：＊アメリカで1941年に公開、2009年に日本でリバイバル公開された

の終盤で、少年はアリと共に巣を守るために害虫駆除業者と戦うことになる。

この作品にはアリ以外にも複数の昆虫（ハエ、イモムシ、甲虫など）が登場するが、形態の基本構造はいずれも正しい。眼はよく見ると複眼構造になっており、その徹底ぶりは見事である。生態的には、アリの社会性を反映した役割分担（世話、魔法使い、女王、餌集め、偵察）を持ったアリが登場し、昆虫が嗅覚を情報源に行動する場面が巧みに盛り込まれている。本作品は昆虫を必要以上に擬人化せず、人間と正しく描き分けながら制作されている。

前述の2作品のほか『アンツ』のような昆虫主役映画で

『アントブリー 特別版』
DVD ￥2,838＋税 ワーナー・ブラザース・ホームエンターテイメント

は、アリ社会が舞台となるものが多い。アリは昆虫の中でも高度に発達した分業制をもった社会を築いており、人間の社会構造との共通性が観客をスムーズに物語へ導いてくれる。だから、恋愛や友情というテーマも設定しやすく、観客も受け入れやすいと考えられる。

『ビー・ムービー』は、ミツバチが主人公のＣＧアニメーション映画である。この作品の大きな特徴は、ミツバチが人間を相手に「蜂蜜の搾取について」裁判を起こす場面であろう。訴訟の国アメリカならではの展開であるが、日本人には、いまひとつピンとこないのが正直な感想だと思う。形態的には、ミツバチは人間と同様に脚は手足、頭部には髪の毛、眉毛、口には歯が描かれる。上半身はセーターを着ており他の服に着替えることができる。生態的には、同じハチが加齢に伴って仕事の内容を変えていくのが正しいが、映画では一度選んだ仕事は死ぬまで変えられない設定である。物語には、ミツバチが社会を持ち分業して様々な仕事をすることや、植物の花粉媒介に深く関与し人間との結びつきが強いことが反映されている。

『バッタ君町に行く』は、１９４１年にアメリカで公開されたが、２００９年にニュープリントに焼き直し、日本でリバイバル公開された。舞台はニューヨークの小さな草むらに暮らす昆虫の世界で、草むらは囲いが壊れたことで人間が侵入し危険になっていた。昆虫たちは安全な土地へ移動する計画を立て、ビルの屋上を棲み処にするため、工事中のビルを少しずつ上へ移動していく。

昆虫たちの形態は擬人化されているが、個々の特徴が微妙に反映されている。バッタは細身で背が高くグリーンの服と帽子という姿である。カは細身で鼻が長く、カの体形と口吻をイメージできる。ハエは大きな眼鏡をかけており、大きな複眼を表したのだろう。虫の前翅は燕尾服として描かれている。こういった形態のデフォルメは、現在でも昆虫を擬人化した絵や図によく見られるものである。

その他に、ハエをメインキャラクターに据えた『ナットのスペースアドベンチャー3D』が、企画段階から全編3D専用に制作された[7]。

・アニメーションによる昆虫擬人化の様式

昆虫を主役にしたアメーション映画では、感情移入がしやすいように昆虫の擬人化が行われている。イヌ、ネコ、ネズミ等の哺乳類は、服を着せる程度で容易に擬人化できるが、昆虫の場合は擬人化の程度に様々なパターンや段階が見られる。

昆虫を擬人化する際に最も目につく点は、「形態の省略化」である。昆虫の体は多くの節から成り立ち、その各々に付属肢が変化した触角や脚がついている。これらの昆虫の特徴を人間の形態に似せて、体節を融合して頭部と胴体にし、6本脚を手足として4本に省略して描かれる。昆虫の顔には人間の顔のパーツが描かれ、感情表現ができるように工夫する。

そのほかに、昆虫の「変態様式の無視」が見られる。完全変態の昆虫では幼虫と成虫では形態が異なるが、映画では形態が変化しない場合が多い。人間のように子供（幼虫）は大人（成虫）のミニチュアとして描かれる。観客がイメージする昆虫は一般には成虫の姿であり、途中で形態が変われば主人公の同一性を確保しにくいのだろう。

・昆虫らしさと擬人化

擬人化は感情移入の点で効果が大きいが、擬人化が進めば昆虫の特徴は薄れて、ついには昆虫である必要がなくなってしまう。例えば、『ビー・ムービー』のミツバチは、体の模様はセーターの模様で着替えることができ、コーヒーを飲み、ケーキを食べ、車を運転する。

この作品は、CG技術を用いた昆虫主役映画の完成形といえるが、昆虫としての嘘の部分は目立ってしまう。昆虫の特徴をほどよく残しながら、主役として昆虫をうまく映画に生かすことは非常に難しい。

主役補佐としての昆虫

映画の主役補佐として有名な昆虫は、ディズニー映画の『ピノキオ』に登場するコオロギのジミニー・クリケットだろう[1]。ピノキオの良心として描かれ、主人公を助ける重要なキャラクターである。『ムーラン』は、中国を舞台にし、年老いた父親の代わりに男性と偽って兵士となった少女ムーランの活躍を描いている。幸運を呼ぶ虫としてコオロギが登場する。

『カンフー・パンダ』は、太めのジャイアント・パンダが伝説のカンフーマスターになるまでを、ユーモラスに描いた作品である。カンフーマスターの一人としてカマキリ拳法を操るカマキリが登場する。『モンスターvsエイリアン』は、地球侵略をもくろむエイリアンから地球を守るために、地球由来のモンスターたちが活躍するコメディ映画である。地球を救うモンスターとして登場するコックローチ博士は、人間とゴキブリの遺伝子をかけ合わせる実験のトラブルで、ゴキブリ頭になった天才科学者である。また、ムシザウルスは、小さな虫が放射線を浴びて100m以上に巨大化した怪獣である。

『ティンカーベルと月の石』、『プリンセスと魔法のキス』では、それぞれ旅の途中でホタルと出会い、主人公と共に行動する仲間として描かれている。

象徴としての昆虫

映画の中で登場する昆虫は、昆虫そのものに意味はなく、何か別のことを象徴している場合が多い。

『コープス・ブライド』は、人形を少しずつ動かしながらコマ撮り撮影で映像を制作するストップモーション・アニメーションの手法を用いた映画である。主人公は内気な青年で、思いがけず「死体の花嫁」と結婚してしまう。死体の花嫁の心の声として登場するのが、ハエの幼虫のマゴットである。マゴットは花嫁の頭蓋骨の中に住んでおり、花嫁が死体であることを象徴するものであろう。

『風の谷のナウシカ』では、王蟲（オーム）という巨大な昆虫型生物が重要なキャラクターとして登場する。このオームは人間の住めなくなった森を守る守護神のような役目を果たしている。オームを地球環境の代表者と考えれば、この映画は人間とオームとの共生を描くことで、人間と地球との共生をテーマとしていると解釈できる。風の谷に住む少女ナウシカは、オームと心を通わせる不思議な能力を持ち、オームは敵としてよりも対話の相手として描かれている。

『ウォーリー』では、汚染された地球を独りで清掃するロボットウォーリーのそばに、1匹のゴキブリが登場する。ゴキブリは環境が破壊された地球で生き残った生物の象徴として描かれたのだろう。ゴキブリには強い生命力があるというイメージが、その登場の理由と思われる。

『虹色ほたる～永遠の夏休み～』は、30年前にダムの底に沈んだ村に少年がタイムスリップして夏休みを過ごし、運命の少女に出会う物語である。ホタルは、誰もが過ごした子供時代の夏休みに対するノスタルジーの象徴であり、物語の中で奇跡を起こす力の象徴として描かれている。

『映画ドラえもん　のび太と奇跡の島』では、未来の絶滅動物を保護する島には「ゴールデンヘラクレス」が存在し、生命エネルギーの象徴としてヘラクレスオオカブトが登場する。

『火垂るの墓』には、印象的な美しいホタルの飛翔場面があるが、死を迎える兄と妹の一瞬の命の輝きをホタルの光が象徴している。

異生物（モンスター、エイリアン）としての昆虫

昆虫に対して、多くの人々が恐れや不快感を持っている。昆虫が人間と生物学的に見た目も内部構造も異なる遠縁なグループであるために、私たちは感情移入しにくいからなのだろう。何を考えているかわからない昆虫を登場させることで、観客に不安・不快なイメージを容易に与えることができる。

映画の中では、昆虫が人間に敵対する対象や異生物として登場する場合が多く見られ、代表的なものは昆虫型の怪物（モンスター）や宇宙生物（エイリアン）であり、意思の疎通ができない敵として描か

れることが多い。

『放課後ミッドナイターズ』は、小学校の理科室の人体模型や骨格模型と幼稚園児3人組が巻き起こすコメディ映画である。旧校舎のトイレに閉じ込められた伝説の怪物は、ハエが怪物化したものだった。

『タイタンA．E．』は、異星人に地球を破壊された後の人類を描く物語で、様々なエイリアンの中にバッタ様のエイリアンが登場している。

背景・その他

背景に昆虫が飛翔する場面がある作品は多数存在し、すべてを網羅することはできない。『となりのトトロ』ではチョウやテントウムシ、『魔女の宅急便』では冒頭にミツバチ、『もののけ姫』ではしし神様の現れる場所にチョウ、『猫の恩返し』では冒頭にチョウが登場している。『ターザン』、『塔の上のラプンツェル』でもチョウが登場している。『白雪姫』にも、小人の鼻で眠るハエが描かれている。『かぐや姫の物語』ではチョウ、テントウムシ、コオロギ、バッタと様々な昆虫が描かれている。


特にチョウが使われる理由は、身近であり、ひらひらとした飛び方に特徴があるからだろう。チョウ、ミツバチ、テントウムシ、ハエといった身近な昆虫を、人物が登場しない風景に動きを伴って描くと画面が自然に近い感じに見える。飛翔性昆虫の動きが画面に奥行きを与える効果もあるだろう。アニメーションの映像では、昆虫類を自由に飛ばしてみたいという制作者の願望があるように思われる。

『借りぐらしのアリエッティ』は、手術前の少年が祖母の家で過ごす夏の一週間、小人のアリエッティとの出会いと別れを描いている。映画の冒頭で床下を走るアリエッティの周りで跳ねていたのはカマドウマ（バッタ目）と思われる。カマドウマは、小人の大きさを示すために効果的に使われていた。

『グスコーブドリの伝記』は、宮沢賢治の小説を、主人公をネコにしてアニメーション化した作品である。主人公がヤママユガ飼育のために、てぐす工場で働く場面があり、緑色の幼虫や羽化した成虫が飛び立つ美しい場面がある。

表6　映画に登場する昆虫の役割で分類した実写特撮映画作品リスト

（対象は1990年代後半からの映画を中心とした）

役割	映画邦題名	制作国名	公開年（日本）	主な登場昆虫名・様式	制作手法
主役	ミクロコスモス	フランス	1995	カ、カマキリ	実写
	バグズ・ワールド	カナダ、フランス	2008	シロアリ、アリ	実写
象徴	コレクター	アメリカ	1965	チョウ（標本）	実写
	フェノミナ	イタリア	1985	ハエ（ウジ）	実写
	羊たちの沈黙	アメリカ	1991	ガ（メンガタスズメ）	実写
	Love letter	日本	1995	トンボ	実写
	パッチ・アダムス	アメリカ	1998	チョウ（オオカバマダラ）	実写
	蝉祭りの島	日本	1999	セミ（クマゼミ）	実写
	蝶の舌	スペイン	2001	チョウ	実写
	コーリング	アメリカ	2003	トンボ	実写
	天国の青い蝶	カナダ、イギリス	2004	モルフォチョウ	実写
	パピヨンの贈りもの	フランス	2004	ガ（イザベラミズアオ）	実写
	ほたるの星	日本	2004	ホタル	実写
	パンズ・ラビリンス	スペイン等	2007	ナナフシ	実写
	リーピング	アメリカ	2007	アブ、バッタ	実写
	剱岳　点の記	日本	2009	セッケイカワゲラ	実写
	八日目の蝉	日本	2011	セミ（セリフのみ）	実写
異生物	ゴジラvsメガロ	日本	1973	甲虫型怪獣	特撮
	燃える昆虫軍団	アメリカ	1975	ゴキブリ	実写
	インディ・ジョーンズ 魔宮の伝説	アメリカ	1984	坑道内にうごめく昆虫類	実写
	ザ・フライ	アメリカ	1986	ハエの怪物	実写
	ザ・ネスト	アメリカ	1988	ゴキブリ	実写
	ザ・フライ2　二世誕生	アメリカ	1989	ハエの怪物	実写
	モスキート	アメリカ	1994	巨大カ	実写
	ガメラ2	日本	1996	巨大甲虫型怪獣	特撮
	スターシップ・トゥルーパーズ	アメリカ	1997	昆虫型宇宙生物	実写
	メン・イン・ブラック	アメリカ	1997	ゴキブリ型宇宙生物	実写
	フィフス・エレメント	アメリカ	1997	昆虫型宇宙生物	実写
	ミミック	アメリカ	1997	ゴキブリ、シロアリ、カマキリ	実写
	ファントム	アメリカ	1998	大型のガ	実写
	ブラッダ	アメリカ	2000	ゴキブリ	実写
	ゴジラvsメガギラス	日本	2000	古代トンボ型怪獣	特撮
	ピット・ブラック	アメリカ	2000	発光するウジ	実写
	レッドプラネット	アメリカ	2000	発光する宇宙生物	実写
	フライショック	アメリカ	2000	ハエ	実写
	ミミックII	アメリカ	2002	シロアリ、カマキリ	実写
	ブラックファイア	アメリカ	2003	スズメバチ	実写
	どろろ	日本	2007	ガの妖怪・タガメ（昆虫食）	実写
	ミスト	アメリカ	2007	巨大アブ	実写
	ビッグ・バグズ・パニック	アメリカ	2009	巨大昆虫型宇宙生物、ゴキブリ	実写
	第9地区	アメリカ	2010	昆虫型宇宙人	実写
	エンダーのゲーム	アメリカ	2014	昆虫型宇宙生物	実写
背景・その他	八月の狂詩曲（ラプソディー）	日本	1991	アリ	実写
	ジュラシック・パーク	アメリカ	1993	琥珀に閉じ込められたカ	実写
	スワロウテイル	日本	1996	タイトル・登場人物の名前（アゲハ）	実写
	ヴァージン・スーサイズ	アメリカ	1999	ヘビトンボ（タイトルのみ）	実写
	グリーンマイル	アメリカ	1999	ホタル	実写
	学校の怪談4	日本	1999	着物のトンボ模様	実写
	ラブストーリー	韓国	2004	ホタル	実写
	解夏	日本	2004	スズメバチ	実写
	マスター・アンド・コマンダー	アメリカ	2004	コクゾウムシ、コクヌストモドキ幼虫	実写
	蟲師	日本	2006	カタツムリ様生物	実写
	幸せの1ページ	アメリカ	2008	ゴミムシダマシ幼虫（昆虫食）	実写
	ベンジャミン・バトン 数奇な人生	アメリカ	2009	ハチミツに混入したハエ	実写
	昆虫探偵ヨシダヨシミ	日本	2010	カブトムシ、コオロギ、オオクワガタ	実写
	毎日かあさん	日本	2011	タガメ（昆虫食）、チョウ	実写
	麒麟の翼	日本	2012	トンボ柄の眼鏡ケース	実写

特撮・実写映画に登場する昆虫

表6に59作品を示す。

主役としての昆虫

人の意のままには動いてくれない昆虫に対し筋書き通りの動きを撮影するためには、長期の撮影時間と専用の技術や機器が必要である。そのため、実写映画で昆虫が主役として登場するのはまれで、多くはアニメーション映画である。ここでは近年公開された2作品を紹介したい。

『ミクロコスモス』は、昆虫の実写の難しさを克服したフランス映画である。映画はある夏の草原の一日（朝から夜まで）そして翌日の夜明けまでのそこに住む様々な昆虫の様子が描かれている。具体的には、ハナアブ、イトトンボ、シャチホコガの幼虫、アシナガバチ、アリ、カ、ナナホシテントウ、カマキリなど、虫ではないがミズグモやカタツムリも登場する。

『バグズ・ワールド』は、オオキノコシロアリとサスライアリの戦いを実写で表現した作品である。「動」のサスライアリと、「静」のオオキノコシロアリの対比がよく描かれていた。この作品の特徴は、ボロスコープ・レンズという新しいマクロ撮影用レンズを用いることで、被写界深度が非常に深い驚異的な映像で昆虫を撮影した点にある。

象徴としての昆虫

・死者の魂、死者からのメッセージ

昆虫は映画の中で死者の魂の象徴やメッセージとして描かれることが多い。ヨーロッパのケルト民族の伝承では、死者の魂はチョウやガの姿をとるとされている。セミは中国やアメリカでは死者の復活した姿と考えられ、中国では死者の口にセミをかたどった石（玉蟬《ぎょくせん》）を含ませたり、北米では壁画に描かれたりお祭りの際に演じる対象である。セミの幼虫は土中で数年間過ごし、成虫になるために地上に這い出してくる。そのセミの姿に人間は死者の復活をイメージした。また、スカラベは甲虫の仲間で糞虫と呼ばれるグループに属し、古代エジプトでは復活の神として信仰されていた。

『Love letter』では、死んだ恋人へラブレターを出す主人公と、その手紙を受け取った女性の二役を中山美穂が演じている。女性が中学生のとき、父親は風邪をこじらせて亡くなってしまう。その葬式のシーンと思われるが、少女が雪の下に凍っているトンボを発見し、「パパ死んだんだね」と言う場面がある。凍ったトンボは父親の死を象徴している。

『コーリング』は洋画原題がドラゴンフライ（トンボ）であり、主人公の医師（ケビン・コスナー）が事故死した妻からのメッセージに導かれて、その意味を解き明かす物語である。トンボは、妻からのメッセージの象徴あるいは妻の魂の象徴として頻繁に登場する。亡くなった妻は、トンボグッズ（文鎮・玩具・置物）を集めていたという設定である。

『パッチ・アダムス』では、ほんの数秒だがチョウ（オオカバマダラ）が現れるシーンが後半にある。それはロビン・ウイリアム演じる主人公（医者）の亡くなった恋人がチョウとなって現れたのだ。アメリカでは、死者を祭るお祭りに現れるオオカバマダラを死者の生まれ変わりと考える地方がある。

『蟬祭りの島』では、主人公の亡くなった恋人（男性）をイメージする昆虫としてセミ（クマゼミ）が重要な役割を果たす。恋人の故郷（能古島《のこのしま》）を訪れた主人公は、「お盆には島を離れて死んだ魂がセミに姿を変えて島にもどってくる」という言い伝えを聞かされる。彼女は夏の間その島で暮らすことで元気を取り戻していく。

『ほたるの星』は、東京から赴任してきた新米教師（小沢征悦）が小学生と一緒にホタルの人工飼育に取り組み、ホタルを復活させるまでを描いた映画である。母親を亡くし心を閉ざしてしまった少女は、「ホタルが飛ぶとき、一番会いたい人を連れて来てくれる」と聞き、ホタルの飼育に熱心に取り組む。

・犯人像の手がかり

『コレクター』は1965年に公開された映画であるが、昆虫が登場する映画として有名なので取り上げておこう。この映画の中で、チョウを採集するのが趣味であった銀行員が、ずっとあこがれていた女子学生を誘拐・監禁する。主人公の青年にとって、女子学生を誘拐し監禁することは、チョウのコレクションの延長にあるもので、チョウは少女を象徴していると考えられる。

『羊たちの沈黙』では、メンガタスズメというガが連続殺人事件の犯人像を解き明かす大きなヒントになった。犯人は太めの若い女性のみを殺害し、その皮膚を剝ぐという異常行為を繰り返し、その死体の口の中からガの蛹が発見された。この事実について、獄中のアンソニー・ホプキンス演じるレクター博士（人肉を食べる異常性格者でありながら優秀な精神科医）は、ジョディ・フォスター演じる女性FBI捜査官に対し、犯人は変身願望者、すなわち女性になりたい男性（性転換願望者）であると推理している。死者の口から見つかったガの蛹は、醜い幼虫から変態して美しい成虫になるという変身願望のあらわれであるという。

『フェノミナ』では、昆虫と交信できる特殊能力をもつ少女が主人公であり、虫の助けを借りて猟奇殺人の犯人を探すなかで、少女の身にも危険が迫るというホラーとファンタジーが混合した映画である。猟奇殺人の犯人は死体を保管していると推測され、人間の死体にわくウジが犯人の手がかりとして頻繁に登場する。

・神の御業

『リーピング』は、元牧師で超常現象の解明を専門とする大学教授が、ヘイブンという町に起こった様々な怪奇現象を調査する宗教系ホラー映画である。主人公は女優ヒラリー・スワンクが演じている。旧約聖書の「出エジプト記」に記載された神によりもたらされる10の災いが町を襲う。災いの中で、アブ、イナゴ、シラミの大発生として昆虫は登場する。昆虫の大発生は「神の御業」の象徴として、人間による予測や制御ができない現象の象徴として使われた。

・様々な象徴としての昆虫

『蝶の舌』は、少年が大好きな先生に出会い自然の不思議に触れながら成長していく姿を、そして先生との悲劇的な別れを描いた映画である。少年は「蝶には舌があって、それは渦巻きのようにまかれている」ことを先生からはじめて聞いてとても驚く。ラストシーンで少年が叫ぶ「蝶の舌」という言葉は、不穏な空気の中（スペイン内乱）で失われつつある「自由」の象徴だったのではないか。

『天国の青い蝶』では、脳腫瘍で余命わずかと宣告された少年が、憧れの青く輝くモルフォチョウを採るために昆虫学者と採集に出かける。熱帯雨林の中でチョウを追い回すうちに、少年の腫瘍は消えて奇跡的に回復するという実話にもとづいた作品である。チョウは少年にとって希望であり命の象徴として描かれている。

『パピヨンの贈りもの』では、少女とチョウ収集家の老人がイザベラと呼ばれる美しいガ（イザベラミズアオ）を探しに山へ向かう。イザベラは、老人にとっては亡くなった息子と採集を約束したガであり、少女にとっては母親と同じ名前をもつガである。このガは、息子との約束や少女の母親を象徴するものである。

『パンズ・ラビリンス』は、内戦下のスペインで過酷な環境にさらされた少女が見る幻想を描いたブラック・ファンタジー映画である。幻想の世界の案内役として登場する昆虫がナナフシであるが、瞬時に妖精へと変化する。少女が作り出す幻想の世界の象徴として描かれているのだろう。現実と幻想の世界を行ったり来たりする少女の運命は、残酷な終わりを迎える。

『劔岳 点の記』は、明治時代末期に陸軍の陸地測量部が行った当時未踏峰とされた北アルプスの劔岳への登頂と測量に挑む男たちの物語である。数秒だが1頭の昆虫が画面に大きく映る場面がある。それはセッケイカワゲラという小さな黒い昆虫であった。映像はこの昆虫を狙って撮影されたものである。セッケイカワゲラ類は、非常に低温に強く、雪山シーズンに雪上を歩行する姿が観察される。過酷な雪山の象徴として昆虫が使われたのだろう。

『八日目の蟬』は、不倫相手の子供を誘拐し4年間育てた女性（永作博美）の逃避行と、誘拐犯に育てられた女（井上真央）の封印されていた記憶をたどる旅を舞台にして、純粋な母性の形を描いた作品である。原作と映画のタイトル「八日目の蟬」とは、七日目の死が運命づけられているセミの中で、八日目まで生き残ったセミを示す言葉である。この映画の中で登場する女性たちの様々な境遇が「八日目の蟬」という表現で象徴されている。セミはセリフのみで、映像にはまったく登場しない。また、夜にたいまつを持ってあぜ道を巡る「虫送り」が描かれた映画としても珍しい作品である。

異生物（モンスター、エイリアン）としての昆虫

アニメーション映画では少数であるが、実写映画では多数の作品を挙げることができる。邦画の場合は昆虫がモデルとなった妖怪が挙げられる。また大量のゴキブリ、バッタ、スカラベ（甲虫）を用いたパニック映画もこのカテゴリーに含まれるだろう。昆虫は、いつの間にか大発生するというイメージがあり、突然大量に現れる正体不明な存在を描く場合は好都合である。

・モンスターとしての昆虫

ここでいうモンスターとは地球由来の異生物を示す。日本が得意とする特撮巨大怪獣映画の「ゴジラ」や「ガメラ」の対決シリーズに、対戦相手として昆虫型怪獣が登場する作品がある。『ゴジラvsメガロ』ではメガロはカブトムシのような甲虫をモデルにしており、『ゴジラvsメガギラス』では古代の巨大トンボであるメガネウラがメガギラスとして怪獣化している。『どろろ』は、手塚治虫の同名漫画が原作の映画版で、誕生の際、肉体の48カ所を妖怪に奪われた主人公（妻夫木《つまぶき》聡）が、妖怪を倒し本物の肉体を取り戻していくファンタジー映画である。子供を食べるマイマイオンバというガをモチーフにした妖怪が登場する。

アメリカの作品の『ザ・フライ』では、ハエと人間の遺伝子が融合されてしまった天才科学者の悲劇が描かれている。続編の『ザ・フライ2』では、前作のハエ人間の息子が成長し、親から受け継いだと思われる遺伝子によって、昆虫型の怪物になる過程を描いている。『ミミック』では、謎の伝染病を媒介する昆虫としてゴキブリが登場し、それを絶滅させるために科学者は遺伝子操作でカマキリとシロアリの遺伝子を混ぜた捕食性天敵昆虫を作り出す。こ

の昆虫には自殺遺伝子が組み込まれており半年以内に全滅するはずだったが、なぜか生き残り、人間の姿に擬態した昆虫型の怪物に進化して人を襲う。続編の『ミミックII』では、前作の生き残りが、さらに擬態が進化した怪物となる。『モスキート』では、UFOが不時着し、死亡したエイリアンの血液を吸ったカが巨大化する。

・エイリアンとしての昆虫

ここでいうエイリアンとは地球外由来の異生物を示す。映画の舞台が地球外の惑星で、そこに生息している昆虫型生物が登場する場合がある。『スターシップ・トゥルーパーズ』や『エンダーのゲーム』は意思の通じない昆虫型エイリアンと人類との宇宙戦争を描いたSF映画である。敵として明確に描かれなくとも、『ファントム』では巨大なが、『フィフス・エレメント』では外骨格をもった昆虫型エイリアン、『ピット・ブラック』では発光イモムシ(ウジかも)、『レッドプラネット』でも火星に生息する生物などが挙げられる。これらの映画の場合、昆虫がストーリーに大きく関係することはないが、地球外の異生物の雰囲気を漂わせるために役立っている。

地球外からやってきた昆虫型生物が登場する作品を示す。『ガメラ2』では巨大なレギオンという宇宙怪獣が産み出す群体レギオンと呼ばれる異生物は明らかに甲虫をイメージしたものである。『メン・イン・ブラック』は、地球に侵入してきたゴキブリ型宇宙人と二人組のエイリアンハンター(トミー・リー・ジョーンズとウイル・スミス)との戦いを描いている。『第9地区』は、南アフリカ共和国のヨハネスブルグ上空に突然と停止した巨大なUFOに乗船していたエイリアンが難民となる世界が描かれている。この映画のエイリアンは、昆虫類と甲殻類の外骨格を合わせもつ形態で、人からエビと呼ばれている。

・パニックを引き起こす昆虫

パニック映画には、大量の昆虫を登場させる映画がある。特にゴキブリを用いたものが多く、『燃える昆虫軍団』、『ザ・ネスト』、『ブラッダ』が挙げられる。ゴキブリに対して嫌悪感を持つ人は多く、パニック状態を観客にイメージさせることができる。『フライ・ショック』ではハエが、『ブラックファイア』ではスズメバチが群れで現れる。

『インディ・ジョーンズ 魔宮の伝説』では、ハリソン・フォード演じる考古学者が坑道内をトロッコで逃げる際、大量の昆虫に遭遇するシーンがあり、恐怖や不安感をかり立てている。『ビッグ・バグズ・パニック』は、宇宙からの隕石と共にやってきた昆虫型宇宙生物が人間を襲うパニック映画である。低予算で制作されB級映画の雰囲気を持つが、ホラーとコメディの要素がバランス良く入った面白い作品として楽しめる。『ミスト』は、深い霧の中から現れる正体不明の昆虫型の怪物の攻撃に対して、スーパーマーケットに逃げ込んだ人々の様子を描くパニック映画である。

背景・その他

・背景・タイトルに使われた昆虫

『グリーンマイル』や韓国映画の『ラブストーリー』では、発光するホタルが背景に飛んでおり、夜の場面の演出として印象的である。背景に飛翔する昆虫は実写ではアニメーション映画ほどは登場しない。

『ヴァージン・スーサイズ』は、映画の日本語タイトルや原作本のサブタイトルに「ヘビトンボの季節に自殺した五人姉妹」というフレーズが使われている。この作品では「ヘビトンボ」というせりふや昆虫の映像が使われている場面はないが、原作本にはヘビトンボの記述がある。ヘビトンボという薄気味悪いイメージを少女の自殺のイメージに重ねたのだろう。『スワロウテイル』では登場人物の少女にアゲハという名前を使っている。

・フェロモン(化学物質)で制御した昆虫の行動

昆虫に演技させることは難しいが、フェロモンという昆虫の言葉（化学物質）をうまく用いると、ある程度決まった行動をとらせることが可能である。具体的には、性フェロモンや集合フェロモンを使えば、同じ種類の昆虫を大量に集めることができるし、道しるべフェロモンや警戒フェロモンで決まった場所に移動させることができる。ただし、こういったフェロモンが化学物質としてはっきりと解明されている昆虫種でしか使えない。

『八月の狂詩曲《ラプソディー》』（黒澤明監督）では、アリの行列が地面からバラにたどり着き、その茎を登り花まで続く場面がある。このクロクサアリの演技は、「道しるべフェロモン」を地面から花まで塗って人為的に行列を作ったものだ。

『解夏《げげ》』では、病気で視力が衰えていく男性主人公（大沢たかお）が、悪夢の中でスズメバチに襲われそうになり、多数のハチが映し出される場面がある。スズメバチの「警戒フェロモン」を使って巣の中から次々と出てくるハチの行動を演出している。

これらの映画では、制作当時、応用昆虫学者（化学生態学）の協力がなければ昆虫の登場は実現しなかった。しかし、現在ではCG技術により制作されるであろう。

●船乗りの生活と昆虫

大航海時代の長期航海では、保管した食品に昆虫が発生することは珍しくなかった。堅パンに発生するコクゾウムシ、チーズ等に発生するハエ、ゴキブリが代表的な昆虫である。船乗りが登場する映画には、これらの昆虫が登場することがある。

『マスター・アンド・コマンダー』は、帆船映画として海洋小説ファンにも評価が高い作品である。艦長をラッセル・クロウが演じている。この映画の舞台は１８０５年で、その当時の激しい海戦の様子や船乗りの生活がリアルに描かれている。食事の場面で、堅パンを載せた皿の上にいる2匹のコクゾウムシに対して、艦長が「どちらの虫を選ぶ？」と船医に質問する。そこでコクゾウムシがアップになるのだが、驚いたことに映し出されたのは、コクヌストモドキ類の終齢幼虫と思われる。ここでは本物のコクゾウムシを使って欲しかったが、残念である。

『ベンジャミン・バトン　数奇な人生』は、老人で生まれ、成長するにつれて若くなり、赤ちゃんで死んでいくという数奇な人生を歩んだ男の物語である。主人公の男ベンジャミンをブラッド・ピットが演じている。ベンジャミンは成長して船乗りになり様々な国に旅をする。そんな旅のなか、宿泊したホテルで知り合う婦人とのやり取りに、ハエが混入した蜂蜜についての会話がある。紅茶をいれる場面で、ベンジャミンはハエの混入を気にしていないが、婦人はその蜂蜜を使うことを断っている。船乗りにとってハエの混入は問題にならないものだろう。

・食べられた昆虫

映画に取り上げられた昆虫食については、『昆虫食文化事典』に記述があるので参照して欲しい[13]。以下に挙げる作品は、映画での役割という視点で記述したいと思う。

『幸せの1ページ』は、ジョディ・フォスター演じるベストセラー冒険小説家が、無人島に暮らす少女から助けを求められ、悪戦苦闘しながらも駆けつけるというハートフル・アドベンチャー映画である。映画の後半、小説家は、島で暮らす少女が自給自足で作った料理を一緒に食べるが、それはゴミムシダマシ幼虫の入った炒め物であった。昆虫食はサバイバル料理という印象があり、無人島での食事として適していたのだろう。使われたのはチャイロコメノゴミムシダマシ（コウチュウ目）の幼虫（ミールワーム）のようだ。なお、原作には昆虫を食べる話は出てこない。ミールワームは小動物の餌として大量に購入可能であり、アメリカでは昆虫食のイベントで出される料理としても知られている。

『毎日かあさん』は、西原理恵子原作の同名コミックの映画版である。主人公である漫画家の妻（小泉今日子）、アルコール依存症の夫（永瀬正敏）、そして二人の子供たちの生活を描いている。妻と夫が知り合ったタイでの取材で一緒にタガメを食べる場面がある。昆虫食大国のタイならではの印象深い思い出として回想場面に使われていた。タガメは、『どろろ』でも、どろろ役の柴咲コウが食べる場面がある（原作ではタガメではなくバッタ）。

・多様な場面に登場する昆虫

トンボは日本では縁起の良い虫とされ、特に和服関連の柄として用いられる。『学校の怪談4』では、トンボ柄の浴衣を着た女性が登場し、『麒麟の翼』では殺された男性が持っていた眼鏡ケースはトンボ柄であった。

『ジュラシックパーク』には、恐竜を現代に復活させる方法の一部として、琥珀の中に閉じこめられた恐竜を吸血したカから、恐竜の血液のDNAを抽出することが紹介されている。琥珀の中のカは、恐竜復活の技術的な面に説得力をもたせる効果があった。

『蟲師』は、精霊でも幽霊でもない〝蟲〟が引き起こす不可思議な現象を解明し、鎮める蟲師と呼ばれる主人公（オダギリジョー）の旅を描いたファンタジー映画である。蟲師ギンコは、各地を回って蟲が原因で起こる病気を診断し治療をする。

『昆虫探偵ヨシダヨシミ』は、同名コミック（青空大地作品）の映画版である。動物（犬、鳥、昆虫）と会話ができる昆虫専門の探偵ヨシダヨシミ（哀川翔）が主人公である。内容は、実際の昆虫を用いた映像に言葉をしゃべらせ、昆虫から浮気や行方不明の調査を依頼された探偵が捜査するオムニバスな物語（原作）と、悪い虫が人に取り憑き引き起こす大事件を未然に防ぐという映画用サスペンスから構成される。

おわりに

日本では、『モスラ』や『仮面ライダー』という世界でも稀な昆虫主役の映像作品が生まれた。これには次のような理由があると思われる。『モスラ』はかつて日本の絹産業を支えた昆虫（カイコ）が、特撮という映像技術と結びついたものであり、『仮面ライダー』は原作者の希望で異形のヒーローという設定があり、害虫（バッタ）をモチーフにしたユニークなヒーローが採用されたものだ。仮面ライダーのデザインの決定は、原作者の子供の意見が取り入れられた。日本の子供たちの虫好きの意向が反映されたと言えるだろう。

映画に登場する昆虫の役割を考えたとき、特徴的なものに次の2点が考えられる。人間の敵としてのモンスターやエイリアンの役割と、死者の魂・死者からのメッセンジャーとしての役割である。

昆虫は体の内部構造や外見が人間と大きく異なるため、言葉も通じないし、何をするかわからないというイメージが私たちにはある。実写映画のモンスターやエイリアンの姿を昆虫型にすると、人間の敵となる異生物を効果的に印象づけることができる。

映画で死者の魂が現世に形をもって現れるときは、昆虫の姿であることが多い（チョウ、ホタル、トンボ、セミ）。昆虫は、死者の乗り物として登場する。イヌやネコでは、動物に対する感情移入が起こり、特定の死者の代わりになることは難しいが、感情移入が起こりにくい昆虫は、特定の存在を勝手に乗せることが可能である。どこからともなく飛んできて、いつもと変わった行動を見せる昆虫に対して、人間は特別の意味を感じることがあるからだ。このときの昆虫には嫌悪感はなく、視線は昆虫ではなく、死者への優しさにある。

これらの役割を果たすためには、人間（映画の観客）の昆虫に対する共通のイメージ（認識）が広く定着している必要がある。それは、昆虫に対する嫌悪感であり、日常生活の中に現れる神出鬼没な昆虫の行動である。人間にとって昆虫は身近な存在であり、共通したイメージの定着条件を十分に満たしている。

アニメーション映画において、昆虫が主役（スター）となる作品は制作可能だが、感情移入が容易な他の動物に比べると存在感は薄いだろう。一方、モンスターやエイリアンとして、死者からのメッセンジャーとしての昆虫の役割を脅かす存在は見当たらない。これからも昆虫は「偉大な脇役」として、映画に登場し続けるだろう。私たちが日常生活で出会う昆虫をあまり気にしないように、映画に登場する昆虫にも気づかないことが多い。しかし、人間の映像文化の中に昆虫は確実に潜んでいるのだ。

〈引用文献〉

[1] Leskosky,R.J.and M.R.Berenbaum（1988）Insects in animated films. Not all bugs are bunnies. Bulletin of the Entomological Society of America. 34:55~63.
[2] Mertins,J.W.（1986）Arthropods on the screen. Bulletin of the Entomological Society of America. 32:85~90.
[3]『虫の民俗誌』梅谷献二著、築地書館（１９８６）
[4]『昆虫学大事典』三橋淳総編集、朝倉書店（２００３）
[5] 宮ノ下明大（２００５）映画における昆虫の役割、

家屋害虫27：23－34
［6］宮ノ下明大（２００７）アリからチームワークを学んだ少年—映画『アントブリー』にみる成長物語、家屋害虫29：１５３－１５８.
［7］宮ノ下明大（２０１１）映画における昆虫の役割Ⅱ、都市有害生物管理１：１４７－１６１
［8］『モスラの精神史』小野俊太郎著、講談社（２００７）
［9］Tsutsui, W. M.（2007）Looking straight at THEM! Understanding the big bug movies of the 1950s. Environmental History, 12: 237~253.
［10］『仮面ライダー昆虫記』稲垣栄洋著、実業之日本社（２００３）
［11］『仮面ライダーをつくった男たち１９７１・２０１１』小田克己・村枝賢一著、講談社（２０１１）
［12］Takada, K（2012）Is interest in Dynastine beetles really uniquely Japanese and of little interest to people in western countries? Elytra, Tokyo, new series, 2: 333~338.
［13］『昆虫食文化事典』三橋淳著、八坂書房（２０１２）

典、虫を食べる文化誌、虫けら賛歌、など。

正野俊夫（しょうの としお）
東京都出身。元筑波大学教授。専門は昆虫毒理学。著書：昆虫生理・生化学（共著）、応用昆虫学入門（共著）。

柏田雄三（かしわだ ゆうぞう）
鹿児島県出身。アース製薬株式会社顧問。専門は農薬（殺虫剤）の開発、マーケティング。著書：薬剤による螟虫の防除（共著）。その他、昆虫と音楽についての雑誌記事数編。

宮ノ下明大（みやのした あきひろ）
鹿児島県出身。㈱農業・食品産業技術総合研究機構食品総合研究所上席研究員。専門は食品害虫学。編著書：食品技術総合事典、昆虫生理生態学（いずれも分担執筆）。

田中 誠（たなか まこと）
東京都出身。元東京都職員。専門は昆虫文化史、昆虫学史。著書（分担執筆）：江戸博物学集成、昆虫学大事典、学問のアルケオロジー、虫を食べる人びと、野外の毒虫と不快な虫、など。

野中健一（のなか けんいち）
愛知県出身。立教大学文学部教授。専門は地理学、生態人類学、民族生物学。著書：民族昆虫学、虫食む人々の暮らし、昆虫食先進国ニッポン、など。

三橋 淳（みつはし じゅん）＊
東京都出身。元東京農工大学・東京農業大学教授。専門は昆虫内分泌学、昆虫細胞培養、昆虫食など。編著書：無脊椎動物組織培養法（英文）、世界の食用昆虫、昆虫食古今東西、昆虫学大事典、世界昆虫食大全、昆虫食文化事典、など。

加納康嗣（かのう やすつぐ）
大阪府出身。日本直翅類学会会員。専門はバッタ目昆虫。著書・共著：鳴く虫文化誌、バッタ・コオロギ・キリギリス大図鑑、検索入門 セミ・バッタ、など。

小西正泰（こにし まさやす）＊
（1927-2013）兵庫県出身。元北興化学工業株式会社技術顧問。専門は昆虫学。著書：虫の文化誌、虫の博物誌、昆虫の本棚、虫と人と本と、など。ほか訳書多数。

梅谷献二（うめや けんじ）
東京都出身。㈱農業・食品産業技術総合研究機構フェロー。専門は応用昆虫学。編著書：ヒトが変えた虫たち、虫の民俗誌、日本農業害虫大事

ナミアゲハ。幼虫はサンショウや柑橘類などの
葉を食べて成長(写真＝梅谷献二)

●

デザイン—— 寺田有恒(カットも)
ビレッジ・ハウス
校正—— 吉田 仁

編者プロフィール

●三橋 淳（みつはし じゅん）

1932年、東京都生まれ。東京大学農学部卒業。農林省農業技術研究所昆虫科研究員、在外研究員（米国、フランス）、客員研究員（オーストラリア）を経て農水省林業試験場天敵微生物研究室長、1988年より東京農工大学農学部教授、1998年より東京農業大学応用生物科学部教授などを歴任。農学博士。日本応用動物昆虫学会、日本昆虫学会、生き物文化誌学会会員。

著書に『世界の食用昆虫』(1984年、古今書院)、『昆虫学大事典』（2003年、主編集・分担執筆、朝倉書店)、『昆虫食文化事典』（2012年、八坂書房）＝毎日出版文化賞受賞、ほか

●小西正泰（こにし まさやす）

1927年、兵庫県生まれ。北海道大学大学院農学研究科修士課程修了。北興科学工業技術顧問、学習院大学、恵泉女子短期大学講師などを歴任。農学博士。日本ホタルの会理事、東京ホタル会議議長、日本アンリ・ファーブル会理事、日本応用動物昆虫学会、日本昆虫学会、博物学史協会（ロンドン)、生き物文化誌学会会員。2013年、没。

著書に『昆虫の本棚』(1999年、八坂書房)、『虫屋のよろこび』(アダムス編、監訳、1995年、平凡社)、『虫と人と本と』（2007年、創森社）ほか

文化《ぶんか》昆虫学事始《こんちゅうがくことはじ》め

2014年8月20日　第1刷発行

編　　者——三橋 淳《みつはしじゅん》　小西正泰《こにしまさやす》

発 行 者——相場博也

発 行 所——株式会社 創森社

〒162-0805 東京都新宿区矢来町96-4

TEL 03-5228-2270　FAX 03-5228-2410

http://www.soshinsha-pub.com

振替00160-7-770406

組　　版——有限会社 天龍社

印刷製本——精文堂印刷株式会社

ISBN978-4-88340-291-5 C0061